PHP面试
一战到底

闫小坤 著

清华大学出版社
北京

内容简介

本书基于PHP最新版本撰写，主要讲解了以下四部分的内容：PHP的基础知识和环境搭建；PHP语言层面的知识，包括数据类型、变量、函数、类和对象、字符串、数组、文件与目录、PHP 7新特性等；其他必须要掌握的PHP语言之外的知识和技能，包括关系型数据库、非关系型数据库、常见的数据结构与算法、常见漏洞及其防范措施、计算机网络、操作系统、设计模式、Nginx、PHP-FPM、高并发应对、Restful、日志等；面试攻略和职业规划。本书注重基础知识，深入底层原理，以提高学习能力为道，以传授面试技巧为术，希望面试者能够发挥出自己的真才实学。

本书适合于即将或正在面试的PHP初级或中级程序员、对PHP开发感兴趣的人员、有一定的PHP开发经验，希望更深入了解的人员、有编程经验，希望转型做PHP开发的人员使用。

图书在版编目（CIP）数据

PHP面试一战到底 / 闫小坤著.- 北京：清华大学出版社，2021.7
ISBN 978-7-302-58363-9

I. ①P… II. ①闫… III. ①PHP语言－程序设计 IV. ①TP312.8

中国版本图书馆CIP数据核字（2021）第113599号

责任编辑：王金柱
封面设计：王 翔
责任校对：闫秀华
责任印制：宋 林

出版发行：清华大学出版社
网 址：http://www.tup.com.cn，http://www.wqbook.com
地 址：北京清华大学学研大厦A座 **邮 编：**100084
社 总 机：010-62770175 **邮 购：**010-62786544
投稿与读者服务：010-62776969，c-service@tup.tsinghua.edu.cn
质量反馈：010-62772015，zhiliang@tup.tsinghua.edu.cn

印 装 者：三河市君旺印务有限公司
经 销：全国新华书店
开 本：190mm×260mm **印 张：**20.5 **字 数：**525千字
版 次：2021年9月第1版 **印 次：**2021年9月第1次印刷
定 价：89.00元

产品编号：082762-01

前　　言

PHP 作为一种流行的开发语言，已被应用到全球约 80%的网站和网络中。一份统计资料显示，PHP 在全球被部署在超过 210 万台服务器上，有 2.4 亿的网站在使用 PHP。PHP 如此庞大的应用范围，催生了一大批以掌握 Linux、Nginx、MySQL、PHP（LNMP）技能为生的程序员。

PHP 之所以应用广泛，是由于其拥有语法简洁，函数丰富，学习成本低，开发效率高、开源软件多等特性，以至于网络上流传着“PHP 是最好的语言”的戏语。PHP 的这些优势，让成为 PHP 程序员的门槛降得很低：没有任何编程基础的同学，也可以在数周时间内掌握 PHP 语法，在数月时间内开发一些小型的网站或应用。

但是，要开发企业级的应用，单靠这些 PHP 的基本知识是远远不够的。一个优秀的 PHP 程序员，必须掌握如下知识技能：数据结构和算法、Linux 系统、Nginx（或 Apache）等 web 服务器、MySQL 等关系型数据库、Redis（或 memcache）等缓存数据库、安全漏洞的防护和修复、应对大流量高并发、设计模式、海量数据的处理等。

笔者从事 PHP 开发已 10 年有余，深知补全 PHP 开发所需的技能树绝非易事，但愿意抛砖引玉，将学习 PHP 中的技能逐个剖析，对面试中的要点进行详细讲解，为同学们在 PHP 的学习过程中描绘出一幅路线图，为面试过程提供一些技巧方法。

如何阅读本书

全书共 16 章，分为四个部分：

第一部分（第 1 章）：介绍了 PHP 开发的基础知识，开发环境的搭建。通过本部分的学习，读者可以快速了解搭建开发环境的方法，熟悉 PHP 的基础知识，为后面的学习打下基础。

第二部分（第 2 至 9 章）：以专题形式重点介绍 PHP 的各项知识，包括但不限于数据类型、变量、函数、类和对象、字符串、数组、文件与目录、PHP 7 新特性等内容。读者在学完本部分之后，能够对 PHP 语言本身的知识有深入的了解。本部分提供了众多的面试题目供读者参考和学习。

第三部分（第 10 至 14 章）介绍程序员必须要掌握的 PHP 语言之外的一些知识和技能，包括关系型数据库、非关系型数据库、常见的数据结构与算法、常见漏洞及其防范措施、计算机网络、操作系统、设计模式、Nginx、PHP-FPM、高并发应对、Restful、日志等。

第四部分（第 15、16 章）：谈一下面试攻略和职业规划，包括面试的各个阶段应该准备和注意的事项，如规划阶段、准备阶段、面试阶段、入职阶段等；也包含面试成功之后的职业生涯发展，如程序员的职业发展路径、能力框架、技术晋升、技术储备等。

读者对象

- 即将或正在面试的 PHP 初级或中级程序员
- 对 PHP 开发感兴趣的人员
- 有一定的 PHP 开发经验，希望更深入了解的人员
- 有编程经验，希望转型做 PHP 开发的人员

代码下载

本书配套的代码，请用微信扫描右边的二维码下载。如果有疑问，请联系技术支持邮箱 bootsaga@126.com，邮件主题为“PHP 面试一战到底”。

致　谢

感谢清华大学出版社的王金柱编辑，感谢他在我写作过程中提供的帮助和支持。

谨以此书献给我的家人，他们的帮助和理解使我能够花费两年时间完成本书。

由于笔者水平有限，加之编写时间仓促，书中难免会出现一些错误或不准确、不全面的地方，恳请读者批评指正。

闫小坤
2021 年 6 月于北京

目　　录

第 1 章

PHP 开发基础知识

本章是一个快节奏的知识串讲，涵盖 PHP 基础知识、PHP 项目开发中实用的知识和技巧，之后章节介绍的所有开发技能都在本章有所体现。本章的主要内容如下：

- 搭建 PHP 环境，包括 PHP 的下载、安装、运行、配置
- 选择合适的编辑器
- PHP 基本规范，包括 PHP 标记、指令分割符、注释
- PHP 的数据类型、变量、常量
- 运算符
- 流程控制
- 函数
- 字符串
- 数组
- 类与对象
- 异常处理
- 命名空间

本章的内容是 PHP 初级程序员应该掌握的必备知识，后续各章节将以专题形式对这些知识点加以深入讲解和剖析。如果读者是有经验的 PHP 工程师，可以快速浏览一下相关知识点，进入第 2 章的学习；如果读者为 PHP 初学者，则建议从头到尾阅读一遍，并实际编写并运行示例代码。

1.1 环境搭建

PHP 的运行环境可以分为 CLI 模式和 CGI 模式，前者为命令行模式，可以本机运行；后者为网关模式，通常使用 Nginx 或 Apache 作为 Web 服务器，而 PHP 作为解释器来接收输入数据并将

处理结果返回给 Web 服务器。

1.1.1 下载与安装

如果读者使用 Windows 平台，可以在网址 https://windows.php.net/download 中下载。

推荐将 PHP 安装在 C:\php 目录下。

如果读者使用 Mac 系统，则可以使用 Homebrew 来安装：

```
sudo brew update
brew install php70
```

如果读者使用 Ubuntu 系统，则可以使用如下命令来安装：

```
sudo apt-get update
sudo apt-get install php7.0-fpm php7.0-cli
```

本书默认 PHP 的安装位置如表 1-1 所示。

表1-1 PHP默认安装位置

平 台	安装位置	命 令
Windows	C:\php	C:\php\php.exe
mac	有版本差异，可以用 php --ini 或 phpinfo()查看	/usr/bin/php
Ubuntu	/etc/php	/usr/bin/php

以 Ubuntu 为例，最后安装完成之后，可以用 php-v 来查看版本号：

```
root@ubuntu:~# /usr/bin/php -v
PHP 7.0.32-0ubuntu0.16.04.1 (cli) ( NTS )
Copyright (c) 1997-2017 The PHP Group
Zend Engine v3.0.0, Copyright (c) 1998-2017 Zend Technologies
    with Zend OPcache v7.0.32-0ubuntu0.16.04.1, Copyright (c) 1999-2017, by Zend
Technologies
```

注意，本书默认的 PHP 版本为 7，有特殊说明的除外。

1.1.2 CLI 模式

在 CLI 模式下运行 PHP 代码有多种方式，本书使用如下三种：

1. 运行文件

```
php source.php
```

2. 直接运行 php 代码

```
php -r 'phpinfo()';
```

3. 交互模式

```
localhost:etc didi$ php -a
Interactive shell

php > echo 'hello world';
hello world
```

1.1.3 CGI 模式

CGI 模式下，Web 服务器接收客户端发出的请求，将地址栏的 URL“路由”到一个 PHP 脚本，而 PHP 作为解释器来执行 PHP 脚本。这里介绍 4 种 Web 环境的配置。

1. 内置 Web 服务器

PHP 5.4.0 以上的版本提供了一个内置的 Web 服务器，供本地开发使用，默认的 Web 根目录是当前目录，也可以使用-t 来指定其他的目录作为 Web 根目录。

```
$ php -S localhost:8000 -t ~/www
PHP 7.1.19 Development Server started at Wed Jan 23 15:11:37 2019
Listening on http://localhost:8000
Document root is /Users/david/www
Press Ctrl-C to quit.
```

2. 集成开发环境

由于 LNMP 环境的配置对初学者来说比较复杂和烦琐，因此一些企业或组织推出集成开发环境的一键安装包，不需要复杂配置，安装即可使用，这里推荐使用 XMAPP 环境。

XMAPP 是一款集成 PHP、MariaDB、Apache 等软件的开发环境，目前提供了 Windows、Mac、Linux 的全平台支持的下载包。下载地址为：https://www.apachefriends.org/index.html。

3. LNMP 环境

LNMP 是 Linux、Nginx、MySQL、PHP 的缩写，是常用的 PHP 生产环境。本节简单描述一下在 Ubuntu 下安装 LNMP 环境的步骤。完整命令可以在随书代码的 gists/ch01/install_lnmp.md 文件中找到。

（1）准备必要的软件包：

```
sudo apt-get install software-properties-common
sudo apt-get install -y language-pack-en-base
sudo LC_ALL=en_US.UTF-8 add-apt-repository ppa:ondrej/php
```

（2）安装 PHP 7。此处安装了 PHP 的很多扩展，读者可以根据自己的需要酌情增减：

```
sudo add-apt-repository ppa:ondrej/php
sudo apt-get update
sudo apt-get install php7.0-fpm php7.0-cli php7.0-common php7.0-json
php7.0-opcache php7.0-mysql php7.0-phpdbg php7.0-mbstring php7.0-gd php7.0-imap
```

```
php7.0-ldap php7.0-pgsql php7.0-pspell php7.0-recode php7.0-snmp php7.0-tidy
php7.0-dev php7.0-intl php7.0-curl php7.0-zip php7.0-xml php7.0-redis
```

（3）安装 Nginx：

```
sudo apt-get install nginx
```

Nginx 和 PHP 通信的方式有两种：TCP/IP 和 UNIX Domain Socket。一般推荐使用 TCP/IP 方式。编辑/etc/php/7.0/fpm/pool.d/www.conf 文件，使 PHP-FPM 监听 9000 端口：

```
listen 127.0.0.1:9000
```

然后修改 sites-enabled 目录里的文件，将 fastcgi_pass 修改如下：

```
location ~ \.php$ {
        #       include snippets/fastcgi-php.conf;

                # With php-fpm (or other unix sockets):
        #       fastcgi_pass unix:/var/run/php/php7.0-fpm.sock;
        #       # With php-cgi (or other tcp sockets):
                fastcgi_pass 127.0.0.1:9000;
        }
```

（4）安装 MySQL Server：

运行以下命令，根据提示完成 MySQL Server 的安装：

```
sudo apt-get install mysql-server
sudo mysql_secure_installation
```

（5）重新启动服务：

```
sudo service php7.0-fpm restart
sudo service nginx restart
```

如果 Nginx 启动失败，可以将 IP V6 配置注释掉：

（源码文件：/etc/nginx/sites-enabled/default）

```
#listen [::]:80 default_server;
```

访问 http://localhost 或相应 IP 即可看到 Nginx 的欢迎页面，如图 1-1 所示。

Welcome to nginx!

If you see this page, the nginx web server is successfully installed and working. Further configuration is required.

For online documentation and support please refer to nginx.org.
Commercial support is available at nginx.com.

Thank you for using nginx.

图 1-1　Nginx 的欢迎页面

这样即可完成安装。

4. Docker 环境

习惯使用 Docker 的读者，也可以使用 Docker 搭建开发环境。LNMP 环境所需要的软件镜像都可以在 Docker Hub（https://hub.docker.com）里找到。表 1-2 列举了软件镜像的网址和命令。

表1-2　软件镜像网址及命令

软件镜像	网　址	命　令
PHP	https://hub.docker.com/_/php	docker pull php
Nginx	https://hub.docker.com/_/nginx	docker pull nginx
MySQL	https://hub.docker.com/_/mysql	docker pull mysql

这里推荐笔者开发的一个使用相关软件的 Alpine 版本的 Docker 环境。读者可以访问 https://github.com/spetacular/php-alpine 获取相关下载文件。

Alpine（见图 1-2）是一个面向安全的轻型 Linux 发行版，官网地址为 https://alpinelinux.org。不同于通常的 Linux 发行版，Alpine 采用了 musl libc（一种 C 标准函数库）和 Busybox（一个遵循 GPL 协议、以自由软件形式发行的应用程序）来减小系统的体积和运行时的资源消耗，但功能比 Busybox 更为完善。Alpine 的 Docker 镜像容量很小，只有 5 MB 左右，而 Ubuntu 镜像则接近 200 MB。因此使用 Alpine 来搭建 LNMP 环境非常方便。

图 1-2　Alpine 操作系统的 Logo

Alpine PHP 环境特性如下：

- 目前集成 PHP、Nginx、Redis、MySQL。
- Alpine 包比 Ubuntu、Centos 包体积小。
- 配置任意版本，包括 Nginx、MySQL、Redis、PHP。
- 自由切换 htdocs 目录。

Alpine PHP 环境的安装运行，需要在本机安装 Docker 和 docker-compose，其下载地址为：https://docs.docker.com/engine/installation/。

安装完毕后，下载文件包，下载地址为 https://github.com/spetacular/php-alpine/archive/master.zip。

解压后进入目录执行 build。如果下次启动时没更改 Dockerfile，就不需要再次 build。只更改 docker-compose.yml 不需要重新 build。

```
docker-compose build
```

执行如下命令即可启动：

```
docker-compose up
```

这时可以访问 http://localhost:8080 来访问环境。

docker-compose.yml 字段说明如表 1-3 所示。

表1-3 docker-compose.yml字段说明

字 段	说 明
ports	端口映射，本机端口：docker 端口。只能改本机
volumes	文件夹映射，本机目录：docker 目录。只能改本机
MYSQL_ROOT_PASSWORD	mysql root 用户默认密码

另外使用时注意以下事项：

由于代码跑在 Docker 里，所以 localhost 和 127.0.0.1 不再可用。如需要连接 Redis 和 MySQL，应使用如下地址：

```
redis-server
mysql-server
```

1.1.4 开发工具

“工欲善其事，必先利其器”。选择合适的文本编辑器，能够起到事半功倍的效果。本节我们介绍几种常见的文本编辑器及其配置方法。

1. Visual Studio Code

Visual Studio Code 是微软公司开发的一款开源的文本编辑器，它包含了编辑、构建、调试的全周期所需要的功能，支持大部分主流的开发语言。它提供了丰富的插件库，读者可以根据需要加以安装和应用。Visual Studio Code 提供了 Windows、Linux、Mac 系统下的版本，读者可以从官网地址直接下载和安装（https://code.visualstudio.com/）。

安装的方式分为全局安装和工作区安装。前者对所有的项目都适用，后者仅对当前工作区生效。

2. 全局安装

打开首选项→设置，单击右上角的“{}”符号，打开用户设置页面，如图 1-3 所示。

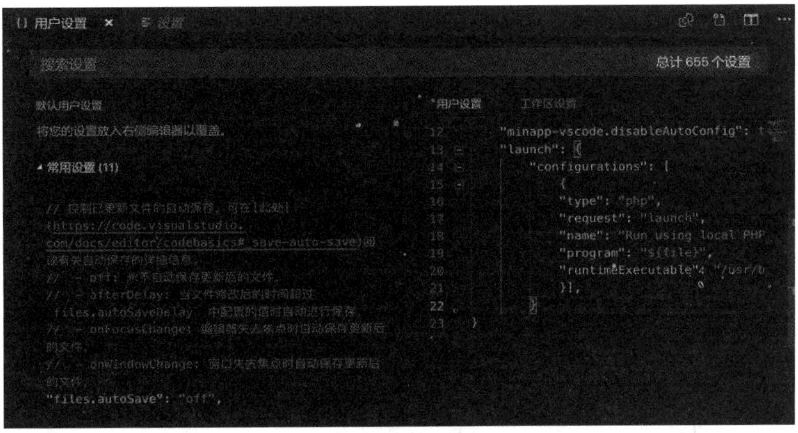

图 1-3　用户设置页面

如果用户设置为空，则直接复制如下代码即可：

（源码文件：gists/ch01/vscode_php_launch.json）

```
{
  "version": "0.2.0",
  "configurations": [
      {
          "type": "php",
          "request": "launch",
          "name": "Run using local PHP Interpreter",
          "program": "${file}",
          "runtimeExecutable": "path/to/php"
      }
  ]
}
```

如果已有用户设置，则只需将 launch 字段补充上去即可，例如：

（源码文件：gists/ch01/vscode_add_php_launch.json）

```
{
  "explorer.confirmDragAndDrop":false,
  "window.zoomLevel": 3,
  "files.associations": {
     "*.cjson": "jsonc",
     "*.wxss": "css",
     "*.wxs": "javascript"
  },
  "emmet.includeLanguages": {
     "wxml": "html"
  },
  "minapp-vscode.disableAutoConfig":true,
  "launch": {
     "configurations": [
         {
         "type":"php",
```

```
            "request":"launch",
            "name":"Run using local PHP Interpreter",
            "program":"${file}",
            "runtimeExecutable": "path/to/php"
            }],
        }
}
```

注意将 path/to/php 按照表 1-1 进行替换。

3. 工作区安装

首先安装 php debug 插件。在 Visual Studio Code 左侧边栏切换到“扩展（Extensions）”页面，输入“php debug”，即可找到该插件，如图 1-4 所示。

切换到调试面板，在调试工具栏的下拉菜单里选择“添加配置”，如图 1-5 所示。

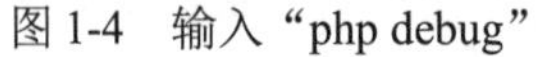
图 1-4　输入“php debug”

图 1-5　添加配置

文件内容如下：

（源码文件：gists/ch01/vscode_php_launch.json）

```
{
    "version": "0.2.0",
    "configurations": [
        {
            "type": "php",
            "request": "launch",
            "name": "Run using local PHP Interpreter",
            "program": "${file}",
            "runtimeExecutable": "/usr/bin/php"
        }
    ]
}
```

4. 运行调试

配置完成后，可以在调试面板里运行。如图 1-6 所示，首先选择“Run using local PHP Interpreter”的运行配置，然后单击绿色的三角即可运行当前打开的文件。可以看到，在右下角的控制台上输出了程序执行的结果。

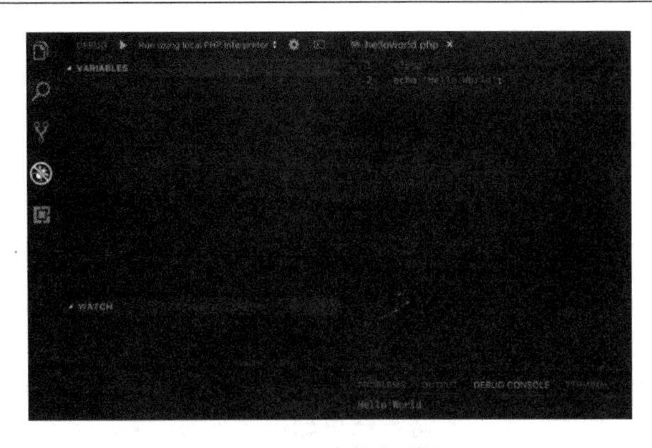

图 1-6　程序执行结果

5. Sublime

Sublime 是一款很受开发者欢迎的文本编辑器，它提供了丰富的配置选项和插件，支持大部分主流的开发语言。可以从官网地址（https://www.sublimetext.com/）下载 Sublime。

在顶部菜单依次选择 Tools → Build System→New Build System，这时会打开构建配置文件，如图 1-7 所示。

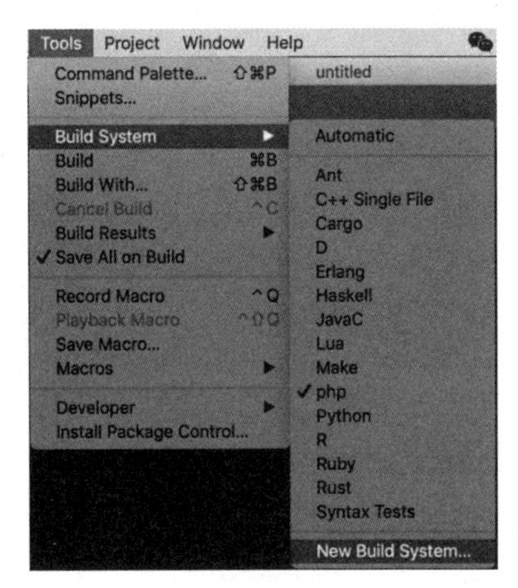

图 1-7　打开构建配置文件

在打开的文件里，将内容替换为如下所示：

（源码文件：gists/ch01/sublime_php_launch.json）

```
{
   "cmd": ["path\\to\\php", "$file"],
   "file_regex": "php$",
   "selector": "source.php"
}
```

其中 cmd 的第一个参数为 PHP 解释器的路径，例如 Windows 平台为 C:\\php\\php.exe,Mac 平台为/usr/bin/php。

编辑完成后，将配置保存为 php.sublime-build 的文件，Windows 平台使用 Ctrl+B 组合键，Mac 平台使用 COMMAND+B 组合键来运行代码。

1.2 基本语法

PHP 是一种弱类型、面向对象的编程语言，本节会快速地介绍一下 PHP 的基本语法，示例代码可以从 ch01/quick_start.php 里找到。

1.2.1 基本规范

PHP 代码以<?php 作为起始标记，以?>作为结束标记。如果一个文件的内容全部为 PHP 代码，或文件的结尾部分是 PHP 代码，推荐省略?>结束标记。因为如果加上?>结束标记，无意间在其后增加了空行，那么会在输出内容里增加这些空行，造成不必要的麻烦。

PHP 用分号分割每个语句。代码段的最后一行可以不用分号结束，但一般不推荐如此使用。

PHP 的注释分为单行注释和块注释。

```
// This is a line comment

# This is a line comment too

/*
This is a block coment,
which can be used in multi lines
*/
```

1.2.2 数据类型

PHP 中的变量不用事先定义类型，而且运行过程中可以改变其类型。PHP 7.1 及以上的版本支持 10 种数据类型，如表 1-4 所示。

表1-4 PHP 数据类型

分 类	数据类型
4 种基本类型	布尔
	整型
	浮点
	字符串
4 种复合类型	数组
	对象
	回调函数
	迭代器
2 种特殊类型	资源
	NULL

1.2.3 变　量

PHP 定义一个变量的方法是，美元符号$加上变量名。变量名的规则是首字符为数字或下画线，其余可为数字、字母与下画线，例如：

```
$var = 'foo';
```

变量区分大小写。例如：

```
$var = 'foo';
$VAR = 'FOO';
```

$var 与$VAR 是不同的变量。

PHP 内置了一些预定义变量，这些变量通常为超全局变量，代码的任何地方都可以直接使用这些变量。常见的预定义变量如表 1-5 所示。

表1-5　PHP预定义变量

名　称	说　明
$GLOBALS	引用全局作用域中可用的全部变量
$_SERVER	服务器和执行环境信息
$_GET	HTTP GET 变量
$_POST	HTTP POST 变量
$_FILES	HTTP 文件上传变量
$_REQUEST	HTTP Request 变量
$_SESSION	Session 变量
$_ENV	环境变量
$_COOKIE	HTTP Cookies

变量的范围是指变量的生效范围，即在其上下文背景内能否被访问、赋值等。PHP 的变量范围分为以下三种。

（1）文件域：定义在两个不同文件的变量，其作用域限制在文件内部。

例如，文件 a.php 中定义了$a：

```
<?php
$a = 1;
```

文件 b.php 引入 a.php，但这时$a 在 b.php 里不生效，所以$a 未定义，即$a=NULL。

```
<?php
include a.php;
var_dump($a);//$a = NULL
```

（2）函数域：定义在函数内部的变量，其作用域限制在函数内部。

例如函数 foo 里定义了$a=1，但其生效范围仅限于函数 foo 里，所以函数 foo 之外的$a=NULL。

```
<?php
```

```
function foo(){
    $a = 1;
}
foo();
var_dump($a);//$a = NULL
```

（3）全局变量：全局变量可以在任意地方生效，表 1-4 中的 PHP 数据类型里的预定义变量就是全部变量。

可以使用 global 来改变变量的作用域。例如：

```
<?php
function foo(){
    global $a;
    $a = 1;
}
foo();
var_dump($a);//$a = 1
```

1.2.4 常　量

常量在定义之后，其值不能改变，而且不能被 unset。

常量的定义方式有以下两种：

1. define

```
define('FOO','foo');
```

2. const

```
const FOO = 'foo';
```

PHP 定义了一些魔术常量，如表 1-6 所示。

表1-6　PHP 魔术常量

名　称	说　明
__LINE__	此语句在文件中的当前行号
__FILE__	此语句所在文件的完整路径和文件名
__DIR__	此语句文件所在的目录
__FUNCTION__	函数名称
__CLASS__	类名称
__TRAIT__	Trait 名称
__METHOD__	类的方法名
__NAMESPACE__	当前命名空间的名称

1.2.5 运 算 符

运算是一种给定若干输入值，通过特定的操作产生输出值的过程，运算符就是表示特定的操作。根据输入值的个数不同可以分为几种情况：一元运算符只能接收一个值，如递增/递减运算符；两元运算符接收两个值，如常见的加减乘除运算符；三元运算符接收三个值，PHP 仅有一个三元运算符?：。

表 1-7 整理了 PHP 支持的运算符。

表1-7 PHP运算符

运 算 符	说 明	举 例
算术运算符	包含加、减、乘、除、取反、乘方、取模	1+1 = 2
赋值运算符	将右边表达式的值赋值给左边的运算数	$a = ($b = 1) +2;//$a = 3,$b=1
位运算符	对整型数中指定的位进行求值和操作	1 | 2 = 3
比较运算符	对两个值按照一定规则进行比较	3 >= 2 //TRUE
错误控制运算符	@屏蔽掉可能产生的错误信息	@require('file.php');
执行运算符	允许 shell 命令，用反引号将命令包括起来	'ls –al'
递增/递减	将变量加 1 或减 1	$a++
逻辑运算符	逻辑运算：与、或、非、异或	$a && $b
字符串运算符	连接运算符用于字符串的拼接；连接赋值运算符用于拼接字符串之后进行赋值	'hello'.' World'
数组运算符	对数组进行的运算，如+，比较数组是否相等	array(1) + array(2,3)// array(1,3)
类型运算符	instanceof 用于确定一个 PHP 变量是否属于某一类 class 的实例	$obj instanceof myClass

1.2.6 流程控制

PHP 的流程控制分为条件控制、循环控制、分支控制和 goto 语句。

1. 条件控制

根据条件执行语句，满足则执行，不满足则忽略。例如：

```
if($a > $b){
    echo 'a is bigger than b';
}elseif($a < $b){
    echo 'a is smaller than b';
}else{
    echo 'a is equal to b';
}
```

2. 循环控制

重复执行语句若干次，可以根据条件是否满足决定循环是否终止或继续运行。以下介绍 for、foreach、while、do-while、break 和 continue 的使用。

（1）for

```
for($i = 0;$i < 10;$i++){
    echo "counting {$i}\n";
}
```

（2）foreach

```
$fruits = ['apple','orange','banana'];
foreach($fruits as $fruit){
    echo "{$fruit} is a kind of fruit\n";
}
```

（3）while

```
$i = 0;
while($i < 10){
    echo "counting {$i}\n";
    $i++;
}
```

（4）do-while

```
$i = 0;
do{
    echo "counting {$i}\n";
    $i++;
}while($i < 10);
```

（5）break 和 continue

在循环控制里，可以使用 break 和 continue 改变执行的流程。

- break 跳出循环。break 可以接受一个可选的数字参数来决定跳出几重循环。
- continue 跳过本次循环，不再执行 continue 语句之后的剩余代码。continue 也可以接受一个可选的数字参数来决定跳过几重循环到循环结尾。默认值是 1，即跳到当前循环末尾。

3. 分支控制

在需要一个变量或表达式与多个不同值比较的场景下，可以用 switch 代替众多的 if else 判断。例如：

```
$a = 4;
switch ($a) {
    case 1:
        echo "$a is equal to 1";
        break;
    case 2:
        echo "$a is equal to 1";
        break;
    default:
```

```
        echo "$a is not equal to 1 or 2";
        break;
}
```

注意 break 的使用，如果某个 case 不加 break，该 case 将会向下执行，直到遇到 break 或所有 case 执行完毕才停止。

4. goto 语句

goto 用来跳转到程序中的另一位置。在各个语言里，goto 被视为破坏程序可读性的罪魁祸首，一般不推荐使用。

1.2.7　函　数

PHP 的函数分为内置函数和自定义函数。内置函数是 PHP 标准函数，如 strlen 为获取给定字符串长度；用户可以自行定义一个函数来实现想要的功能。

定义函数的格式如下：

```
function my_max($arg1,int $arg2 = 0) : int{
    return max($arg1,$arg2);
}
```

其中$arg1,$arg2 为参数，$arg2 的类型为 int，默认值为 0。函数的返回值类型为 int。

函数的参数是函数的输入，默认按值传递，也可以通过引用传递。函数支持默认参数和可变长度参数。

1. 引用传递

函数的参数默认传递方式为值传递，即传递的参数的作用域仅限函数内部，在函数内部改变参数的值，不会改变函数外部的值。如下例，尽管在 value_demo 函数里将$str 改变了，但外部输出的仍然是原值。

```
$str = 'In outer space';
value_demo($str);
echo $str;//In outer space
function value_demo($str){
    $str = 'In function:'.__FUNCTION__;
}
```

引用传递是指将参数以引用方式传递到函数内部（类似于 C 语言的指针），函数内的修改会生效。如下例，在 reference_demo 函数里将$str 改变参数值，在外部就生效了。

```
$str = 'In outer space';
reference_demo($str);
echo $str;//In function:reference_demo
function reference_demo(&$str){
    $str = 'In function:'.__FUNCTION__;
}
```

2. 可变长度参数

如果定义函数时无法确定参数的个数，可以使用可变长度参数，语法为...+参数名。例如：

```
function my_multiple(...$numbers) {
    $score = 1;
    foreach ($numbers as $n) {
        $score *= $n;
    }
    return $score;
}

echo my_multiple(1, 8, 8, 4);
```

与可变长度参数相关的函数有三个，如表 1-8 所示。

表1-8　与可变长度参数相关的函数

函数名称	说　明
func_num_args	返回参数的个数
func_get_arg	返回参数的其中一个
func_get_args	返回参数列表

1.2.8 字 符 串

字符串是主流语言都支持的一种数据结构，类似于自然语言，程序员的第一个编程任务输出的“hello world”就是字符串。PHP 提供了强大的字符串处理函数。

定义字符串可以使用双引号或单引号，双引号支持变量解析，而单引号不支持。示例：

```
$str = 'hello';//单引号定义字符串
$str2 = "$str world";//双引号定义字符串
```

字符串可以用“.”符号进行拼接：

```
$str3 = $str . ' world';//字符串拼接
```

PHP 甚至提供了大小写转换的函数，例如：

```
strtoupper('Hello World');//将字符串转化为大写
strtolower('Hello World');//将字符串转化为小写
```

1.2.9 数　组

PHP 的数组除了传统意义的数组（如 C 语言里的数组）外，还可以起到链表、队列、栈、map 的作用。数组可以说是 PHP 的核心，拥有广泛的应用场景。

- 遍历。从 MySQL 读出的数据，可以数组方式进行遍历处理。
- 排序。数组排序，支持自定义排序规则和多维数组排序。
- 格式转换。与 JSON 格式相互转换，以方便使用 Restful 风格的接口格式。

定义数组有两种方式：

```
$array_1 = array(1,2,3,4);//定义纯数组
//定义基于 key-value 的 map
$array_2 = [
    'name' => 'david',
    'score'=>100
];
```

数组分为两种，其一是纯数组，其下标为数字，叫作压缩数组（packed array）；其二是哈希数组（hash array），类似于其他语言的 map。

PHP 的数组有丰富的函数库可供使用，请看下面的几个示例。

数组遍历示例：

```
foreach($array as $key => $value){
    //do something
}
```

排序示例：

```
$nums = [1,3,2,6,4,5];
sort($nums);//正序排序，结果为 1,2,3,4,5,6
rsort($nums);//逆序排序，结果为 6,5,4,3,2,1
```

格式转换：

```
$json = json_encode($array);
$array = json_decode($json,true);
```

1.2.10　类与对象

PHP 是一种面向对象的编程语言，它提供了丰富的面向对象的特性。类是计算机语言对外部世界物体的一个抽象描述，对象是类的实例。

定义一个类的格式如下：

```
class MyClass extends BaseClass implements iClass{
    const STATUS = 0;//常量
    private $a;//私有属性
    protected $b;//受保护属性
    public $c;//公有属性

    //公有方法
    public function foo(){
        return 'foo';
    }
}
```

PHP 的类是单继承的，即最多只能有一个父类。可以实现多个接口，用逗号来分隔多个接口的名称。类有属性和方法，属性和方法都有私有、受保护、公有三种访问控制。

PHP 的类和对象的术语解释如表 1-9 所示。

表1-9 PHP 类和对象

名 称	说 明
类	计算机语言对外部世界物体的一个抽象描述
对象	类的实例
属性	类的成员变量
方法	类的成员函数
魔术方法	以双下画线开头的，当执行类的特定方法时被唤起的钩子函数
访问控制	对属性或方法的访问控制，有 public、protected、private 三种权限
接口	接口 interface，只定义方法，不必具体实现
抽象类	PHP 支持抽象类和抽象方法。定义为抽象的类不能被实例化
继承（父类与子类）	子类可以使用父类所有公有的和受保护的方法。子类可以覆盖父类的方法
Trait	代码复用，弥补单继承的不足

1.2.11 异常处理

在 PHP 5 中处理异常的流程是 try ... catch ... finally。如果在 try 中出现可被捕获（thrown）的异常（Exception），可以在 catch 里处理此异常（如返回默认值，进行回退操作等），在 finally 里处理兜底逻辑（如关闭 socket、关闭文件等）。

```
try{
    //do something
}catch(Exception $e){
    echo 'Caught exception: ',  $e->getMessage(), "\n";
}finally{
    echo "finally.\n";
}
```

PHP 7 的异常处理不同于 PHP 5。PHP 7 引入了一个与 Exception 同级别的结构 Error，并将一些 Fatal Error 当作 Error 异常抛出。这种 Error 异常也可以像 Exception 异常一样被第一个匹配的 try/catch 块所捕获。如果没有匹配的 catch 块，则调用异常处理函数（事先通过 set_exception_handler() 注册）进行处理。如果尚未注册异常处理函数，则按照传统方式处理：被报告为一个致命错误（Fatal Error）。例如：

调用一个未定义的函数：

```
undefined_func();
```

这时会输出类似于以下的错误信息并中断程序的运行：

```
Fatal error: Uncaught Error: Call to undefined function undefined_func()
```

使用 try/catch 之后，可以捕获这种错误，程序也能继续运行。

```
try{
```

```
    undefined_func();
}catch(Error $e){
    var_dump($e->getMessage());
}
//output: Call to undefined function undefined_func()
```

PHP 7 的 Error 层次结构如表 1-10 所示。

表1-10　PHP 7的Error层次结构

Error 类型	Error 子类
Throwable	Error
	Exception

当需要处理异常时，应该使用哪种类型呢？一般而言，Error 处理与代码有关的错误，如进行取模操作时除数为 0 引发的错误，引用不存在的函数引发的错误等；Exception 处理与外部环境有关的错误，如 MySQL 连接异常、文件打开异常、网络访问异常等。

1.2.12　命名空间

命名空间是一种对类的层级结构的一种封装方式，类似于操作系统的目录。在不同的命名空间下，用户不用担心类/函数/常量的名字冲突，在引入第三方类库时，也不用担心名字冲突。

在引入其他命名空间之下类库时，如果标识符名称冲突或过长，可以使用 use as 来创建别名。使用示例如下：

```
namesapce David\Name;
use Other\Name as OtherName;
```

1.3　本章小结

本章的内容是 PHP 初级程序员应该掌握的必备知识，本章我们搭建好一个学习和开发环境，并学习了 PHP 7 的基本语法、类和对象、异常处理等编程技巧。这些知识将是你开始以后章节学习的基石。读者在掌握以上知识的同时，建议开发一些小的应用，如留言本、日程安排等，来强化记忆和提高编程能力。

1.4　练　习

1. 配置合适的开发环境，运行随书代码。
2. 搭建 LNMP 环境。
3. 初学者可以写一个小应用，并发布到线上。

第 2 章

数据类型

PHP 虽然是弱类型的语言，使用变量前不需要声明变量的类型，但不代表 PHP 没有数据类型。PHP 7.1 及以上的版本支持以下 10 种数据类型：

- 4 种基本类型：布尔、整型、浮点、字符串
- 4 种复合类型：数组、对象、回调函数、迭代器
- 2 种特殊类型：资源、NULL

本章将详细讲解这 10 种数据类型。其中数组、对象内容较多，这里仅作简单介绍，将在其他章节专题讲述。

2.1 布尔类型

2.1.1 概　念

布尔（Boolean）类型用来表示逻辑里的真（TRUE）或假（FALSE）。

布尔类型最多的用途有两个：

（1）设置 FLAG，通常在循环外设置 FLAG 的初始值，在循环内满足一定条件时变更 FLAG 的值，这样查看 FLAG 的值，就可以知道循环逻辑中是否满足一定条件的实例。例如冒泡排序就用到了设置 FLAG 值的方法。

（2）用作控制逻辑，例如比较版本号：

```
<?php
if (PHP_VERSION >= '7.0.0') {
    echo 'Your PHP version ' . PHP_VERSION . " >= 7.0.0\n";
} else {
```

```
    echo 'Your PHP version ' . PHP_VERSION . " < 7.0.0\n";
}
?>
```

2.1.2　面试题：冒泡排序

题目描述：写一下冒泡排序算法。

冒泡排序是经典的排序方式之一，算法复杂度为$O(n^2)$。其算法的核心是，对一个 n 个元素数组，需要进行 n-1 轮的循环比较。每一轮的循环中，将相邻的元素进行比较，如果左边的元素值大于右边的元素，则将两者的位置交换；每一轮结束后，最大值的元素就会放置在最右的位置；这样循环结束后，所有的元素都会按从小到大的顺序排列完成。

例如对数组[6,5,4,1,2,3]用冒泡方法进行排序：

原始数组：　[6,5,4,1,2,3]
第一次循环：[5,4,1,2,3,6]
第二次循环：[4,1,2,3,5,6]
第三次循环：[1,2,3,4,5,6]
第四次循环：[1,2,3,4,5,6]
第五次循环：[1,2,3,4,5,6]

大家注意到第四、五次循环时，并没有发生位置交换。这时可以设置一个 FLAG，如果一个循环中没有位置交换，则说明排序已完成，退出循环即可。这样一个 FLAG 变量的设置，减少了一次循环的时间。

在其他的场合，也可以设置合适的 FLAG，当满足条件时更改 FLAG 的值，然后检测 FLAG 的值决定是否退出循环，可以减少循环的次数，提高程序的效率。

程序代码如下：（源码文件：ch02/bubble_sort.php）

```
<?php
$array = [6,5,4,1,2,3];
echo 'Origin Array : '.implode(',', $array)."\n";
$sorted_array = bubble_sort($array);
echo 'Sorted Array : '.implode(',', $sorted_array)."\n";

function bubble_sort($array){
    for($i = count($array) -1;$i >= 1;$i--){
        $FLAG = FALSE;//FLAG 用来记录以下循环中是否发生了交换，没有则代表排序完成
        for($j = 0;$j <= $i-1;$j++){
            if($array[$j] > $array[$j+1]){//若左边的元素大于右边的元素，则交换，FLAG
设置为 1
                $temp = $array[$j];
                $array[$j] = $array[$j+1];
                $array[$j+1] = $temp;
                $FLAG = TRUE;
            }
        }
```

```
        if(FALSE == $FLAG){//如果没有交换，则已经排序完成，退出循环
            break;
        }
    }
    return $array;
}
```

2.1.3 类型转换

在控制逻辑中，所有表达式的值都会先转换为 boolean 值再进行比较，表 2-1 列出了常见的类型转换。

表2-1 其他类型转换为布尔类型

类 型	值	boolean
boolean	FALSE	FALSE
integer	0	FALSE
float	0.0	FALSE
string	" "或"0"	FALSE
array	array()	FALSE
NULL	NULL	FALSE
resource	任意值	TRUE

2.1.4 面试题：布尔数据比较

题目描述：不同类型数据与 Boolean 的比较，判断其输出是什么？

程序代码如下：（源码文件：ch02/boolean.php）

```
var_dump(0 == TRUE);          // bool(false)
var_dump(1 == TRUE);          // bool(true)
var_dump(-1 == TRUE);         // bool(true)
var_dump(0.0 == TRUE);      // bool(false)
var_dump(1.0 == TRUE);      // bool(true)
var_dump(1.0e2 == TRUE);      // bool(true)
var_dump("" == TRUE);         // bool(false)
var_dump("0" == TRUE);          // bool(false)
var_dump("test" == TRUE);       // bool(true)
var_dump("false" == TRUE);    // bool(true)

var_dump(array(1,2) == TRUE); // bool(true)
var_dump(array() == TRUE);    // bool(false)
```

点评：考察点是各种数据类型到 boolean 的转换，参考表 2-1，读者可以实际运行一下程序，思考为什么会是这样的结果。

2.2 整 型

2.2.1 概 念

整型（integer）表示的变量属于所有整数集合 Z。

$$Z = \{\ldots, -N, \ -N+1, \ \ldots, 0, 1, 2, \ldots, N-1, N, \ldots\}$$

整型可表示的数值如表 2-2 所示。

表2-2 整型数值表示范围

表示范围	前 缀	示 例
负数	-	-1
十进制	无	7
二进制	0b	0b111 表示十进制的 7
八进制	0	010 表示十进制的 8
十六进制	0x	0x10 表示十进制的 16

在使用 integer 时，需要注意 integer 所能表示的最大值和最小值，防止溢出。integer 所能表示的数值范围由字长决定，而字长一般与机器平台相关。例如 64 位机器上，integer 所能表示的范围如下：

$$-2^{63} \sim 2^{63}-1$$

PHP 有如表 2-3 所示的常量表示数值范围。

表2-3 PHP整型数值常量

常 量	最低支持版本	示例值（64 位机器）
PHP_INT_SIZE	>= 5.0.5	8
PHP_INT_MAX	>=4.4.0 或 >= 5.0.5	9223372036854775807
PHP_INT_MIN	>=7.0.0	-9223372036854775808

在涉及大数运算时，可以使用 BCMath（任意精度数学，手册链接：http://php.net/manual/zh/book.bc.php）扩展。

2.2.2 面试题：大数求和

题目描述：有两个大数，如何求它们的和？

看题目要求，两个大数超过了 integer 所能表示的整数范围，所以不能直接相加。在实际应用时，如果安装了 BCMath 扩展，可以使用 bcadd 来计算。例如：

```
<?php
echo bcadd('9999999999999999','25');
```

```
//Output 10000000000000024
?>
```

在此，可以采用模拟手工计算加法的方法：

（1）设置初始进位为 0。

（2）从个位开始，向高位移动，每次取出当前位置的两个数字与进位相加。

（3）第（2）步得到的和如果大于 10，则取余数作为该位置的值，并设置进位为 1；如果小于 10，则取得到的和为该位置的值，并设置进位为 0。

（4）重复第（2）步和第（3）步，直到较长的数字处理完。

（5）如果最后的进位为 1，则在结果的最高位拼接上 1。

程序代码如下：（源码文件：ch02/big_add.php）

```
<?php
echo big_add('9999999999999999','25');
    //Output 10000000000000024
function big_add($num1,$num2){
    $len1 = strlen($num1);//用 len1 暂存 num1 的长度
    if(0 == $len1) return $num2; //如果 num1 的长度为 0，则 num1 为 0，和为 num2 的值
    $len2  = strlen($num2);//用 len2 暂存 num2 的长度
    if(0 == $len2) return $num1;//如果 num2 的长度为 0，则 num2 为 0，和为 num1 的值
    $len = $len1 > $len2 ? $len1 : $len2;//取出较长的数字长度
    $result = '';//用 result 存储结果
    $carry_flag = 0;//进位标志
    for($i = $len -1;$i >= 0; $i--){//
        $add1 = $add2 = 0;//保存每个位的加数和被加数
        if($len1 > 0) $add1 = $num1[--$len1];//如果还未取完 num1，则取出当前位置的
数字，并把游标前移
        if($len2 > 0) $add2 = $num2[--$len2];//如果还未取完 num2，则取出当前位置的
数字，并把游标前移
        $tmp = $add1 + $add2 + $carry_flag;//每位都是 num1 和 num2 同一位置的数字之
和加上进位
        if($tmp >= 10){//判断加完之后的和，如果大于等于 10，则取余数，并设置进位标志为
1
            $result = ($tmp - 10).$result;
            $carry_flag = 1;
        }else{//如果小于 10，则取当前值，并设置进位标志为 0
            $result = $tmp.$result;;
            $carry_flag = 0;
        }
    }
    if(1 == $carry_flag){//如果进位标志为 1，则最高位为 1，需要拼接上
        $result = $carry_flag.$result;
    }
    return $result;
}
?>
```

2.3　浮 点 型

2.3.1　概　念

浮点型（float 或 double）表示的变量属于实数的集合。在 C 语言里，float 和 double 是不同的类型，但在 PHP 语言里，两者没有区分，都是 float 类型。PHP 的浮点数采用 IEEE 二进制浮点数算术标准(IEEE 754)，通常最大值是 1.8e308 并具有 14 位十进制数字的精度(64 位 IEEE 格式)。

浮点数的表示方法一般有两种：使用小数点和科学计数法，如表 2-4 所示。

表2-4　浮点数的表示方法

表示方法	解　释	示　例
小数点	整数和小数之间用 . 分隔	0.3
科学计数法	a 与 10 的 n 次幂相乘的形式（1<=a<10，n 为整数）	3e-1

2.3.2　面试题：浮点数的比较

题目描述：比较两个浮点数是否相等。

程序代码如下：（源码文件：ch02/float_compare.php）

```
1  <?php
2  var_dump(0.3 == 3e-1);//bool(true)
3  var_dump(0.3 == 0.1 + 0.2);//bool(false)
4  var_dump(1100.80 * 100 == 110080);//bool(true)
5  var_dump(1100.85 * 100 == 110085);//bool(false)
6  ?>
```

为什么第 3 行和第 5 行的结果是 false 呢？原因在于浮点数在计算机内部的表示。例如 IEEE 754 标准[1]对 64 位的双精度数字的表示如表 2-5 所示。

表2-5　IEEE 754标准对64位的双精度数字的表示

项　目	位　置	位　数
数符	63	1
阶码	52-62	11
位数	0-51	52

双精度数所能表示的有效数字位数为 52，由于有效数字最左位一定是 1，所以共有 53 位。

$$\log 2^{53} \approx 15.95$$

所以，一般来说，对于 64 位的双精度数字，只有前 15 位的有效数字是有意义的，这保证了最大误差一般不大于10^{-16}。

[1] https://zh.wikipedia.org/wiki/IEEE_754

例如：

```
<?php
var_dump(0.3 - (0.1+0.2));
//Output float(-5.551115123125E-17)
?>
```

需要注意，任何抛弃精度谈浮点数的比较都是无意义的。

2.3.3 面试题：证明题

题目描述：证明 0.999…=1。

方法 1：已知 $\frac{1}{3} = 0.333 \ldots$，将两端同时乘以 3，则得到$1 = 0.999 \ldots$。

方法 2：0.999… 可表示为以下等比数列之和：

0.9 , 0.09 , 0.009 , …

而等比数列之和为$\frac{0.9}{1-0.1} = 1$

由此得证。

以上不是数学上严谨的证明方法，这里仅作为例子加强大家对浮点数的理解。

2.3.4 面试题：比较两个浮点数的大小

题目描述：怎么比较两个浮点数的大小？

任何抛弃精度谈浮点数的比较都是无意义的。但可以设置一定的精度来比较两个浮点数。

精度一般用希腊字母ε（epsilon）来表示。

程序代码如下：（源码文件：ch02/float_compare_epsilon.php）

```
<?php
$epsilon = 1e-10;//精度为 10 的-10 次方
$a = 0.3;
$b = 0.1+0.2;
//不使用精度
var_dump($a - $b == 0);//bool(false)
//使用精度
var_dump(abs($a - $b) <= $epsilon);//bool(true)
?>
```

2.4 字 符 串

2.4.1 概　念

字符串（string）是由若干字符组成的序列。string 有 4 种表示方法：单引号、双引号、heredoc、nowdoc，它们的区别如表 2-6 所示。

表2-6　字符串的表示方法

表示方法	符　号	是否支持转义	是否支持变量解析
单引号	'	除单引号（'）、反斜杠（\）外，都不转义	不支持
双引号	"	支持	支持
heredoc	<<<EOT	支持	支持
nowdoc	<<<'EOT'	不支持	不支持

2.4.2　面试题：从 string 中取其中的单个字符

题目描述：如何从 string 中取出其中的单个字符。

可以用下标取出当前位置的字符，并支持修改。

程序代码如下：（源码文件：ch02/string_index.php）

```
<?php
$str = 'hello';

echo $str[0];
//Output h


$str[1] = 'a';
echo $str;
//Output hallo
```

2.4.3　面试题：求字符串表示的最大长度

题目描述：字符串所能表示的最大长度是多少？

PHP 7 之前的版本（5.x），string 所能表示的最大长度为 2GB。PHP 7 之后，字符串就没有这种限制了。出现这种情况的原因，是因为 PHP 底层对于字符串设计的改变。

PHP 5.x 的结构如下：

```
struct {
        char *val;      /*字符串值的存储位置*/
        int len;        /*4 字节，字符串长度*/
} str;
```

可以看到，字符串的长度被放到一个 4 字节的 int 里，而 int 所能表示的最大数字为 $2^{31}-1$。

而 PHP 7 里，string 的内部结构如下：

```
struct _zend_string {
        zend_refcounted_h gc;       /*8 字节，引用计数，用于垃圾回收*/
        zend_ulong        h;        /*8 字节，字符串的哈希值*/
        size_t            len;      /*8 字节，字符串的长度*/
        char              val[1];   /*1 字节，柔性数组，字符串的存储位置*/
};
```

字符串的长度是 size_t，而 size_t 与机器位数有关。在 64 位机器上，size_t 为 8 个字节，所能表示的最大数字为 2^{64}。

2.4.4 面试题：反转字符串

题目描述：如何反转一个字符串，例如将“hello”转化为“olleh”。

这是一道比较简单的题目，但也需要考虑性能问题。最简单的实现方法，是从尾到头遍历字符串，并拼接起来。

程序代码如下：（源码文件：ch02/reverse_string_v1.php）

```
1  <?php
2  $str = "hello world";
3  echo reverse_string($str);
4  //Output dlrow olleh
5  function reverse_string($str){
6      $ret = '';
7      for($i = strlen($str)-1 ; $i >= 0 ; $i--){//从尾到头遍历
8          $ret .= $str[$i];//拼接起每个字符
9      }
10      return $ret;
11  }
```

以上代码从结果来看，并没有问题。但要注意考虑以下两点：

1. 如何减少中间结果的内存浪费

对于 Java、PHP 等语言，字符串每次赋值都会生成临时字符串，造成内存浪费。在第 8 行，每一次拼接都会产生临时字符串。

2. 如何减少遍历次数

事实上，对一个长度为 n 的字符串，不需要从头到尾遍历 n 次，而只需找到中间位置，交换与中心对称位置的字符。基于这些考虑，我们可以写出更好的实现方式。

程序代码如下：（源码文件：ch02/reverse_string_v2.php）

```
<?php
$str = 'hello world';
echo reverse_string($str);
//Output dlrow olleh
function reverse_string($str){
    $full_len = strlen($str);
    $half_len = $full_len/2;//只需循环长度的一半
    for($i = 0;$i < $half_len;$i++){
     //以中间位置为中心，交换位置 i 和 full_len-1-i 的值
        $tmp = $str[$i];
        $str[$i] = $str[$full_len-1-$i];
        $str[$full_len-1-$i] = $tmp;
```

```
    }
    return $str;
}
```

2.5 数　组

数组（array）是 PHP 最常见的数据结构。不同于其他语言的数组，PHP 的数组不只是数组，还可以作为栈、队列、哈希等数据结构使用。

定义数组的方法有如下两种：

```
$array = array();
```

或简写为中括号：

```
$array = [];
```

2.6 对　象

对象（object）是类的实例，使用 new 来实例化一个类，例如：

```
class Cat{
    function eat(){
        echo 'eat fish';
    }
}
$tom = new Cat();
$tom->eat();
//Output eat fish
```

2.7 回调函数

2.7.1 概　念

回调函数（callbacks）类型可以将一个函数作为变量或参数传递给其他函数使用。在 PHP 中，诸如 call_user_func、call_user_func_array、usort、uasort、uksort 等函数，都可以接收一个函数作为参数。

为了演示回调函数的使用，我们举例如下，对以下数据按成绩高低进行排序。

使用到的函数 usort（http://php.net/manual/zh/function.usort.php）定义如下：

```
bool usort ( array &$array , callable $value_compare_func )
```

参数 array 为参与排序的数组；value_compare_func 是回调函数，用于比较两个数 a 和 b 的大小，大于时返回 1，等于时返回 0，小于时返回-1。

对表 2-7 中的数据按照成绩进行排序。

表2-7　成绩排序示例

姓 名	成 绩
Tom	80
Bob	60
David	90
LiLy	55

程序代码如下：（源码文件：ch02/callback_usort.php）

```
1 <?php
2 //定义 callback 函数，分数大的元素排名靠前
3 function cmp_score($a,$b){
4  if($a['score'] == $b['score']){
5      return 0;
6  }
7  return ($a['score'] > $b['score']) ? -1 : 1;
8 }
9
10 $list = [
11  ['name'=>'Tom','score'=>80],
12  ['name'=>'Bob','score'=>60],
13  ['name'=>'David','score'=>90],
14  ['name'=>'LiLy','score'=>55],
15 ];
16
17 usort($list,'cmp_score');//'cmp_score'作为一个 callback 类型的参数
18
19 foreach ($list as $index => $item) {
20 echo "Name: {$item['name']}\tScore: {$item['score']}\tRank:
".($index+1)."\n";
21 }
```

输出结果如下：

```
Name: David Score: 90   Rank: 1
Name: Tom   Score: 80   Rank: 2
Name: Bob   Score: 60   Rank: 3
Name: LiLy  Score: 55   Rank: 4
```

2.7.2 回调函数的使用

PHP 中的 call_user_func()函数和 call_user_func_array()函数都是回调函数，在写接口的时候经

常会用到，但是它们有什么区别呢？

call_user_func()函数不支持引用参数，而 call_user_func_array()支持引用参数，两者传入参数的方式不同。参见下述程序代码，观察两个回调函数的用法：

```
<?php
function u_add($a1,$a2){
return $a1+$a2;
}
echo call_user_func('u_add',1,2);
echo call_user_func_array('u_add',[1,2]);
```

这两个回调函数的第一个参数都是被调用的回调函数，call_user_func()还可以有多个参数，它们都是回调函数的参数，call_user_func_array()只有两个参数，第二个参数是要被传入回调函数的数组，这个数组得是索引数组。

如果传递一个数组给 call_user_func_array()，数组的每个元素的值都会被当作一个参数传递给回调函数，数组的 key 回调掉。

如果传递一个数组给 call_user_func()，整个数组会当作一个参数传递给回调函数，数组的 key 还会保留住。

比如有如下的回调函数：

```
function test_callback(){
    $args    = func_get_args();
    $num= func_num_args();
    echo $num."个参数：";
    echo "<pre>";
    print_r($args);
    echo "</pre>";
}
```

我们分别使用 call_user_func 函数和 call_user_func_array 函数进行回调：

```
$args = array (
    'foo'    => 'bar',
    'hello'  => 'world',
    0    => 123
);
call_user_func('test_callback', $args);
call_user_func_array('test_callback', $args);
```

最后输出结果：

1 个参数：

```
Array
(
    [0] => Array
        (
          [foo] => bar
```

```
            [hello] => world
            [0] => 123
        )
)
```

3 个参数：

```
Array
(
    [0] => bar
    [1] => world
    [2] => 123
)
```

2.7.3 面试题：call_user_func()和 call_user_func_array()的区别

题目描述：请说明 call_user_func()和 call_user_func_array()的区别有哪些？

解答：call_user_func()和 call_user_func_array()都可以调用一个用户自定义的回调函数，它们的定义如下：

```
mixed call_user_func ( callable $callback [, mixed $parameter [, mixed $... ]] )
mixed call_user_func_array ( callable $callback , array $param_arr )
```

可以看到，两个函数的第一个参数都是 callback 函数，不同之处有两个：

（1）参数数目不同。call_user_func 可以接收多个参数，包括可变数量的参数；而 call_user_func_array 可接收一个数组作为参数。

（2）对引用传递参数的处理不同。call_user_func 只能进行值传递，无法进行引用传递。而 call_user_func_array 支持引用传递。为加深大家的理解，我们看下面的代码示例。

（源码文件：ch02/callback_reference.php）

```
1  <?php
2  function demo(&$a){
3      $a = 5;
4  }
5  $a = 6;
6  call_user_func_array('demo', array(&$a));
7  echo $a,"\n";
8  //call_user_func('demo',&$a);
9  //echo $a,"\n";
```

第 2 行定义了一个 demo 函数，其参数$a 为引用传递参数。

第 6 行用 call_user_func_array 调用 demo 函数，并将$a=6 以引用形式传递。

这时输出的$a=5，因为$a 在 demo 函数里被重新赋值为 5。

第 8 行用 call_user_func 调用 demo 函数，这是语法不允许的，直接抛出如下错误：

```
Fatal error: Call-time pass-by-reference has been removed
```

2.8 迭代器

迭代器（Iterable）是 PHP 7.1 引入的一种新的数据类型，可用于数组或其他实现 Traversable 接口的对象，主要用于遍历内部元素。迭代器最多的用处是 foreach 和 yield（yield 是实现生成器 Generator 的一个重要语法，将在函数一章里专题解释）。

迭代器用于函数参数的示例如下：

```
1 <?php
2 function foo(iterable $iterable) {
3     foreach ($iterable as $value) {
4         // ...
5     }
6 }
7 ?>
```

迭代器用于函数返回值的示例如下：

```
1 <?php
2 function demo(): iterable {
3     return [1, 2, 3];
4 }
5 ?>
```

2.9 资源

资源（resource）保存对一个外部资源的引用，如数据库链接、文件句柄、图像句柄等，常见的资源类型如表 2-8 所示。

表2-8　常见的资源类型

资源类型名称	作　用
socket	socket 句柄
file	文件句柄，用于文件操作
mysql	数据库链接
curl	curl 操作的句柄，用于发起网络请求
gd	图像句柄，用于图像的创建或修改

2.10 NULL 值

2.10.1 概 念

NULL 是一种特殊的值，表示变量没有值。判断一个变量是否为 NULL，仅有三种可能：

- 一个变量从未被赋值过。
- 主动给变量赋值为 NULL。
- 对变量使用 unset。

这个知识点常常会作为面试题。

2.10.2 面试题：NULL 值比较

题目描述：判断以下程序的输出是什么。

程序代码如下：（源码文件：ch02/check_null.php）

```
1  <?php
2  $a = '';
3  $b = 0;
4  $c = null;
5  var_dump(isset($a));//bool(true)
6  var_dump(empty($a));//bool(true)
7  var_dump(isset($b));//bool(true)
8  var_dump(empty($b));//bool(true)
9  var_dump(isset($c));//bool(false)
10  var_dump(empty($c));//bool(true)
11  var_dump(isset($d));//bool(false)
12  unset($a);
13  var_dump(isset($a));//bool(true)
```

这道题主要考察 isset 和 empty 的区别。

isset 判断一个变量是否被设置或非 null，即如果不是 null 就返回 true，否则返回 false。判断变量为 null 的方法就是上面所讲的 3 种情况。

empty 判断一个变量是否为 0、0.0、空字符串、null、false、空数组等，若是则返回 true，否则返回 false。

2.11 本章小结

PHP 有 10 种数据类型，包括 4 种基本类型：布尔、整型、浮点、字符串，4 种复合类型：数组、对象、回调函数、迭代器；两种特殊类型：资源和 NULL。

其他数据类型中，等同于布尔 FALSE 的值，是“空”，包括空字符串、数字 0、空数组、NULL 等。

使用整型需要注意数值的表示范围，防止溢出。

比较两个浮点数，需要附带精度条件。

字符串拼接过程中，会产生临时字符串，因此要尽量避免频繁拼接字符串以免造成性能下降。

迭代器是 PHP 7.1 新引入的一种数据类型。

资源类型是一种特殊的数据类型。

2.12 练　习

1. 编写程序：有两个大数，如何求它们的差。

2. 不看本书的示例，编写冒泡排序程序。

3. 找一些变量类型转换的示例，观察其出现的意料不到的结果，并尝试解释之。

4. 查找 IEEE 754 标准的相关资料，复习计算机组成原理中的浮点数表示、补码、精度等相关知识点。

5. 双引号和单引号的区别是什么？

答：双引号解释变量，单引号不解释变量；双引号解释转义字符，单引号只解释单引号（'）和反斜杠（\）。

第3章

变　量

变量是PHP中一个基本概念，面试考察中主要会涉及变量引用、预定义变量、垃圾回收机制、作用域等概念。本章将对以上知识点做详细的讲解。

3.1　变量引用

首先看一道题目：

代码如下：（源码文件：ch03/reference_1.php）

```
$a = 1;
$b = & $a;
$b = 2;
var_dump($a);
```

这时$a的输出结果是什么？

答案为2。

除第1行为$a赋值外，没有再对$a有任何操作，但$a的值由1变为2。

这就是本节要讨论的变量引用。

3.1.1　指针与引用

在C语言里，指针是一个强大的存在，它可以通过传递指针的方式，将一个变量或函数的内存地址传递出去。直接操作内存是一个高效行为，但过于危险和不可控制，所以在一些语言，如Java、PHP等，不允许直接传递指针，而采用变量引用的方式来实现。

PHP的变量引用，是指不同的变量访问同一变量的内容，语法为&+变量名。例如上例的第2行代码，将$a的引用赋值给$b，即$a和$b指向同一个“地址”，当任何一个变量变化时，都会影响到另一个变量。图3-1中的refcount表示该“地址”被引用的次数。

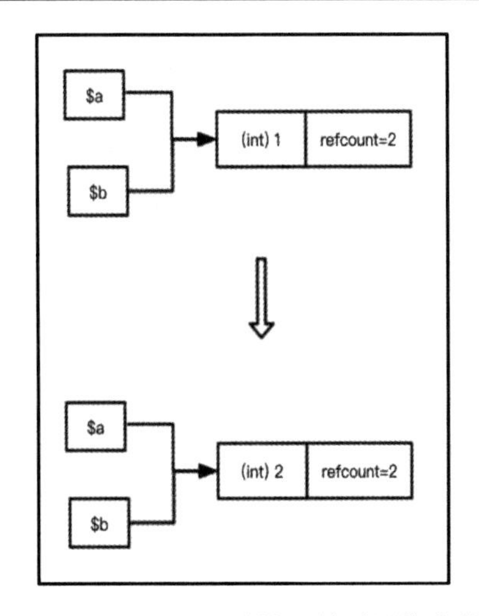

图 3-1 refcount“地址”被引用的次数

3.1.2 引用的取消

设置一个引用变量之后，可以用 unset 来取消其引用，即销毁引用变量。

程序代码如下：（源码文件：ch03/reference_2.php）

```
$a = 1;
$b = & $a;
unset($a);
var_dump($b);
//output 1
```

如图 3-2 所示。

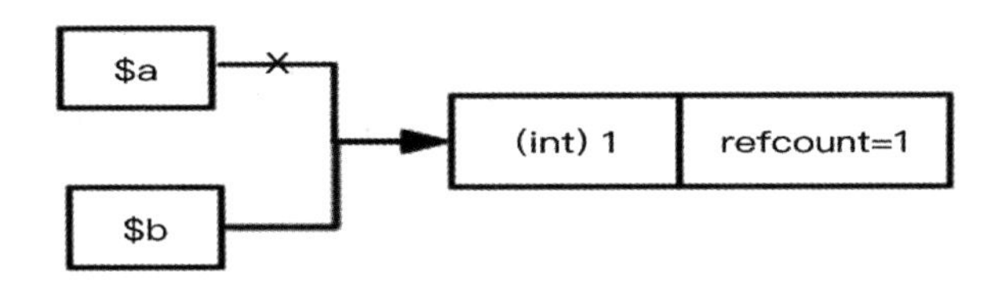

图 3-2 变量的引用

可以看到，unset($a)之后，内存中的地址并没有释放，而只是将 refcount 减 1，所以$b 的值仍然是 1。

3.1.3 forech 的引用陷阱

经常有这样的场景：某个数组需要遍历来修改某个值，改完之后需要进行第二次遍历。请看以下程序示例：（源码文件：ch03/reference_foreach.php）

```
1 <?php
2 $nums = [1,2];
```

```
3  foreach($nums as &$num){
4   $num += 1;
5  }
6  var_dump($nums);//$nums = [2,3]
7  //do something else
8  foreach($nums as $num){
9   //var_dump($nums);
10  echo $num."\t";
11  }
12  echo PHP_EOL;
13  //output 2 2
14  var_dump($nums);//$nums = [2,2]
```

第 1 个 foreach 的作用是将数组的每个元素都加 1，所以 $nums = [2,3]。

第 2 个 foreach 的预期是输出 2,3，但为什么输出了 2,2 呢？

请看图 3-3 所示。

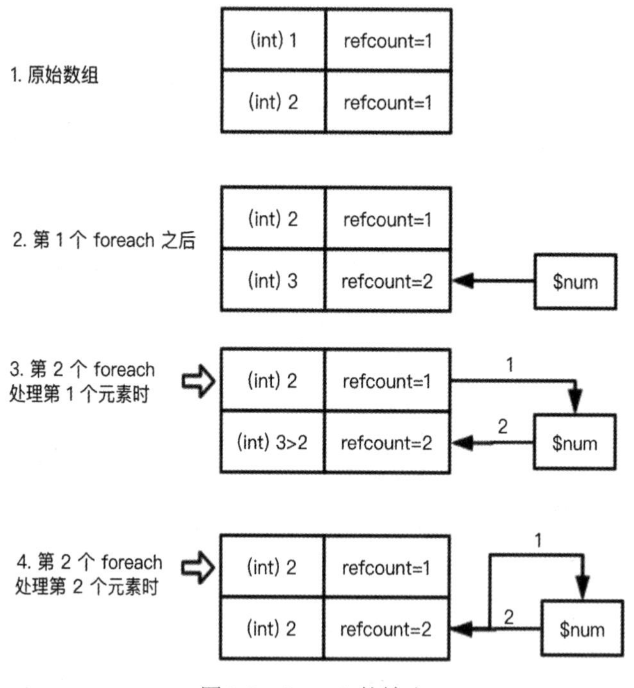

图 3-3　foreach 的输出

结合上图，我们分析一下为什么出现这种情况。

第 2 行，定义的数组[1,2]，如图 3-3 所示的第 1 步。

第 3 至 5 行，将数组的每个元素都加 1，所以$nums = [2,3]，同时数组的第 2 个元素引入了$num 的引用。这造成了后面的意想不到的情况。

第 2 个 foreach 处理第 1 个元素时，$num 被赋值为 2，同时$num 又和第 2 个元素共享地址，所以第 2 个元素的值由 3 变为 2。

第 2 个 foreach 处理第 2 个元素时，$num 被赋值为 2，同时$num 又和第 2 个元素共享地址，相当于把变量本身的值重新赋值给自己，所以第 2 个元素的值仍然为 2。

综上所述，$nums 变为了[2,2]。

究其原因，是由于数组最后一个元素的$num 引用在 foreach 循环之后仍会保留。建议使用 unset()来将其销毁。

规避的方法有三种：

方法 1：不使用变量引用，而用$nums[$index]取出要改变的元素。

（源码文件：ch03/reference_foreach_fix_1.php）

```
<?php
$nums = [1,2];
foreach($nums as $index=>$num){
    $nums[$index] += 1;
}
var_dump($nums);//$nums = [2,3]
//do something else
foreach($nums as $num){
    echo $num."\t";
}
echo PHP_EOL;
//output 2 3
var_dump($nums);//$nums = [2,3]
```

方法 2：既然第 1 个和第 2 个 foreach 的变量名相等，那么不妨将第 2 个 foreach 的变量更名为$num2，就规避了变量引用的问题，也能输出正确的结果。

程序代码如下：（源码文件：ch03/reference_foreach_fix_2.php）

```
<?php
$nums = [1,2];
foreach($nums as &$num){
    $num += 1;
}
var_dump($nums);//$nums = [2,3]
//do something else
foreach($nums as $num2){
    echo $num2."\t";
}
echo PHP_EOL;
//output 2 3
var_dump($nums);//$nums = [2,3]
```

方法 3：unset 调引用变量。

程序代码如下：（源码文件：ch03/reference_foreach_fix_3.php）

```
<?php
$nums = [1,2];
foreach($nums as &$num){
    $num += 1;
}
```

```
unset($num);
var_dump($nums);//$nums = [2,3]
//do something else
foreach($nums as $num){
    echo $num."\t";
}
echo PHP_EOL;
//output 2 3
var_dump($nums);//$nums = [2,3]
```

另外，还有一种使用函数式编程的解决方案，将在第 5 章讲解。

3.2 预定义变量

3.2.1 概 念

PHP 内置了一些预定义变量，这些变量通常为超全局变量，代码的任何地方都可以直接使用这些变量。常见的预定义变量如表 3-1 所示。

表3-1 预定义变量

名 称	说 明
$GLOBALS	引用全局作用域中可用的全部变量
$_SERVER	服务器和执行环境信息
$_GET	HTTP GET 变量
$_POST	HTTP POST 变量
$_FILES	HTTP 文件上传变量
$_REQUEST	HTTP Request 变量
$_SESSION	Session 变量
$_ENV	环境变量
$_COOKIE	HTTP Cookies

$_SERVER 表示服务器和执行环境信息，是一个包含诸如头信息（header）、服务器（server）信息、客户端（remote）信息、路径（path）以及脚本位置（script locations）等信息的数组，如表 3-2 所示。

表3-2 $_SERVER信息

类 别	信 息	说 明
脚本相关	PHP_SELF	当前执行脚本的文件名，不包含根目录路径
	DOCUMENT_ROOT	当前执行脚本的文档根目录
	SCRIPT_FILENAME	当前执行脚本的绝对路径
	SCRIPT_NAME	包含当前脚本的路径

（续表）

类 别	信 息	说 明
服务器相关	SERVER_ADDR	当前执行脚本所在的服务器的 IP 地址
	SERVER_NAME	当前执行脚本所在的服务器的主机名
	SERVER_SOFTWARE	Web 服务器的名称
	SERVER_PORT	Web 服务器的端口号
	SERVER_PROTOCOL	Web 服务器使用的协议
客户端相关	REMOTE_ADDR	客户端的 IP 地址
	REMOTE_HOST	客户端的主机名
	REMOTE_PORT	客户端的端口号
协议相关	HTTP_ACCEPT	内容类型，一般用 MIME 类型来表示
	HTTP_ACCEPT_CHARSET	字符集，如 utf-8，gb2312
	HTTP_ACCEPT_ENCODING	编码方式，一般是压缩方法，如 gzip
	HTTP_ACCEPT_LANGUAGE	语言，如 en、zh 等
	HTTP_CONNECTION	连接方式，如"Keep-Alive"," "
	HTTP_HOST	服务器主机名
	HTTP_REFERER	前一页的地址，或 ajax 请求所在页面的地址
	HTTP_USER_AGENT	浏览器标志
	REQUEST_METHOD	请求方式，如 GET、POST
	HTTPS	请求是否通过 HTTPS 协议访问

3.2.2 面试题：执行脚本的位置

题目描述：如何获得 PHP 执行脚本的位置。

解答：脚本相关信息主要表示 PHP 执行脚本的位置和 webroot 的根目录，下面的例子演示了脚本相关的信息。

（源码文件：ch03/foo/bar/index.php）

```
echo 'PHP_SELF:'.$_SERVER['PHP_SELF'].PHP_EOL;
echo 'DOCUMENT_ROOT:'.$_SERVER['DOCUMENT_ROOT'].PHP_EOL;
echo 'SCRIPT_FILENAME:'.$_SERVER['SCRIPT_FILENAME'].PHP_EOL;
echo 'SCRIPT_NAME:'.$_SERVER['PHP_SELF'].PHP_EOL;
```

首先进入 ch03 目录，然后启动 PHP 内置服务器：

```
> cd ch03
> php -S localhost:8080
PHP 5.6.30 Development Server started at Sat Jan 26 11:40:46 2019
Listening on http://localhost:8080
Document root is /Users/david/code/phpbook/ch03
Press Ctrl-C to quit.
```

在浏览器里输入 http://localhost:8080/foo/bar/index.php，得到类似于如下的结果：

```
PHP_SELF:/foo/bar/index.php
DOCUMENT_ROOT:/Users/david/code/phpbook/ch03
SCRIPT_FILENAME:/Users/david/code/phpbook/ch03/foo/bar/index.php
SCRIPT_NAME:/foo/bar/index.php
```

3.3.3 面试题：获取当前访问页面的 URL

题目描述：如何获取当前访问页面的 URL。

解答：一个 URL（例如：https://www.google.com/search?q=php）的组成请参考表 3-3。

表3-3 URL的组成部分

名 称	解 释	示 例
PROTOCOL	使用的 HTTP 协议	HTTPS
HOST	域名或 IP	www.google.com
PORT	端口，HTTP 协议默认为 80，HTTPS 协议默认为 443	80
PATH	访问路径	search
QUERY_STRING	查询字符串	q=php

可以使用如下方式获取当前访问页面的 URL。

（源码文件：ch03/foo/bar/url.php）

```
    (isset($_SERVER['HTTPS']) && $_SERVER['HTTPS'] === 'on' ? "https" : "http") .
"://$_SERVER[HTTP_HOST]$_SERVER[REQUEST_URI]";
```

3.3 垃圾回收机制

要想了解 PHP 的垃圾回收机制，首先要弄明白以下问题：

- 什么样的变量会被回收？
- 什么时机进行回收操作？
- 回收步骤是什么？
- 垃圾回收机制解决什么问题？

1. 回收规则

首先我们讲一下回收的基本规则，这解释了什么样的变量会被回收。

- 变量引用计数增加（被使用或被引用），就不会被回收。
- 引用计数减少到零，所在变量容器将被清除（free），直接清理不用进入回收机制。
- 仅仅在引用计数减少到非零值时，才会产生垃圾周期（garbage cycle），可能会被回收。

2. 回收时机

当引用计数减少到非零值时，才会产生垃圾周期。举例（1）说明如下：

```php
<?php
    $a = 1;
    unset($a);
?>
```

unset($a)之后，是否触发了垃圾回收机制？

答：否！

这里有一个易混淆的地方：当一个变量的引用计数变为0时，PHP将在内存中销毁这个变量，只是这里的垃圾并不能称之为垃圾。

这里的变量free后，所占有的空间进入内存池，并不需要触发垃圾回收机制。

而下面的例子（2）则会触发。

```php
<?php
$a = array();
   $a[] = & $a;
   unset($a);
?>
```

unset后，a的refcount由2变为1，是符合触发条件的。

3. 回收步骤

（1）模拟删除。根缓冲区（root buffer）里的每个变量zval的refcount减1。

（2）模拟恢复。如果refcount不为0，则refcount加1；如果为0，则不加1。

（3）真的删除。删除所有refcount为0的zval。

4. 机制特性

垃圾回收机制首先是可解决内存泄漏和循环引用问题的（如回收时机的例子2）。注意，并不是每次refcount减少时都进入回收周期，只有根缓冲区满额后在开始垃圾回收。这是性能与功能的tradeoff。其次是将内存泄漏控制在一个阈值以下。

3.4 作 用 域

变量的作用域指变量的生效范围，或其定义的上下文背景。

3.4.1 函数作用域

默认情况下，变量的作用域局限在函数范围之内。这有以下两层意思：

- 函数范围之内定义的变量，仅在函数范围之内可见。
- 函数范围之外定义的变量，不能在函数中可见，除非显式使用global关键字。

例如下例中，定义在函数范围之外的$a = 1和定义在test函数里的$a = 2，两者互不影响。

（源码文件：ch03/scope_1.php）

```
<?php
$a = 1;//本文件内的全局变量
function test(){
    $a = 2;//局限在函数范围之内
    echo $a;
}
test();//输出 2
echo PHP_EOL;
echo $a;//输出 1
```

3.4.2 global 关键字

使用 global 关键字可以在函数中引用全局变量，例如下例中 test 函数内可以使用 global 关键字来引用外部定义的全局变量。

（源码文件：ch03/scope_2.php）

```
<?php
$a = 1;//本文件内的全局变量
function test(){
    global $a;//使用 global 引用全局变量
    echo $a;
}
test();//输出 1
echo PHP_EOL;
echo $a;//输出 1
```

也可以使用 $GLOBALS 来引用全局变量。

3.4.3 引用文件的变量作用域

变量作用域包含了使用 include 或 require 引入的文件，例如我们在 scope_var.php 定义了 $a = 1，那么该变量的作用域会带到引用该文件的地方。

例 1：（源码文件：ch03/scope_var.php）

```
<?php
$a = 1;
```

例 2：（源码文件：ch03/scope_3.php）

```
<?php
include('./scope_var.php');
//require('./scope_var.php');
echo $a; //输出 1
```

3.4.4 超全局变量

超全局变量，即 3.2 节介绍的预定义变量，其作用域为全局，在任何地方都可以引用。

3.5 本章小结

本章介绍了变量相关的一些基本概念，虽然简单，但很基础。面试中经常会遇到一些变量相关的问题，这些问题多数为入门问题，如果回答得出，面试官可能会深入问到变量的内核实现及原理（请参考第 9 章）。

3.6 练　习

1. PHP 中变量的作用域是什么？

答：可以结合 3.4 节的讲解来说明。

2. 如何获取服务器的 IP？

答：使用超全局变量的$_SERVER 来获取，服务器的 IP 为$_SERVER['SERVER_ADDR']。

3. 如何获取客户端的 IP？

答：使用超全局变量的$_SERVER 来获取，客户端的 IP 为$_SERVER['REMOTE_ADDR']。如果客户端使用了代理，可以使用$_SERVER['HTTP_X_FORWARDED_FOR']来获取。注意获取的客户端 IP 可能存在伪造或篡改，不能百分百地信任。

4. define 和 const 关键字有什么区别？

答：两个关键字都可以定义常量。两者的区别如下：

- 定义时机。const 在编译阶段定义常量，define 在运行阶段定义常量。
- 大小写敏感。const 定义的常量是大小写敏感的，define 的第 3 个参考设置为 TRUE 可以关闭大小写敏感。
- 命名规则。const 的常量命名只能是普通文本，而 define 允许使用动态表达式的值来命名。
- 效率。const 定义的常量示例如下：比 define 的效率提高一倍。

推荐使用 const 关键字来定义常量。

（源码文件：ch03/define_vs_const.php）

```
<?php
//大小写敏感
define('A', 'a', true);
echo A; // a
echo A; // a
const B = 'b';
echo B;//b
echo b;//错误：常量未定义

//命名规则
for ($i = 0; $i < 10; ++$i) {
```

```
    define('NUMBER_' . $i, $i);
}
/*
以下语句语法错误
for ($i = 0; $i < 10; ++$i) {
    const 'NUMBER_' . $i = $i;
}
*/
```

5. 常见的 PHP 错误级别有哪些？

答：见表 3-4。

表3-4 PHP错误级别

值	常 量	说 明
1	E_ERROR	致命的运行时错误。这类错误一般是不可恢复的情况，例如内存分配导致的问题。后果是导致脚本终止则不再继续运行
2	E_WARNING	运行时警告（非致命错误）。仅给出提示信息，但是脚本不会终止运行
4	E_PARSE	编译时语法解析错误。解析错误仅仅由分析器产生
8	E_NOTICE	运行时通知。表示脚本遇到可能会表现为错误的情况，但是在可以正常运行的脚本里面也可能会有类似的通知
30719	E_ALL	除 E_STRICT 之外的所有错误和警告信息

6. PHP 如何设置错误级别？

答：使用 error_reporting 或 ini_set 来设置错误级别，示例如下：

```
error_reporting(E_ALL);
ini_set('display_errors', '1');
```

第 4 章

函　数

函数是程序中可以重复执行的语句块，它的使用很基础也很广泛，所以面试中针对函数的题目比较少。大多数面试题集中在匿名函数、递归、Lambda 表达式、函数式编程等比较抽象的概念，因此本章也重点讲述这些知识。

4.1 匿名函数与闭包

4.1.1 匿名函数与闭包的概念

匿名函数（Anonymous function），是指没有名称的函数。在一些调用参数为回调函数（callable）的函数里，如 usort、preg_replace_callback、array_map 等，如果定义的回调函数在其他地方不会用到，可以用匿名函数代替。例如将数组中的元素全部改为大写的方式，第 2~4 行定义了一个匿名函数，将传递给它的参数转换为大写之后返回。

```
1 $array = ['a','B','c','d','e'];
2 $new_array = array_map(function($w){
3         return strtoupper($w);
4     }, $array);
5 var_dump($new_array);
6 //Output A B C D E
```

请注意，PHP 文档里关于匿名函数（http://php.net/manual/zh/functions.anonymous.php）的描述是有问题的：匿名函数（Anonymous functions），也叫闭包函数（closures），允许临时创建一个没有指定名称的函数。

闭包函数不仅仅是匿名函数，还包括执行环境上下文。闭包是由函数和与其相关的引用环境组合而成的实体。

闭包可以将功能实现封装在一块代码内，避免使用全局变量和函数定义。例如下例将数组中的数字变为平方。注意普通函数和闭包的实现都可以完成功能，但普通函数实现的方式引入了函数 square，这是一个全局的函数，在大型或多人合作项目中，不能再定义名称为 square 的函数了（此处不考虑命名空间）。以免为了一个一次性的功能，“污染”了全局空间。

（源码文件：ch04/closure/function_vs_closure.php）

```
$array = [1,3,5];
//普通函数实现
function square($x){
    return $x*$x;
}
$array1 = array_map('square',$array);
//闭包实现
$square = function($x){return $x*$x;};
$array2 = array_map($square, $array);

var_dump($array1,$array2);
//output:[1,9,25]
```

4.1.2 匿名函数里的变量作用域

匿名函数之外的变量对匿名函数来说是不可见的，这并不稀奇，因为匿名函数属于函数的一种，而函数里的变量，其作用域局限在函数本身。如果需要访问外部变量有以下两种方法：

- 使用 use 关键字。
- 可以使用 global 全局变量，但不建议使用。闭包的作用就是要减少全局变量的使用。

请看以下示例：

（源码文件：ch04/anonymous_function.php）

```
<?php
$name = 'world';
// 不使用 use
$who = function () {
    var_dump($name);
};
$who();

// 使用 use
$who = function () use ($name) {
    var_dump($name);
};
$who();

// 使用 global
$who = function () {
    global $name;
```

```
    var_dump($name);
};
$who();
/*
Output:
NULL
string(5) "world"
string(5) "world"
*/
```

4.1.3 面试题：匿名函数中$this 的使用

题目描述：匿名函数里能用$this 吗？

解答：在 5.3 版本中不可以，之后的版本（5.4+，7.0+）都可以。

示例代码如下：（源码文件：ch04/anonymous_function_this.php）

```
<?php
class Test
{
    private $name = 'world';
    public function who()
    {
        return function() {
            var_dump($this->name);
        };
    }
}

$object = new Test;
$function = $object->who();
$function();
//PHP 5.3 Fatal error:  Using $this when not in object context
//PHP 5.4+, 7.0+:  world
```

4.1.4 面试题：闭包是什么

解答：这是一个比较开放的问题，如果直接答闭包就是匿名函数，显得有些敷衍。可以从闭包的定义、使用场景、变量的作用域、使用外部变量等方面作答，以下是参考答案。

闭包是由函数和与其相关的引用环境组合而成的实体，它有两个必不可少的元素：函数和执行环境上下文。闭包的作用是将一个功能实现封闭到一块代码之内，以减少全局变量和函数定义。闭包可以在回调参数和迭代器里使用，处理完回调或迭代之后，不会影响到程序的其他部分。闭包之外的变量对闭包而言是不可见的，如果要使用外部变量，建议使用 use 关键字。

4.2 递 归

4.2.1 递归的原理

递归是指函数直接或间接地重复调用自身的过程。在处理某些问题时，递归可以显著地降低难度，例如二叉树的前序、中序、后序遍历，汉诺塔问题等。

实质上，递归的原理类似于数学归纳法，证明分两个步骤：

（1）证明当 n = 1 时命题成立。

（2）证明如果在 n = m 时命题成立，那么可以推导出在 n = m+1 时命题也成立。（m 代表任意自然数）

递归处理问题也有两个基本要素：

- 起始条件或退出条件。
- 问题分解为子问题。

我们来看一个基础的阶乘的递归实现示例，程序代码如下：（源码文件：ch04/fact.php）

```
1 <?php
2 echo "Factorial of 10 is " .fact(10);
3 function fact($n){
4   if($n <= 1){
5       return 1;
6   }
7   return $n * fact($n -1);
8 }
```

第 4 至 6 行是退出条件，即 0! = 1，1! = 1。

第 7 行，将阶乘问题分解，即

```
fact(10) = 10* fact(9)
fact(9) = 9 * fact(8)
…
fact(2) = 2 * fact(1) = 2 * 1
```

依次调用即得到最后的结果。

4.2.2 递归的优缺点

1. 递归的优点

- 将复杂问题分解为简单问题，易于理解。
- 实现简单，某些问题转换为迭代之后实现方极其复杂（如汉诺塔问题），但使用递归实现就要简单很多。

2. 递归的缺点

- 函数调用次数多，效率低。
- 空间浪费较多。
- 可能存在多余的调用。
- 递归层级过深造成堆栈的溢出。

递归的优点和缺点，使得科学家们对其“又爱又恨”，为了扬长避短，科学家们利用动态规划缓解递归的某些缺点。关于动态规划的实现我们在第 12 章第 7 节将会详细描述。

4.2.3 面试题：用递归实现斐波那契数列

斐波那契数列（Fibonacci Sequence）的第 1 项和第 2 项为 1，从第 3 项开始，每一项都是前两项之和：

```
1 1 2 3 5 8 13 21...
```

程序实现如下：（源码文件：ch04/fibonacci.php）

```
<?php
echo "10th in Fibonacci Sequence is ".fibonacci(10);
function fibonacci($n){
    if($n <= 2){
        return 1;
    }
    return fibonacci($n-1) + fibonacci($n-2);
}
```

4.2.4 面试题：二叉树的中序遍历

题目描述：利用递归实现二叉树的中序遍历。

解答：二叉树的中序遍历，是按照左子树→根结点→右子树的顺序访问二叉树的所有结点。访问的操作包括操作结点的值、更改结点的值等。

示例代码如下：（源码文件：ch04/tree.php）

```
<?php
class Node{
    public $left = null;//左孩子结点，默认为null
    public $right = null;//右孩子结点，默认为null
    public $value;//结点的值

    public function __construct($value){
        $this->value = $value;
    }
}

class BinaryTree{
```

```
    public $root = null;//根结点

    public function __construct($node){
        $this->root = $node;
    }

    //中序遍历
    public function inOrder($tree,$callback){
        //处理左子树
        if($tree->left != null){
            $this->inOrder($tree->left,$callback);
        }
        //处理结点的值
        $callback($tree->value);
        //处理右子树
        if($tree->right != null){
            $this->inOrder($tree->right,$callback);
        }
    }
}
//遍历时对结点的值的操作
function inOrderAct($value){
    echo $value.' ';
}
$root = new Node(1);//根结点
$tree = new BinaryTree($root);//二叉树

$left = new Node(3);
$root->left = $left;

$right = new Node(2);
$root->right = $right;
/*
二叉树的结构
  1
/   \
3   2
*/
$tree->inOrder($root,'inOrderAct');
//output 3 1 2
```

4.3 Lambda 表达式

4.3.1 概　念

Lambda 表达式的概念来自于 Lambda 演算（λ 演算，Lambda calculus），最早由阿隆佐·邱奇（Alonzo Church）在 1930 年提出的。Lambda 演算是数学逻辑中的一种形式系统，用于表示基于函数抽象的计算和使用变量绑定和替换的应用。

Lambda 表达式有三个要素，如表 4-1 所示。

表4-1 Lambda 表达式的三要素

术语（term）	符　号	说　明
变量（Variable）	x	表示参数或数字、逻辑的值
抽象（Abstraction）	(λx.M)	函数定义。M 为合法的 Lambda 表达式，x 为参数
应用（Application）	(M N)	实际应用，将实际参数 N 传递到 Lambda 表达式 M，以计算结果

我们拿计算平方来举例：$y = x^2$，其中变量为 x，抽象为x^2，计算 5 的平方为实际应用。用 PHP 实现的示例代码如下：（源码文件：ch04/lambda/square.php）

```
1  $square = function($x){return $x*$x;};
2  echo $square(5);
3  //output: 25
```

第 1 行定义了$square 的 lambda 表达式，变量（参数）为 x。

第 2 行为实际应用，计算$5^2 = 25$。

定义 Lambda 表达式的语法如下：

```
function & (parameters) use (lexical vars) { body }
```

例如上例定义的$square。语法中的&是可选的，表示返回一个引用类型的值，一般不推荐使用。

定义 Lambda 表达式之后有三种调用方式：

```
$square(5);
call_user_func ($square,5);
call_user_func_array ($square, array (5));
```

4.3.2 匿名函数、闭包和 Lambda 表达式的关系

匿名函数是基础概念，指没有名称的函数，而闭包和 Lambda 表达式都是基于匿名函数的概念。

Lambda 表达式和闭包并没有非常大的差别，PHP 语法中它们的定义如下：

```
lambda 表达式
function & (parameters) use (lexical vars) { body }
闭包
function (normal parameters) use ($var1, $var2, &$refvar) {}
```

它们的主要差别在于使用场景上。

Lambda 表达式为用变量表示的匿名函数，甚至直接以 inline 书写的函数也可以当作 Lambda 表达式。

闭包为包含执行上下文环境的匿名函数或 Lambda 表达式。

三者之间的关系如图 4-1 所示。

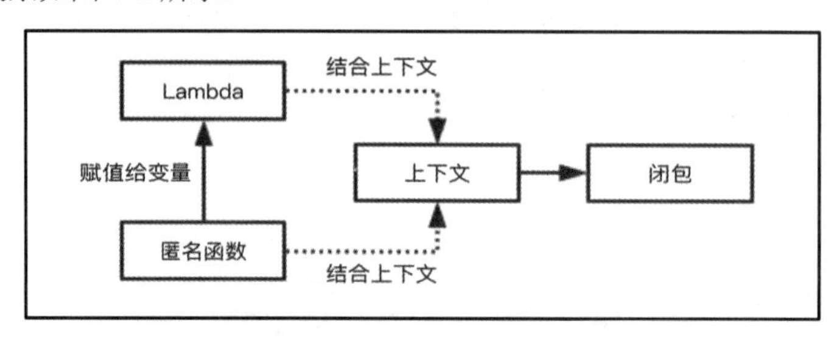

图 4-1　闭包、匿名函数和 Lambda 表达式的关系

请注意三者的区别与联系，各种资料众说纷纭，以上的结论笔者参考了维基百科和 PHP 官方 wiki，有兴趣的读者可以详读一下。

参考链接：

https://wiki.php.net/rfc/closures

https://en.wikipedia.org/wiki/Lambda_calculus

https://en.wikipedia.org/wiki/Closure_(computer_programming)

4.4　生成器（Generator）与 yield

前面在 1.1.8 小节讲述过迭代器。一个迭代器是这样一个容器，它实现了 Traversable 接口，从而能够遍历容器中的内部元素。PHP 中最常见的迭代器是数组，能使用 foreach 来遍历所有的元素。

与迭代器密切相关的概念是生成器（Generator）和 yield。

4.4.1　生 成 器

为了解释生成器，我们先看一个现实中的例子。

假设某工厂有 5000 名工人，为解决就餐问题开设了食堂，每餐每人有 1 碗米饭 1 盘菜。工人打饭时有两个方案：

方案 1：食堂工作人员把 5000 份套餐全部打包好，放在桌子上，依次发给工人。

方案 2：工人排队，食堂工作人员依次给工人打饭。

现实生活中第 1 种方案并不常见，因为事先把所有套餐全部打包好，需要占用餐厅 5000 个位置来放置这些饭盒，很浪费空间；而采用第 2 种方案，米饭和菜只需分别放在一个大桶里，随用随取即可。

将这个例子放到程序里可以有如下表示：

1. 数组里有 5000 个元素

```
$array = range(1,5000);
foreach($array as $item){
    //eat
}
```

2. 采用自定义的生成函数生成

（源码文件：ch04/generator.php）

```
function xrange($start, $limit, $step = 1) {
    if ($start < $limit) {
        if ($step <= 0) {
            throw new LogicException('Step must be positive number (>0)');
        }

        for ($i = $start; $i <= $limit; $i += $step) {
            yield $i;
        }
    } else {
        if ($step >= 0) {
            throw new LogicException('Step must be negative number (<0)');
        }

        for ($i = $start; $i >= $limit; $i -= $step) {
            yield $i;
        }
    }
}
foreach(xrange(1,5000) as $item){
    //eat
}
```

采用 memory_get_usage 方法打印出两种方案所需的内存使用量：

方案 1：968912
方案 2：226504

可以看到方案 2 的内存使用量仅是方案 1 的 1/4。方案 2 也有其他优点：实现简单，1 个人就可以打饭；方案 1 装满 5000 份套餐所需时间太长，后面装好前面就凉了，方案 2 随用随取。

生成器是用来生成迭代器的函数，其优点有以下三个：

- 实现简单。
- 避免分配大块内存，防止程序超过内存限制。
- 避免生成迭代器的执行时间过长。

4.4.2 yield

yield 应用于生成器函数里，类似于 return，但略有不同：

- yield 可以有多个。
- yield 会记住上次返回的值，下次调用时会返回下一个 yield。

例如以下示例中，有 3 个 yield，每次遍历时会依次返回 1,2,3 的值，从而实现遍历。（源码文件：ch04/yield_demo）

```
<?php
function gen_demo() {
    yield 1;
    yield 2;
    yield 3;
}

$generator = gen_demo();
foreach ($generator as $value) {
    echo "$value\n";
}
```

4.4.3 生成器的设计

Generator 可以生成一个可迭代的容器，显然这个容器的容量是有限的。那么设计生成器时，就引出一个问题：是由 Generator 控制数目，还是在循环中控制呢？这里分享一个规则：

- 规则 1：当数据有一定规则可循时，可以由 Generator 控制数目。例如生成奇数，计算阶乘等。
- 规则 2：当数据无规则可循或随机时，一般在循环中控制。

为了便于理解，我们实现两个 Generator。

1. 生成奇数

编写一个函数，当输入 n 时，输出 n 个奇数。
程序代码如下：（源码文件：ch04/generator_odd.php）

```
<?php
function gen_odd($n) {
    $start = 1;
    for($i=0;$i<$n;$i++){
     yield $start;
     $start += 2;
    }
}
foreach(gen_odd(4) as $item){
    var_dump($item);
```

```
}
//Output 1 3 5 7
```

2. 生成 uuid

uuid 是通用唯一识别码（Universally Unique Identifier），理论上每个 uuid 都是全局唯一的，这在生成不重复的标识符时非常有用，如订单号、物流号。按照概率论计算，一个人每年被陨石击中的概率大概是 170 亿分之一，而两个 uuid 重复的概率比这还小。

程序示例如下：（源码文件：ch04/generator_uuid.php）

```
<?php
function gen_uuid(){
    while(true){
        //uuid v4 的一个标准算法，见
http://www.php.net/manual/en/function.uniqid.php#94959
        yield sprintf( '%04x%04x-%04x-%04x-%04x-%04x%04x%04x',
        // 32 bits for "time_low"
        mt_rand( 0, 0xffff ), mt_rand( 0, 0xffff ),

        // 16 bits for "time_mid"
        mt_rand( 0, 0xffff ),

        // 16 bits for "time_hi_and_version",
        // four most significant bits holds version number 4
        mt_rand( 0, 0x0fff ) | 0x4000,

        // 16 bits, 8 bits for "clk_seq_hi_res",
        // 8 bits for "clk_seq_low",
        // two most significant bits holds zero and one for variant DCE1.1
        mt_rand( 0, 0x3fff ) | 0x8000,

        // 48 bits for "node"
        mt_rand( 0, 0xffff ), mt_rand( 0, 0xffff ), mt_rand( 0, 0xffff )
    );
    }
}
$num = 10;//获取 10 个 uuid 值
foreach(gen_uuid() as $item){
    var_dump($item);
    if($num-- <= 1){
        break;
    }

}
```

这个例子中，采用外部变量$num 来控制遍历的数目，一旦达到数量限制，遍历过程会被 break，从而控制了循环的流程。

4.4.4 面试题：用 yield 实现斐波那契数列

题目描述：输入 n，返回斐波那契数列的前 n 个数，要求用 yield 实现。

解答：斐波那契数列的每一项都是前两个数之和，例如：

```
0,1,1,2,3,5,8,13,...
```

实现代码如下：（源码文件：ch04/yield_fibonacci.php）

```
<?php
function fibonacci($n){
    $a = 0;//第 1 个数
    $b = 1;//第 2 个数
    if($n >= 1){//当 n>=1 时，输出第 1 个数
        yield $a;
    }
    if($n >= 2){//当 n>=2 时，输出第 2 个数
        yield $b;
    }
    for ($i = 3; $i <= $n; $i++) { //当 n>=3 时，每一项都是前两个数之和
        $c = $a + $b;
        yield $c;
        $a = $b;
        $b = $c;
    }
}
foreach (fibonacci(10) as $value) {
    echo $value,"\n";
}
```

引申思考：为什么不用递归实现斐波那契数列呢？

递归实现斐波那契数列的确比较简单，但存在重复计算的问题；而 yield 实现（这种方法叫动态规划）时，能够暂存子问题的结果，因此效率更高些。

4.5 函数式编程

4.5.1 什么是函数编程

函数式编程是一种流行的编程范型（Programming Paradigm）。编程范型是指编程风格，就像写作时有散文、小说、说明文、诗歌等文体一样。不同的文体，风格差异很大，写作方法也不同。常见的编程范型有过程式编程、面向对象编程、函数式编程等。

过程式编程是一种比较“古老”的编程范型，程序执行时以函数（或过程、子程序等）为单位，首先调用主函数，主函数再调用其他函数，直到程序结束。常见的过程式编程语言是 C 语言。

面向对象的理念是将现实世界映射到计算机语言里，如“猫”对应到“Cat”类，猫有品种、颜色等不同的特性（属性），会吃猫粮，会喵喵叫（方法）。面向对象编程目前是主流的编程语言，PHP、C++、Java、.Net 等都支持面向对象的特性。

函数式编程并非一个崭新的概念。最早的函数式编程语言 Lisp 诞生于 20 世纪 50 年代。随着编程语言的发展，人们逐渐发现过程式编程和面向对象编程的一些缺点。我们在讨论闭包和 Lambda 表达式时已经看到，过程式编程和面向对象编程在处理回调和迭代问题时，不可避免地遇到了全局变量和多余函数定义的问题。函数式编程的设计正是要规避这些“副作用”：将计算机运算作为函数处理，并避免状态改变和数据更改。目前 PHP、Python、Javascript、Erlang、clojure、

Scala、F#等语言都提供了函数式编程的特性。

4.5.2 函数编程的理念

函数式编程的基石是 Lambda 表达式，前面已有详细说明，不再赘述。这里重点说明其理念。

1. 函数是“第一等公民”

其他编程范型中，各种基本类型的数据（整型、浮点、布尔等）是程序的基础，是“第一等公民”。函数式编程里，函数也是“第一等公民”（First-class）。所谓 First-class，是计算机专用术语，指可以出现在程序的任何地方，包含将函数作为参数传递给另一个函数，或将一个函数作为返回值。这个特性在 PHP 的低版本（≤5.3）里是没有的。

2. 高阶函数（Higher-Order Function）

高阶函数是指接收函数作为参数，或者其返回值是函数的函数。这个理念与“第一等公民”的理念紧密相连，高阶函数将函数视为和基本数据类型（整型、浮点、布尔等）同等地位，处理上并无特殊之处。

3. 纯正函数（Pure function）

纯正函数是指没有副作用的函数。书写一个正确的纯正函数，需要满足 4 个条件：

- 如果没有使用到一个纯正函数计算的结果，那么该纯正函数可以删掉。
- 幂等性。如果某个参数不为引用类型，那么使用相同的参数进行多次计算的结果应该是相同的。
- 交换性。如果两个纯正函数没有数据依赖关系，那么它们可以交换位置，并行执行，彼此不会相互干扰。这对于多线程执行时尤为重要，纯正函数是线程安全的。
- 可被编译优化。如果整个程序都没有副作用，那么编译器可以自由地使用各种优化策略（排序或重新组合）来优化编译代码。

我们在第 3.1 节演示了 forech 的引用陷阱，这里给出一个使用函数式编程解决此问题的方案。程序代码如下：（源码文件：ch04/lambda/reference_functional.php）

```
1  <?php
2  $nums = [1,2];
3  $nums = array_map(function ($num) {
4      return $num + 1;
5  }, $nums);
6
7  //do something else
8  foreach($nums as $num){
9   echo $num."\t";
10  }
11  echo PHP_EOL;
12  //output 2 3
```

```
13 var_dump($nums);//$nums = [2,3]
```

第 3 至 5 行用 Lambda 表达式实现了将数组内的数字加 1 的操作，整个过程没有使用引用，不会造成引用陷阱；也没有引入新的函数定义，是比较完美的一个解决方案。

4.5.3 函数式编程的优势

函数式编程的优势主要有以下几点：

（1）易写出可读性好的程序：程序的可读性大部分由开发者决定，但使用函数式编程容易写出可读性好的程序。函数式编程无副作用，不易存在不易察觉的更改变量的操作。

（2）易维护的代码管理：函数式编程没有副作用，既不依赖外部的状态，又不改变外部的状态，根据纯正函数的条件 2，可以将函数视为一个独立的黑盒，有利于进行单元测试和模块化。

（3）易于代码重构：由于函数为独立个体，只要保证输入和输出一致，就很容易重构代码。

（4）并发编程：根据纯正函数的条件 3，纯正函数是线程安全的，可以将程序更好地在多核计算机上并发执行。

4.6 本章小结

PHP 的函数声明和调用方式和其他语言差异不大，但匿名函数和闭包、Lambda 表达式、yield 等语言特性的引入，为 PHP 的函数增加了一些快捷高效的写法，也为 PHP 增加了一些 Geek 气息。读者除了在概念上理解之外，也可以在编码时加以应用，定能起到事半功倍的效果。

4.7 练 习

1. echo()、print()、print_r()的区别是什么？

答：echo 和 print 是一个语言结构，而不是一个函数。echo 接收多个参数，并且没有返回值。print 仅支持一个参数，并总是返回 1。

print_r()是函数，它以人类易读的格式显示一个变量的信息。

2. foo()和@foo()之间有什么区别？

答：@符号为错误控制运算符。在函数调用或表达式之前加上@符号，可以忽略掉语句可能产生的错误信息。

第5章 类和对象

面向对象编程（Object Oriented Programming，简写 OOP）是一种编程思想，目前大多数主流编程语言都支持面向对象特性。相对于面向过程的编程思想，面向对象编程结构更清晰，更容易模块化和结构化，代码的可复用率高，易于维护。

PHP 是面向对象的语言，具有完整的对象模型。类的特性包括属性、类常量、访问控制、对象继承、抽象类、魔术方法、Final 关键字、对象复制和对象序列化等。本章重点讲述面试中常见的问题，如魔术方法、自动加载、命名空间等。

5.1 魔术方法

简言之，魔术方法是以双下画线开头的方法。它类似于钩子函数，当执行类的特定方法时被唤起。例如__construct()是构造函数，当示例化对象时被调用；__destruct()是析构函数，当对象被销毁时调用。在对象中调用一个不可访问方法时，__call()会被调用。用静态方式调用一个不可访问方法时，__callStatic()会被调用。

PHP 将所有以__（两个下画线）开头的类方法保留为魔术方法。关于 PHP 的魔术方法如表 5-1 所示。

表5-1 PHP魔术方法

函数名称	说 明
__construct()	构造函数，在每次创建新对象时先调用此方法，适合在使用对象之前做一些初始化工作
__destruct()	析构函数，对象销毁时调用
__call()	方法重载，在对象中调用一个不可访问方法时，__call()会被调用
__callStatic()	方法重载，在对象中调用一个不可访问的静态方法时，__callStatic()会被调用
__get()	属性重载，读取不可访问属性的值时，__get()会被调用
__set()	属性重载，在给不可访问属性赋值时，__set()会被调用

（续表）

函数名称	说　明
__isset()	属性重载，当对不可访问属性调用 isset()或 empty()时，__isset()会被调用
__unset()	属性重载，当对不可访问属性调用 unset() 时，__unset()会被调用
__sleep()	序列化对象之前调用__sleep()，可用于清除对象。例如类里包含密码的 MySQL 连接信息，可以在 serialize()函数执行之前清除掉，防止被序列化到数据库中造成泄漏
__wakeup()	反序列化对象操作之前调用__wakeup()，常用来重建数据库连接，或其他初始化操作
__toString()	输出对象时的显示。如 echo $obj，将会调用__toString()方法
__invoke()	当尝试以调用函数的方式调用一个对象时，__invoke()方法会被自动调用
__autoload()	当调用未定义的类时，_autoload()会被调用，用于按照规则加载未定义的类
__set_state()	当调用 var_export()导出类时，__set_state()会被调用
__clone()	对象复制完成时，新对象中的__clone()会被调用
__debugInfo()	当调用 var_dump()输出调试信息时，__debugInfo()会被调用

以上方法在 PHP 中被称为“魔术方法”（Magic methods）。在命名自己的类方法时不能使用这些方法名，只能为使用其魔术功能而实现魔术方法。

面试题：理解魔术方法

题目描述 1：什么是魔术方法？

解答：魔术方法是以双下画线开头的方法。它类似于钩子函数，当执行类的特定方法时被唤起。

题目描述 2：写出几个魔术方法，并指出什么情况下被调用/有什么用途。

答案见“表 5-1 PHP 魔术方法”。

5.2　自动加载

在一个文件里使用一个类，我们可以用 include、require 来引入类文件。

例如，Cat 类定义在 cat.php 文件里，请看示例代码：（源码文件：ch05/autoload/require/cat.php）

```
<?php
class Cat{
    public function eat(){
        echo 'cat eat fish';
    }
}
```

在 test.php 里使用 Cat 类，可以使用 include、require 函数引入 cat.php 文件。程序实现如下：（源码文件：ch05/autoload/require/test.php）

```
<?php
require './cat.php';
```

```
//require_once './cat.php';
//include './cat.php';
//include_once './cat.php';
$tom = new Cat();
$tom->eat();
//Output cat eat fish
```

但如果需要引入多个文件，使用引入函数就非常低效了：

```
require './cat.php';
require './dog.php';
require './monkey.php';
require './elephant.php';
```

为了解决自动加载的问题，PHP 提供了三种解决方案：__autoload、spl_autoload 和 spl_autoload。

5.2.1 __autoload

__autoload 是魔术方法，当调用未定义的类时，_autoload()会被调用，用于按照规则加载未定义的类。

__autoload 定义如下：

```
void __autoload ( string $class )
```

参数是要调用的类名。实现__autoload 方法的一般步骤如下：

步骤 01 由类名找到对应的文件名。
步骤 02 判断文件是否存在。
步骤 03 用 include、require 等函数引入文件。

为了说明__autoload 的使用方法，我们编写了一个示例，请查看 autoload/autoload 目录。

示例中的文件结构如下：

```
cat.php
dog.php
monkey.php
test.php
```

我们在调用时，不使用引入函数，直接实现__autoload 方法。上面的目录结构比较简单，文件名是类名的小写形式，路径在当前目录下查找。

程序实现代码如下：（源码文件：ch05/autoload/autoload/test.php）

```
<?php
function __autoload($class){
    $filename = './'.strtolower($class).'.php';
    if(file_exists($filename)) require_once $filename;
}

$tom = new Cat();
```

```
$tom->eat();
echo PHP_EOL;

$tiantian = new Dog();
$tiantian->eat();
echo PHP_EOL;
/*
Output
cat eat fish
dog eat bone
*/
```

需要注意的是，__autoload 在 PHP 7.2.0 中已被废弃。

__autoload 不能重复定义，只能注册一个，这在协作项目或需要引入多个第三方包时，变得非常不方便。所以 PHP 引入 spl_autoload_register 来解决这个问题。

5.2.2 spl_autoload_register

为了解决多个自动加载函数的问题，PHP 引入了 spl_autoload_register 函数。其定义如下：

```
bool spl_autoload_register ([ callable $autoload_function [, bool $throw = TRUE
[, bool$prepend = FALSE ]]] )
```

为了说明__autoload 的使用方法，我们编写了一个示例，请查看 autoload/spl_autoload_register 目录。

示例中的文件结构如下：

```
test.php
./big_animal:
    elephant.php
    wolf.php
./small_animal:
    cat.php
    dog.php
    monkey.php
```

由于表示动物的类分成大型动物（big_animal）和小型动物（small_animal），所以需要两个加载函数：

```
function autoload_big_animal($class){
    $filename = './big_animal/'.strtolower($class).'.php';
    if(file_exists($filename)) require_once $filename;
}
function autoload_small_animal($class){
    $filename = './small_animal/'.strtolower($class).'.php';
    if(file_exists($filename)) require_once $filename;
}
```

```
spl_autoload_register('autoload_big_animal');
spl_autoload_register('autoload_small_animal',true);
```

spl_autoload_register 允许多个加载函数，是非常有用的一个功能。如果从 composer 安装一个第三方包，那个包可以自行处理自动加载，而作为使用者无须关心。这使得协作和开源变得更加便利。

关于__autoload 与 spl_autoload_register 的比较如表 5-2 所示。

表5-2　__autoload与spl_autoload_register的比较

项　目	__autoload	spl_autoload_register
定义数量	1 个	无限
是否支持解除注册	不支持	支持，使用 spl_autoload_unregister 函数
是否共存	否	否，如果定义了 __autoload，需要显式注册
适用范围	小型项目	任何项目
是否长期支持	7.2.0 起已废弃	是

5.2.3　spl_autoload

spl_autoload 是__autoload 的一个默认实现，当 spl_autoload_register 无参数时默认调用。其实现的功能为在 include 路径里查找类。

以下是一个使用示例：

```
set_include_path(get_include_path().PATH_SEPARATOR.'path/to/my/directory/'
);
spl_autoload_extensions('.php, .inc');
spl_autoload_register();
```

可以看到，spl_autoload 只能设置路径和文件后缀，所以在实际项目中应用较少，属于鸡肋功能。

5.2.4　面试题：引用文件函数的区别

题目描述 1：include、require、inclue_once、require_once 有什么区别？

解答：include 和 require 的区别是当引入文件过程中遇到错误，include 会提示错误并继续执行，而 require 会终止运行。

inclue_once 和 require_once 则保证脚本执行期间的文件引用不超过 1 次，避免函数重定义，变量重新赋值等问题。

题目描述 2：PHP 如何自动加载类文件？

解答：参考“自动加载”一节的内容。

5.3 命名空间

命名空间是对类的层级结构的一种封装方式，类似于操作系统的目录。在不同的命名空间下，用户不用担心类/函数/常量的名字冲突，在引入第三方类库时，也不用担心名字冲突。

在引入其他命名空间之下的类库时，如果标识符名称冲突或过长，可以使用 use as 来创建别名。

5.3.1 命名空间的使用规范

1. 命名空间的定义

使用 namespace 来定义命名空间。定义命名空间的规则非常宽松，即“命名空间的定义必须放在程序里的第一条语句”。参考以下示例：（源码文件：ch05/basic/phpbook.php）

```
<?php
namespace PHPBook;
//常量
const HELLO_STRING = "Hello World\n";
//函数
function say_hello(){
    echo 'Hello World'.PHP_EOL;
}
//类
class Demo{
    public function say_hello(){
        echo 'Hello World'.PHP_EOL;
    }
}
```

2. 使用命名空间

使用命名空间的关键字为 use，PHP 支持三种使用方式：

（1）使用类 use class

```
use PHPBook\Demo;//使用命名空间之下的类
```

（2）使用函数 use function

```
use function PHPBook\say_hello;//使用命名空间之下的函数
```

（3）使用常量 use const

```
use const PHPBook\HELLO_STRING;//使用命名空间之下的常量
```

具体程序示例如下：（源码文件：ch05/basic/test_namespace.php）

```
<?php
include './phpbook.php';
```

```
use function PHPBook\say_hello;//使用命名空间之下的函数
use const PHPBook\HELLO_STRING;//使用命名空间之下的常量
use PHPBook\Demo;//使用命名空间之下的类

say_hello();
//output:Hello World

echo HELLO_STRING;
//output:Hello World

$demo = new Demo();
$demo->say_hello();
//output:Hello World
```

3. 别名关键字 as

在引入其他命名空间之下类库时，如果标识符名称冲突或过长，可以使用 use as 来创建别名。

```
use PHPBook\Demo as Demo;//使用命名空间之下的类
use function PHPBook\say_hello as say_hello;//使用命名空间之下的函数
use const PHPBook\HELLO_STRING as HELLO_STRING;//使用命名空间之下的常量
```

4. 类的解析规则

如果使用中引入了多个命名空间下的名称相同的类，那么 PHP 解析时如何知道引用的哪个类呢？要回答这个问题，需要知道类的解析规则：

- 规则 1：类名无前缀，则解析后完整类目为“当前命名空间+类名”。
- 规则 2：类名有前缀，则解析后完整类目为“当前命名空间+子命名空间+类名”。
- 规则 3：类名以全局前缀\开始，为完整路径，无须解析。

为了解释这些规则，我们来看代码文件 ch05/prefix 下的示例，文件目录结构如下：

```
./test_prefix.php
./foo/demo.php
./foo/bar/demo.php
```

其中./foo/demo.php 定义了 Demo 类：
（源码文件：ch05/prefix/foo/demo.php）

```
<?php
namespace PHPBook\Foo;

class Demo{
    public function say_hello(){
        echo "Hello World In ".__NAMESPACE__.'\Demo'.PHP_EOL;
    }
}
```

./foo/bar/demo.php 的定义与 ./foo/demo.php 类似，只有命名空间不同，不再赘述：

```
namespace PHPBook\Foo\Bar;
```

./test_prefix.php 的第 6 至 10 行也定义了一个名称为 Demo 的类，以下程序代码演示如何使用 3 个相同的类。

（源码文件：ch05/prefix/test_prefix.php）

```
1 <?php
2 namespace PHPBook;
3 include './foo/demo.php';
4 include './foo/bar/demo.php';
5
6 class Demo{
7  public function say_hello(){
8      echo "Hello World In ".__NAMESPACE__.'\Demo'.PHP_EOL;
9  }
10 }
11
12 $demo1 = new Demo();//无前缀，解析为"当前命名空间+类名"，为 PHPBook\Demo 类
13 $demo1->say_hello();
14 //output:Hello World In PHPBook\Demo
15
16 $demo2 = new Foo\Demo();//有前缀，解析为"当前命名空间+子命名空间+类名"，为
PHPBook\Foo\Demo 类
17 $demo2->say_hello();
18 //output:Hello World In PHPBook\Foo\Demo
19
20 $demo3 = new \PHPBook\Foo\Bar\Demo();//完整路径,无须解析,为\PHPBook\Foo\Bar\
Demo 类
21 $demo3->say_hello();
22 //output:Hello World In PHPBook\Foo\Bar\Demo
```

第 12 行直接不加任何前缀的使用了 Demo 类，此时适用规则 1，最终引用的类名为“当前命名空间+类名”。

第 16 行，前缀（或称为子命名空间）为 Foo，适用规则 2，最终引用的类名为“当前命名空间+子命名空间+类名”。

第 20 行，类名以全局前缀\开始，为完整路径，适用规则 3，无须解析。

5. 全局命名空间

由于命名空间是 PHP 5.3 版本引入的特性，在此之前，PHP 已经有大量的类和函数。为了向下兼容，这些无命名空间的类，默认为全局命名空间，使用时需要加上前缀\。例如在其他命名空间下，$class = new StdClass()需要更改为$class = new \StdClass()。

6. 命名空间最佳实践

遵守 PSR-0 和 PSR-4 标准。

PHP 并没有规定命名空间与文件的对应关系，例如在文件 foo\a.php 里定义类 \FOO\BAR 是可以的。但不推荐这么做。一般而言，\FOO\BAR 对应的文件应为 foo\bar.php。PSR 标准将在下

节进行详细讲述。

- 一个文件只包含一个命名空间。

PHP 支持同一个文件里定义多个命名空间，但强烈不建议，因为这样会使程序的可读性变差。

- 一个 use 只使用一个命名空间。

PHP 支持一个 use 使用多个命名空间，例如：

```
use Foo\BAR1,
    Foo\BAR2,
    Foo\BAR3;
```

但不建议如此使用，因为增加、删除、更改 use 语句时容易出错。

5.3.2　面试题：命名空间

题目描述：命名空间是什么，为什么需要命名空间？

答案见本节开头部分的讲解，读者需要闭卷回答以上问题。

5.3.3　面试题：类名冲突的解决方法

题目描述：一个项目中有多个相同的类，如何使用才能避免冲突。

解答：参考类的解析规则，读者需要了解三种规则及其适用条件。

5.4　PSR-4 标准

PSR（PHP Standard Recommendations）是由 PHP FIG（Framework Interoperability Group，框架可互用性小组）组织制定的 PHP 规范，是 PHP 开发的实践标准。该项目通过开源框架的作者和其他协作组之间的讨论，以最低程度的限制，制定一个统一的编码规范，避免风格各异的代码规范阻碍 PHP 的发展。由于这些作者都在行业内具有一定影响力，所以 PSR 虽然不是 PHP 官方的标准，但也得到大多数开发者的认同，越来越多的开发者遵从 PSR 标准。

FIG 组织目前已表决通过了 6 套标准，如表 5-3 所示。

表5-3　FIG提出的PSR标准

编　号	标　题
1	基础编码规范
2	编码风格规范
3	日志接口规范
4	自动加载规范
5	缓存接口规范
6	HTTP 消息接口规范

本节重点讲述 PSR-4 自动加载规范。

PSR-4 是关于从文件路径自动加载对应类的规范，本规范具有可互操作性，可以作为任一自动加载规范的补充，其中包括 PSR-0。此外，本规范还描述了如何根据规范来放置自动加载的类对应的文件存放路径。PSR-4 的具体规范如下：

（1）术语“类”包括类、接口、traits 可复用代码块以及其他类似的结构体。

（2）一个完整的、合格的类名称具有以下格式：

```
\<NamespaceName>(\<SubNamespaceNames>)*\<ClassName>
```

- 完整的、合格的类名称必须有一个顶级命名空间，即“vendor namespace”。
- 完整的、合格的类名称可以有一个或多个子命名空间。
- 完整的、合格的类名称必须有一个最终的类名称。
- 下画线在完整的、合格的类名称的任何位置，都没有任何特殊含义。
- 完整的、合格的类名称可以由任意大小写字母组成。
- 所有类名必须区分大小写。

（3）根据完整的、合格的类名称加载相应文件的规则如下：

- 完整的、合格的类名称，去掉最前面的命名空间分隔符之后，前面连续的一个或多个命名空间和子命名空间，作为命名空间前缀，其必须与至少一个根目录相对应。
- 命名空间前缀之后的子命名空间对应着一个根目录中的子目录，其中的命名空间分隔符代表目录分隔符。子目录名称必须与相应的子命名空间相匹配。
- 最终类名对应着一个以.php 为后缀的文件。这个文件名必须与最终类名相同。
- 自动加载器（autoloader）的实现一定不可抛出异常，一定不可触发任一级别的错误信息，并且不应该有返回值。

面试题：PSR-4 标准

题目描述：什么是 PSR-4，它与 PSR-0 有什么区别？

解答：关于 PSR-4 的知识见前文讲解。PSR-0 是关于自动加载的第一个规范，已于 2014 年废弃使用，现在推荐 PSR-4。它们之间的最大区别是 PSR-0 会将下画线当作目录分隔符使用，而 PSR-4 中下画线没有任何特殊含义。详细文档地址如表 5-4 所示。

表5-4 PSR标准文档地址

PSR-0	https://www.php-fig.org/psr/psr-0/
PSR-4	https://www.php-fig.org/psr/psr-4/

5.5 本章小结

本章讲解了魔术方法、自动加载、命名空间等知识，但类和对象的知识丰富，涉及属性、类常量、访问控制、对象继承、抽象类、魔术方法、Final 关键字、对象复制和对象序列化等方面。读者在工作中应该多多实践，也可以通读 PHP 手册中类与对象的文档来查漏补缺。

5.6 练 习

1. this、self、parent 这 3 个关键字代表什么，应用场景如何？

答：this 在对象中使用，代表当前对象的属性和方法；self 和 parent 在类中使用，调用类的属性和方法。self 的作用范围为当前类，parent 的作用范围为父类。

2. PHP 的继承机制是什么？

答：在 PHP 中，一个类只能继承一个基类，不支持多重继承。

3. 请说明 public、protected、private、final 关键字的区别。

答：这些关键字定义类的访问控制。

- public 代表公有，公有的类成员可以在任何地方被访问，没有任何关键字的成员被视为公有。
- protected 代表受保护，受保护的类成员则可以被其自身以及其子类和父类访问。
- private 代表私有，被定义为私有的类成员则只能被其定义所在的类访问。
- final 是 PHP 5 新增的一个关键字。如果父类中的方法被声明为 final，则子类无法覆盖该方法。如果一个类被声明为 final，则不能被继承。

4. PHP 的对象引用机制是什么？

答：PHP 的对象变量是对象的引用，不是整个对象的复制。

5. Trait 是什么？

答：PHP 的继承机制为单继承，为了减少单继承语言的限制，增加了水平扩展的能力，从 PHP 5.4.0 起，PHP 实现了一种代码复用的方法，称为 Trait。

6. 接口与抽象类有什么区别？

答：接口（interface）和抽象类（abstract class）在以下几个方面存在区别：

- 接口中定义的所有方法都必须是公有，而抽象类定义的方法可以是 protected、public、private。
- 实现接口用 implements 关键字，扩展抽象类用 extends 关键字。
- 接口可以多继承，而抽象类只能单继承。

7. 面向对象的三大特性是什么？

答：面向对象的三大特性是封装、继承、多态，分别解释如下：

- 封装。将客观事物封装为抽象的类，以尽可能地隐藏内部的细节，对外只保留部分数据和操作调用方无须关心对象内部的细节，但可以通过对象对外提供的接口来访问该对象。

- 继承。子类可以继承父类的属性和方法。
- 多态。一个类实例的相同方法在不同情形有不同表现形式。

8. 面向对象的 5 大基本原则是什么？

答：5 大基本原则简写为 S.O.L.I.D，如表 5-5 所示。

表5-5　面向对象的5大基本原则

英　文	中　文	说　明
The Single Responsibility Principle	单一责任原则	一个类只负责一件事
The Open Closed Principle	开放封闭原则	使用扩展来实现新功能，不需要修改原有代码
The Liskov Substitution Principle	里氏替换原则	子类对象必须能够替换掉所有父类对象
The Interface Segregation Principle	接口分离原则	使用多个接口，而非把所有功能放到一个接口
The Dependency Inversion Principle	依赖倒置原则	底层模块的修改，不应影响到高层模块

9. 面向对象编程和面向过程编程有什么区别？

答：见表 5-6。

表5-6　面向对象编程和面向过程编程的区别

比较项目	面向过程	面向对象
理念	主要关注点是“怎么完成任务”	主要关注点是“数据安全”。因此只允许对象实例访问类的属性
编程风格	自顶向下	自底向上
基本单位	函数	对象
数据共享方式	全局变量	类的属性
数据安全	无法隐藏数据，因此数据非安全	数据有 public、protected、private 三种访问控制权限，可保证数据安全
扩展性	重用率低	重用率高，耦合度低
维护性	低	高
系统开销	低	高
性能对比*	高	低

注：面向对象性能低，是相对于实现同样功能的面向过程编程而言，其内存和 CPU 的使用率较高。但在现在的硬件条件下，面向对象和面向过程编程，性能上并没有明显差异，不会成为系统瓶颈。

第6章

字符串

现实世界的文本在计算机里的表示就是字符串。字符串的应用非常广泛，也很重要。本章将讲解字符串的类型转换、字符集和字符编码、字符串查找、关键词搜索、正则表达式相关的知识。

6.1 字符串比较

对两个字符串进行比较，在编程中十分常见，假设有两个字符串 s1 和 s2，现对其进行比较，其原理是：

（1）从第一个字符开始，依次对两个字符串相应位置 i 的字符的 ASCII 码进行比较。

（2）如果 s1[i]的 ASCII 码大于 s2[i]的 ASCII 码，则判定 s1>s2。

（3）如果 s1[i]的 ASCII 码小于 s2[i]的 ASCII 码，则判定 s1<s2。

（4）如果两个字符相同，则继续往后寻找，直到至少有一个字符串遍历完毕。

（5）如果两个字符串的其中一个遍历完毕，另外一个未遍历完毕，说明其中一个字符串是另外一个的子串，这时长度较大的一个字符串较大。

（6）如果 s1 和 s2 遍历完毕，所有的字符都相同，则认为 s1 = s2。

举个例子，a、b 和 c 比较，我们查表发现 a、b 和 c 的 ASCII 码如表 6-1 所示。

表6-1 a、b和c的ASCII码

字 符	ASCII 码
a	97
b	98
c	99

所以 a<b。

ab 和 abc 进行比较时，前两个字符 ‘a’ 和 ‘b’ 相同。比较第 3 个字符时，ab 没有第 3 个字符，可以认为第 3 个字符的 ASCII 码为 0，abc 的第 3 个字符的 ASCII 码为 99，所以 abc>ab。

6.2 类型转换

我们经常会遇到诸如 var_dump('15%' == 15)输出什么结果的问题，这涉及字符串与其他数据类型之间的相互转换，类型转换在控制逻辑和算术运算中是至关重要的，本节将讲述字符串相关的类型转换。

6.2.1 字符串转换为数字

字符串转换为数字主要分为如下 3 个步骤：

步骤01 保留合法数字。合法数字包括带小数点浮点数、科学计数法浮点数、整数和正负号。

步骤02 剔除非数字部分的字符。字符串的值由它的开始部分决定。如果该字符串以合法的数值开始，则使用该数值；否则其值为 0（零）。

步骤03 判断值为浮点型或整型。整型的标准是不包括小数点（.）、科学计数法中的 E（e 或 E），且范围在整型的表示范围内。除此之外，字符串的值将视为浮点型。

整个判断过程如图 6-1 所示。

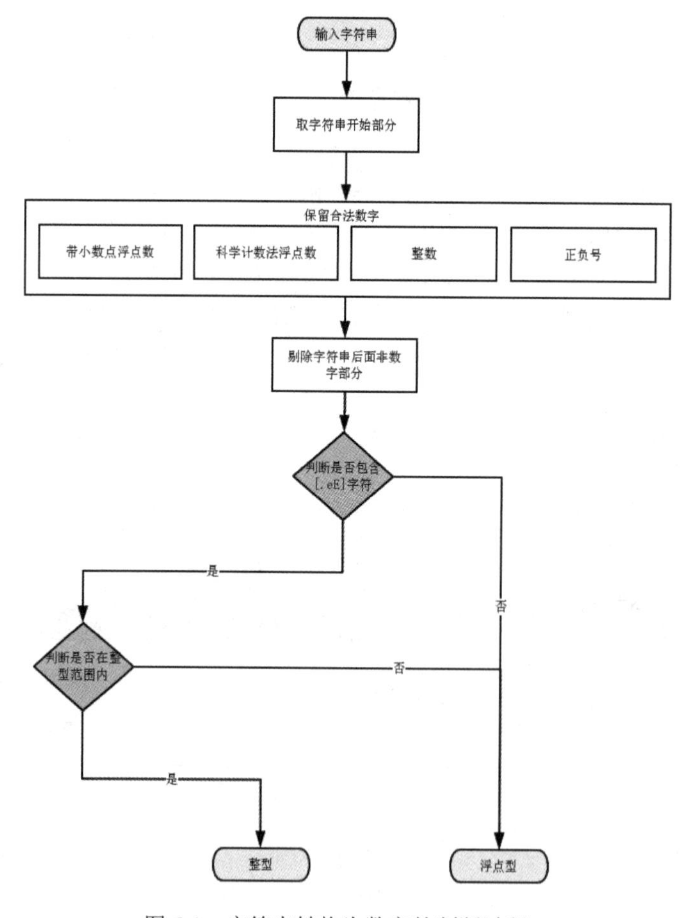

图 6-1 字符串转换为数字的判断过程

6.2.2 面试题：表达式转换为数字

题目描述：表达式$x = 3 + "15%" + "$25"执行后，$x 的值是多少？

解答：

3 是有效数字。

"15%" 的开始部分是 15，是有效的数字，%将舍弃，所以视为 15。

"$25" 的开始部分是$，不是有效的数字，视为 0。

所以 $x=3 +15+0=18，类型为整型。

6.2.3 其他类型转换为字符串

其他类型转换为字符串相对简单些，首先我们看如下示例：

（源码文件：ch06/strval_demo.php）

```
1  <?php
2  var_dump(strval(0x10));//Output: "16"
3  var_dump(strval(010));//Output: "8"
4  var_dump(strval(10));//Output: "8"
5  var_dump(strval(10.0));//Output: "10"
6  var_dump(strval(10.1));//Output: "10.1"
7  var_dump(strval(1.1e2));//Output: "110"
8  var_dump(strval(true));//Output: "1"
9  var_dump(strval(false));//Output: ""
10  var_dump(strval(NULL));//Output: ""
11  $file_handle = fopen(__FILE__, 'r');//以只读模式打开本文件
12  var_dump(strval($file_handle));//Output: "Resource id #5"
```

我们将转换规则总结在表 6-2 所示。

表6-2 转换规则

类　型	转换为字符串	注意事项
整型	数字	统一转换为十进制
浮点数	浮点数	如果小数点之后为 0，则不返回
布尔 TRUE	"1"	
布尔 FALSE	""	
NULL	""	
资源类型	"Resource id #NO"	NO 为资源句柄的数字 ID

对象转换为 string 时，将调用__toString 魔术方法。示例如下：

（源码文件：ch06/object_tostring.php）

```
<?php
class StrA {
    function __toString(){
        return 'called in echo a A object';
```

```
    }
}
$a = new StrA();
echo $a;
/*
Output:
called in echo a A object
*/
```

6.3 字符集与字符编码

程序员界流传两句顺口溜："手持两把锟斤拷，口中疾呼烫烫烫"。前者源于 Unicode 字符集和 GBK 字符集之间的转换问题，后者是 Microsoft Visual C++（微软公司发布的 C++集成开发工具）在 Debug 模式下，在处理未初始化的栈内存时显示的错误信息。读者可能在初学时也遇到类似的问题，因此本节重点讲述一下字符集和字符编码的知识。

6.3.1 字符集

计算机诞生于美国，设计者和最初的使用者都使用英文。英文的字符体系很简单，26 个大写字母，26 个小写字母，10 个数字，基本能表达计算机所需的任何信息。基于此，美国国家标准协会（American National Standards Institute，简写 ANSI）于 1963 年发布了 ASCII 的第一个版本。

ASCII（American Standard Code for Information Interchange，美国信息交换标准代码）使用 8 位二进制来表示 256 种字符，其中前 128 种称为标准 ASCII，使用首位为 0 的 7 位二进制（0xxxxxxx）来表示所有的大写和小写字母、数字 0~9、标点符号以及在美式英语中使用的特殊控制字符。后 128 种称为扩展 ASCII 码，使用首位为 1 的 7 位二进制（1xxxxxxx）。许多基于 x86 的系统都支持使用扩展 ASCII 来表示 128 个特殊符号字符、外来语字母和图形符号。

随着计算机在全世界的普及，产生了各种语言文字用计算机字符表示的问题，因此世界各国纷纷制定自己的标准，如我国在 1980 年和 1995 年发布 GB2312 和 GBK 来解决汉字问题，日本在 1997 年发布 Shift_JIS 来解决日文编码问题。

各国自定标准会带来很多问题，毕竟互联网是全球连通的，A 国的网民访问 B 国站点，如果字符集不同，极容易出现乱码问题。基于这种情况，Unicode 字符集诞生了。它将世界上所有的符号都纳入其中，每一个符号都有一个独一无二的编码。

Unicode 能表示的字符数目非常大，共 17 个平面，每个平面有 65 536 个，所以能表示 1 114 112 个字符。这个数字足够大，全世界所有的文字都放上去之后才用到 14 万，甚至一系列有足够的空间引入 Emoji 标签符号。

Unicode 诞生的日期很早，早在 1987 年就已经产生了原型。但在很长一段时间内，Unicode 并没有得到推广，因为一个英文字符在 ASCII 只要一个字节就能表示，但到了 Unicode 里却要 3 个字节才能表示，存储空间增大三倍，传输速率减小三倍，这在计算机及互联网发展的早期是不能接受的。

随着互联网的普及，大家普遍要求使用统一的 Unicode 字符集和统一的编码方式。UTF-8 是目前主流的编码方式，全球 92%的网页都使用了这种编码方式。UTF-8 是一种变长的编码方式，可以用 1 至 4 个字节来表示一个符号。

我们来看示例，一个字符有不同的字节长度。

（源码文件：ch06/utf8_length_demo.php）

```
1 <?php
2 $word = 'a';//英文字符
3 printf("1 bytes demo: %s, Length %d\n",$word,strlen($word));
4 $word = 'ā';//拉丁字母
5 printf("2 bytes demo: %s, Length %d\n",$word,strlen($word));
6 $word = '好';//中文
7 printf("3 bytes demo: %s, Length %d\n",$word,strlen($word));
8 $word = '□';//CJK
9 printf("4 bytes demo: %s, Length %d\n",$word,strlen($word));
```

输出结果：

```
1 bytes demo: a, Length 1
2 bytes demo: ā, Length 2
3 bytes demo: 好, Length 3
4 bytes demo: □, Length 4
```

UTF-8 这种变长的编码方式，既满足了统一编码的需要，又最大程度地减少了占用空间，因此得到了广泛的应用，而 Unicode 的其他实现方式 UTF-16（字符用两个字节或 4 个字节表示）和 UTF-32（字符用 4 个字节表示）则基本不用。

6.3.2 UTF-8 编码规则

Unicode 表示一个字符最少需要 1 个字节，最多需要 4 个字节，这种变长机制，必定有个编码解码的算法支撑，而这个算法越简单越好。

UTF-8 的编码规则有以下两个：

- Unicode 的前 128 个字符，对应于 ASCII 码的 0 至 127 位，首位为 0，后面 7 位为 Unicode 码位，属于单字节符号。
- 对于 2、3、4 字节的符号（字节数记为 n）。

第一个字节的 1 至 n 位为 1，从开始数，有多少个连续的 1，就表示该字符有多少个字节。n+1 位为 0。其余字节的前两位一律为 10，如表 6-3 所示。

表6-3 UTF-8编码规则

字节数	开始码位	结束码位	第 1 个字节	第 2 个字节	第 3 个字节	第 4 个字节
1	U+0000	U+007F	0xxxxxxx			
2	U+0080	U+207F	10xxxxxx	10xxxxxx		
3	U+08000	U+FFFFF	110xxxxx	10xxxxxx	10xxxxxx	
4	U+10000	U+1FFFFF	1110xxxx	10xxxxxx	10xxxxxx	10xxxxxx

举个例子，“好”字占 3 个字节。

```
<?php
$str = "好";
for ( $pos=0; $pos < strlen($str); $pos ++ ) {
 $byte = substr($str, $pos);
 echo 'Byte ' . $pos . ' of $str has value ' . decbin(ord($byte)) . PHP_EOL;
}
```

输出结果：

```
Byte 0 of $str has value 11100101
Byte 1 of $str has value 10100101
Byte 2 of $str has value 10111101
```

可以看到第 1 个字节为 11100101，其中开头有 3 个连续的 1，所以“好”字有 3 个字节。第 4 位为 0，是填充位。剩余的 0101 为有效的码位，第 2 字节去掉开头的 10，其余有效码位是 100101，第 3 个字节去掉开头的 10，其余有效码位是 111101，拼接好的有效码位是 0101100101111101，转换为十六进制为 597D。这样算出“好”的 Unicode 编码为 U+597D。

可以在如下链接看“好”的 Unicode 编码信息：

https://unicode-table.com/cn/597D/

6.3.3 面试题：Unicode 字符长度

题目描述：Unicode 字符由多少个字节组成？

解答：这与编码方式有关，以 UTF-8 为例，一个字符可以由 1 至 4 个字节来表示。

6.3.4 Unicode 与 UTF-8 的关系

题目描述：Unicode 与 UTF-8 的关系是什么？

解答：Unicode 为字符集，UTF-8 为编码方式，因此 UTF-8 为 Unicode 在计算机上的表示方式之一。

6.4 字符串查找

字符串在日常工作中经常用到，面试中也有很多相关的面试题，如字符串的查找、子序列、转换等类型。

字符串的数据结构是链式的，遍历时只能从开头到结尾，所以一般而言，字符串查找相关的操作是 O(N)时间复杂度，无优化空间，因此考察的重点为优化空间复杂度。

面试题：移除重复字符

题目描述：给定一个小写字母组成的字符串，只保留第一次出现的字符，移除后面出现的重复字符，例如输入“banana”，输出“ban”。

拿到题目之后，请思考一下该算法可能的时间和空间复杂度。该算法属于查找类问题，时间复杂度方面，因为事先不知道字符串内容，过程中无法预测字符串内容，只能从头到尾进行遍历，所以其时间复杂度为O(N)。空间复杂度方面，可能首先想到的是用一个数组或map记录第一次出现的字符，这样的空间复杂度为O(N)。

实现代码如下：（源码文件：ch06/remove_dup.php）

```
//使用数组时间，复杂度为O(N)
function removeDupStringByArray($str){
    $selected = [];//记录第一次出现的字符串
    $str_len = strlen($str);
    for($i=0;$i<$str_len;$i++){
        if(!in_array($str[$i],$selected)){//判断字符是否第一次出现
            $selected[] = $str[$i];//将第一次出现的字符串保留
        }
    }
    return implode('',$selected);//将有效字符连接起来作为返回值
}
```

但这并非最佳的实现方式。计算出现次数（如计算考勤日期，计算连续旷工天数，游戏中记录连续签到天数等）有一个成熟的解决方案叫 BitMap，该方案的优点是内存占用空间低，计算速度快。因为要记录的实体只有两种情况：0 代表没出现，1 代表已出现，所以只需一个 bit 就能记录。

该面试题的所有字符串都是小写字母，因此我们只要将所有字母的 ASCII 码减去字母 a 的 ASCII 码，就可以得到位于 0 至 25 个之间的数字，这样我们可以用一个整型（int）的变量即可表示出现的次数。

我们看一下“banana”的表示，只有第 0、1、13 位，所以对应于“10 0000 0000 0011”（即十进制的 8195），还原为字母就是字母表中的第 0、1、13 位，分别为 a、b、n，如表 6-4 所示。

表6-4　banana各字符的偏移量

字　符	ASCII	相对于字母 a 的偏移量
b	98	1
a	97	0
n	110	13
a	97	0
n	110	13
a	97	0

我们会用到两个函数 chr 和 ord，前者将 ASCII 码转换成字符，后者将字符转换为 ASCII 码，例如：

```
echo ord('a').PHP_EOL;//输出 97
echo chr(97).PHP_EOL;//输出 a
```

除了使用 BitMap 外，因为结果字符串的长度小于等于原始字符串，所以可以将结果字符串保

存在原始字符串里，不必再重新申请空间。

程序代码如下：（源码文件：ch06/remove_dup.php）

```
1  //使用 bitmap 方式实现，复杂度为 O(1)
2  function removeDupStringByBitMap($str){
3   $counter = 0;//计数器
4   $length = 0;//记录最终字符串的长度
5   $str_len = strlen($str);
6   for($i=0;$i<$str_len;$i++){
7       $x = ord($str[$i]) - ord('a');//计算字符对应于字母 a 的 ASCII 码偏移量
8       if(($counter & (1 << $x)) == 0){//判断第 x 位是否已设置
9           $str[$length] = chr(ord('a') + $x);//将第一次出现的字符串保留
10          $counter = $counter | (1 << $x);//将计数器的第 x 位设置为 1
11          $length++;//记录最终字符串的有效长度
12      }
13  }
14  return substr($str, 0,$length);//由于最终字符串的有效长度为 $length，所以取 0
至 $length 之间的字符串作为返回值
15  }
```

第 3 行定义了一个计数器，后面哪个位数有数据就将该位记为 1。

第 4 行定义了一个变量用来记录最终字符串的长度，其值表示有效字符的数目。

第 5 行暂存一下原始字符串的长度，避免循环时重复获取。

第 7 行计算字符对应于字母 a 的 ASCII 码偏移量，如表 6-1 所示。

第 8 行判断某位是否已经设置为 1。请注意$counter & (1 << $x)，其作用是将 1 左移$x 位，然后和$counter 做与运算。例如字母 n：

```
    $conter = 0b11
偏移量 $x = 13
1 << 13 = 0b10 0000 0000
0b11 & 0b10 0000 0000 = 0b00 0000 0000
```

第 9 行利用 chr 函数将 ASCII 码还原为字符，并保存在原始字符串里。

第 10 行将计数器的第 x 位设置为 1。请注意$counter|(1<<$x)，其作用是将 1 左移$x 位，然后和$counter 做或运算。仍以字母 n 为例：

```
    $conter = 0b11
偏移量 $x = 13
1 << 13 = 0b10 0000 0000
0b11 | 0b10 0000 0000 = 0b10 0000 0011
```

第 11 行记录有效字符的数目。

第 14 行返回无重复字符的结果。

BitMap 在 Redis 里也有应用，我们将在第 11 章里结合 Redis 进行讲解。

6.5 关键词搜索

在实际应用中经常有这样的场景：写文章时，会有自动提取标签的需求；写新闻时，会有查找主题或关键字的需求；发网文时，需要检测敏感词。如图 6-2 所示是分析新闻页面的内容，以匹配相关车型。

这个问题需要分两步解决：

（1）需要准备 hash 表或树结构（前缀树，在第 12 章会详细讲解），实现单个关键词的快速查找；

（2）查找整个句子的关键词。

第（1）步容易实现，因为 PHP 的数组本身就是 hash。只需将关键词作为 key 即可实现 O(1) 的时间复杂度。

第（2）步采用最大匹配法。最大匹配法，顾名思义，就是先匹配最长的词，再匹配较短的词。例如图 6-2，假如字典中有“奥迪 Q7”和“奥迪”两个词，最大匹配法会优先匹配“奥迪 Q7”，而不会先匹配“奥迪”。

算法的示例如图 6-3 所示。

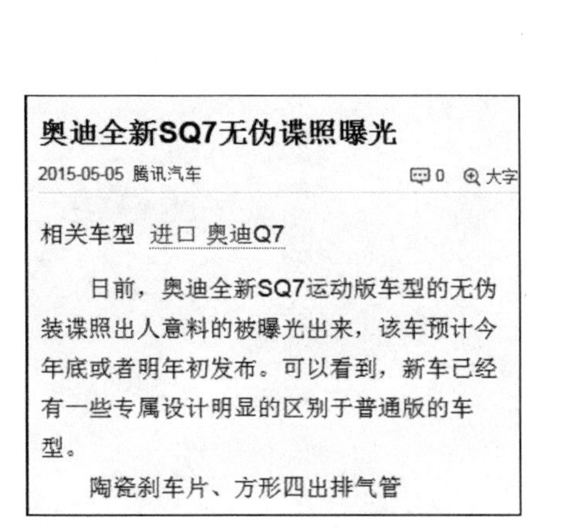
奥迪全新SQ7无伪谍照曝光

2015-05-05 腾讯汽车 0 大字

相关车型 进口 奥迪Q7

日前，奥迪全新SQ7运动版车型的无伪装谍照出人意料的被曝光出来，该车预计今年底或者明年初发布。可以看到，新车已经有一些专属设计明显的区别于普通版的车型。

陶瓷刹车片、方形四出排气管

图 6-2 检测敏感词

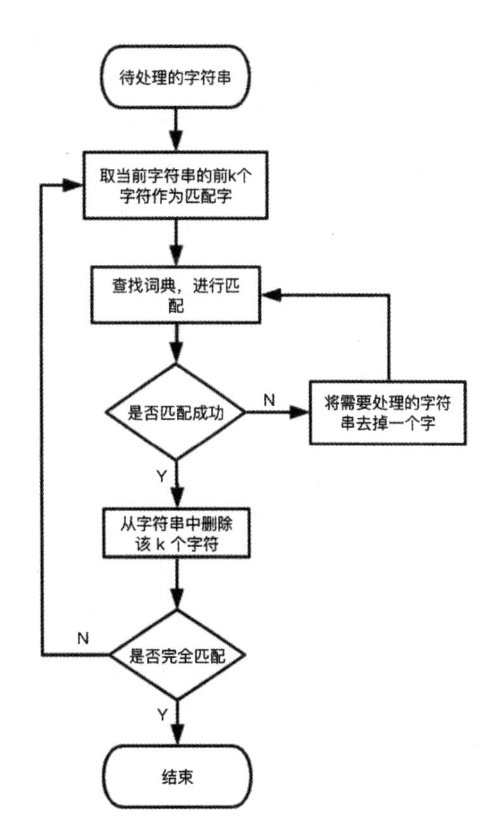

图 6-3 算法的示例

类的定义如下：（源码文件：ch06/max_word_search.php）

```
<?php
class MaxWordSegmentation{
    private $dict = array();//保存关键词字典
    function __construct($keywords){
        $this->dict = $this->loadDict($keywords);
    }

    //读入关键词到数组里，$keywords 为关键词，各个关键词之间用,分隔
    function loadDict($keywords){
        $keywordsArray = explode(',',$keywords);
        $dicts = array();
        foreach($keywordsArray as $keyword){
            $dicts[$keyword] = 1;
        }
        //另外可以用更简洁的写法
        //$dicts =
array_combine($keywordsArray,array_fill(0,count($keywordsArray),1));
        return $dicts;
    }

    //查看词是否在字典中
    function inDict($word){
        return array_key_exists($word,$this->dict);
    }

    //按照词典进行分词。正向最大匹配法
    function run($text,$encode = 'utf-8'){
        $minLen = 0;
        $maxLen = 0;
        //找出最长的单词长度及最短的单词长度
        foreach($this->dict as $key=>$value){
            $iLen = mb_strlen($key,$encode);
            if($minLen > $iLen || $minLen == 0 ){
                $minLen = $iLen;
            }
            if($maxLen < $iLen){
                $maxLen = $iLen;
            }
        }
        $sLen = mb_strlen($text, $encode);
        $result = array();
        for($start = 0;$start < $sLen;$start ++){//外层正文循环
            for($maxLoop = $maxLen;$maxLoop >= $minLen;$maxLoop --){//内层字典循环
                $word = mb_substr ($text , $start, $maxLoop , $encode);
                //是否匹配成功
```

```
                if($this->inDict($word,$this->dict)){//字典查找
                    //添加到输出列表
                    if(!in_array($word,$result)){
                        $result[] = $word;
                    }
                    break;
                }
            }


        }
        return $result;
    }
}
```

调用 MaxWordSegmentation 类的 run 方法示例如下：

```
$text = 'This is a javascript book not a java book;That is a php book';
$keywords = 'javascript,php';
$obj = new MaxWordSegmentation($keywords);
$ret = $obj->run($text);
var_dump($ret);
```

输出结果如下：

```
array(2) {
  [0]=>
  string(10) "javascript"
  [1]=>
  string(3) "php"
}
```

可以看到，成功匹配到 javascript 和 php 两个关键词。

我们对以上算法进行复杂度分析：假设字典中最短的词长为 S，最长的词长为 L，正文的长度为 N，则外层正文循环：N，内层字典循环：L-S。

内层的 inDict 字典查找最关键，这里采用数组模拟 hashtable 完成了 O(1)的实现。

所以总的循环次数是(L-S)*N，而(L-S)是个常数，所以时间复杂度是 O(N)。

实际应用中，通常关键词会放到文件、数据库或缓存中。笔者之前写过一篇博客文章，是将关键词放到文件中，有兴趣的读者可以访问下列地址查看：

https://blog.text.wiki/2015/05/05/use-max-word-segmentation-to-extract-tags.html

6.6 子序列

子序列指字符串的子串。在项目中，经常会遇到在字符串中查找某种特征的子序列，这里我们讲解一个如何计算最长无重复子序列长度的例子。

最长无重复子序列是指给定字符串，其子序列的组成字符不能重复，并且是字符串中最长的子串。例如“ababcdab”，最长无重复子序列为“abcd”。

理解该问题，可以想象在商场里，字符串为一长排货架，顾客推着购物车（滑动窗口）购物，要求每样商品只取一个。将商品依次往购物车里放，如果发现购物车里已经有该商品，则把之前的同样物品拿出。购物结束后，有人问顾客，从货架的什么地方开始，能快速买到最多的商品。

解决该问题，可以引入滑动窗口的概念，用一个变量表示上面的货架开始位置。遍历整个字符串，只要随时更新滑动窗口里的内容，就能找到最长无重复子序列的长度，也能计算其长度了。

示例代码如下：（源码文件：ch06/longest_substring.php）

```
1  //计算最长无重复子序列的长度
2  function lengthOfLongestSubstring($s) {
3      $maxLength = 0;//记录最长无重复子序列的长度
4      $left = -1;//记录窗口的最左位置
5      $s_len = strlen($s);//记录 $s 的长度
6      $hash = [];//记录字符及其位置
7      for($i=0;$i<$s_len;$i++){
8          if(isset($hash[$s[$i]]) && $hash[$s[$i]] > $left){//判断字符是否在窗
口中
9              $left = $hash[$s[$i]];//将最左位置设置为当前字符上次出现时的位置
10         }
11         $hash[$s[$i]] = $i;//将当前位置及字符记录到 hash 表里
12         $maxLength = max($maxLength,$i-$left);//最长长度应该是记录的长度与窗口
长度两者之间的较大值
13     }
14     return $maxLength;
15 }
```

第 3 行记录最长无重复子序列的长度。

第 4 行记录滑动窗口的最左位置，默认值为-1。这里取-1，是假设了滑动窗口长度的初始值为 0。

第 5 行记录$s 的长度，避免循环时重复获取。

第 6 行定义了一个$hash 的 map，其 key 为字符，value 为字符的位置。

第 8 至 10 行判断字符是否在滑动窗口中，然后重新设置滑动窗口的开始位置。$hash[$s[$i]]表示该字符上次出现的位置，如果该位置大于$left，则将$left 重新设置为$hash[$s[$i]]。

第 11 行将当前位置和字符记录到滑动窗口中。

第 12 行重新计算最长长度。$i-$left 是滑动窗口的长度，而最长长度应该是记录的长度与滑动窗口长度两者之间的较大值。

6.7 字符串转换操作

PHP 字符串函数提供了一系列的转换操作，如将首字母大写、将字符串转化为大/小写等函数。

另外，还有许多实际应用场景，如转义、替换、HTML 标签实体化、SQL Escape 等属于读者应该掌握的知识技能。我们以编辑距离为例，演示转换类试题的解法。

PHP 内置的字符串函数里有 levenshtein 函数，用于计算编辑距离。编辑距离是指两个字符串之间通过替换、插入、删除、改变位置等操作将字符串 str1 转换成 str2 所需要操作的最少字符数量。编辑距离的使用包括拼写检测及纠正、DNA 序列计算、论文查重等。

把一个字符串转换为另一个字符串，主要有以下 4 种方法。

1. 插入

在字符串的任意位置插入一个字符，例如“th”转换为“the”，需要在结尾插入字符“e”。

2. 替换

把字符串的字符替换为另一个字符，例如“tha”转换为“the”，需要将“a”替换为“e”。

3. 删除

把字符串的某个字符删除掉，例如“that”转换为“the”，在将“a”转换为“e”之后，还需要把结尾的“t”删除。

4. 改变位置

改变字符串中某个字符的位置，例如“the”转换为“the”，需要更改下“e”和“h”的位置。

我们简化一下逻辑，假设有字符串由小写字母组成，现在计算$str1 和$str2 的编辑距离是否为 1。

程序代码如下：（源码文件：ch06/edit_distance.php）

```
1  //计算两个字符串的编辑距离是否为 1
2  function edit_distance_1($str1, $str2)
3  {
4   if($str1 == $str2){//如果两个字符串相等，返回值为 0
5       return 0;
6   }
7     $alphalet = "abcdefghijklmnopqrstuvwxyz";//字母表
8     $all = [];//存放所有可能的转换结果
9     //lambda1 定义了如何处理插入和替换的 Lambda 表达式
10     $lambda1 = function ($callback) use ($str1, $alphalet) {
11         $ret = [];
12         $str1_len = strlen($str1);
13         $alphalet_len = strlen($alphalet);
14         for ($i = 0; $i < $str1_len; $i++) {
15             for ($j = 0; $j < $alphalet_len; $j++) {
16                 $ret[] = $callback($i, $j, $str1, $alphalet);
17             }
18         }
19         return $ret;
20     };
21  //Lambda2 定义了如何处理删除和改变位置的 Lambda 表达式
```

```
22      $lambda2 = function ($callback) use ($str1) {
23          $ret = [];
24          $str1_len = strlen($str1);
25          for ($i = 0; $i < $str1_len; $i++) {
26              $ret[] = $callback($i, $str1);
27          }
28          return $ret;
29      };
30
31      //插入 1 个字符
32      $inserts = $lambda1(
33          function ($i, $j, $str1, $alphalet) {
34              return substr($str1, 0, $i) . $alphalet[$j] . substr($str1, $i);
35          });
36  $all = array_merge($all,$inserts);
37
38      //替换 1 个字符
39      $replaces = $lambda1(
40          function ($i, $j, $str1, $alphalet) {
41            $str1 = substr_replace($str1,$alphalet[$j],$i,1);
42              //$str1[$i] = $alphalet[$j];//也可以使用元素替换
43              return $str1;
44          });
45      $all = array_merge($all,$replaces);
46
47      //删除 1 个字符
48      $deletes = $lambda2(
49          function ($i, $str1) {
50              return substr($str1, 0, $i)  . substr($str1, $i + 1);
51          });
52  $all = array_merge($all,$deletes);
53
54      //改变位置
55      $changes = $lambda2(
56          function ($i, $str1) {
57              return substr($str1, 0, $i)  . substr($str1, $i + 1, 1) .
substr($str1, $i, 1) . substr($str1, $i + 2);
58          });
59      $all = array_merge($all,$changes);
60
61      if(in_array($str2, $all)){
62       return 1;
63      }else{
64       return false;
65      }
66  }
```

第 4 至 6 行，如果两个字符串相等，则编辑距离为 0。

第 7 行定义了小写字母表，用于计算所有可能相似的结果。

第 8 行定义数组$all，用于保存所有可能的转换结果。

第 9 至 20 行定义了$lambda1 表达式，用于处理插入和替换的循环操作。第 16 行调用了匿名函数来处理每个操作。

第 21 至 29 行定义了$lambda2 表达式，用于处理删除和改变位置的循环操作。之所以定义了两个 Lambda 表达式，是因为两者的循环次数不同。

第 31 至 35 行处理插入 1 个字符的情况。处理方法是在位置 i 插入字符，原位置 i 之后的子串向后移动。

第 38 至 44 行处理替换 1 个字符的情况。处理方法是将位置 i 的字符换为其他字符。

第 47 至 51 行处理删除 1 个字符的情况。处理方法是将位置 i 的字符删掉，原位置 i 之后的子串向前移动。

第 54 至 58 行处理改变位置的情况。处理方法是交换位置 i 和位置 i+1 的字符。

第 61 至 65 行判断$str2 是否在所有可能的转换结果里。

以上算法除了计算编辑距离外，还能得到所有的可能结果。单纯计算编辑距离，不需要字符串相关的函数，而需要用二维数组的方式，我们将在第 7 章讨论。

6.8 正则表达式

在实际的项目中，经常会遇到模糊匹配、范式验证的场景，例如匹配一段文本中的 HTML 标签、验证手机号码是否为合法等。这就要用到正则表达式。

6.8.1 正则表达式基础

1. POSIX 和 PCRE 规范

正则表达式有两种规范，分别是 POSIX 和 PCRE。POSIX 全称为 Portable Operating System Interface for Unix，广泛应用在 Unix 操作系统上，例如 grep、sed、awk、vi 都属于 POSIX 的规范。PCRE 全称为 Perl Compatible Regular Expressions，即 perl 语言兼容正则表达式。PCRE 相对于 POSIX 功能更多样化，易用性更好，性能更高，因此获得了广泛的应用。

PHP 的最早版本支持 POSIX 规范，但在 5.3 版本已废弃，并在 PHP 7 版本彻底移除。因此现在 PHP 的正则表达式执行的是 PCRE 规范。POSIX 和 PCRE 函数的对照情况如表 6-5 所示。

表6-5 POSIX和PCRE函数对照表

POSIX 函数	PCRE 函数
ereg_replace()	preg_replace()
ereg()	preg_match()
eregi_replace()	preg_replace()

（续表）

POSIX 函数	PCRE 函数
eregi()	preg_match()
split()	preg_split()
spliti()	preg_split()
sql_regcase()	无对等函数

2. 变量

我们以 PHP 的变量命名规则为例子，开始学习正则表达式。

PHP 中的变量用一个美元符号后面跟变量名来表示。变量名是区分大小写的。

一个有效的变量名由字母或者下画线开头，其余字符为任意数量的字母、数字或者下画线。注意，PHP 的正则表达式是支持 Unicode 的，所以此处的字母是 a-z、A-Z 以及 ASCII 字符从 127 到 255（0x7f-0xff）。就是说“$中文变量”，是一个合法的变量定义。

按照以上的定义，判断一个 PHP 变量是否合法，将被表述为如下：

```
/^\$[a-zA-Z_\x7f-\xff][a-zA-Z0-9_\x7f-\xff]*/
```

具体说明如图 6-4 所示。

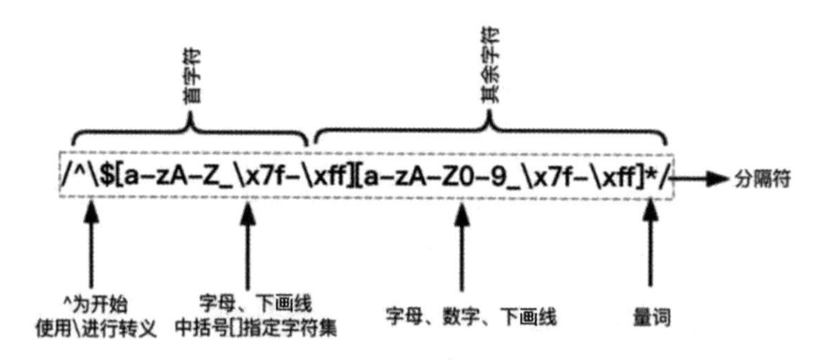

图 6-4 PHP 变量是否合法的语言描述说明

图 6-4 中的概念包括分隔符、字符类、元字符、转义、量词，我们下面分别讲解。

（1）分隔符

常用的分隔符为正斜线（/）、hash 符号（#）以及取反符号（~）。

（2）字符类

在变量命名规则的例子中，首字符的范围是字母或者下画线组成的字符集，整个字符集称为字符类（character classes），由方括号 [] 包围起来。

一般来说，字符类的范围由方括号内的字符确定。例如[aeiou]表示所有小写元音字母的组合。

可以用“^”取反符号来表示排除某些字符。例如[^aeiou]表示所有非元音字母的字符。

可以使用“-”短画线来标记字符范围。例如[a-z]表示从 a 到 z 的小写字母。

（3）元字符

文本由一个一个的字符组成，PCRE 规范提供了强大的元字符的能力。在字符类范围内（即方括号之内），可以使用表 6-6 所示的三种元字符。

表6-6 在字符类范围内，可以使用的元字符

符 号	含 义
\	转义字符
^	处在方括号内的第一个位置，表示字符类取反
-	标记字符范围

在字符类范围外，可以使用表 6-7 所示的元字符。

表6-7 在字符类范围外，可以使用的元字符

<table>
<tr><th>符 号</th><th>含 义</th></tr>
<tr><td>\</td><td>转义字符</td></tr>
<tr><td>^</td><td>断言目标的开始位置（或多行模式下的行首）</td></tr>
<tr><td>$</td><td>断言目标的结束位置（或多行模式下的行尾）</td></tr>
<tr><td>.</td><td>匹配除换行符外的任何字符（默认）</td></tr>
<tr><td>[</td><td>字符类的开始标记</td></tr>
<tr><td>]</td><td>字符类的结束标记</td></tr>
<tr><td>|</td><td>可选分支</td></tr>
<tr><td>(</td><td>子组的开始标记</td></tr>
<tr><td>)</td><td>子组的结束标记</td></tr>
<tr><td>?</td><td>量词，0 次或 1 次匹配。位于量词后面用于改变量词的贪婪特性</td></tr>
<tr><td>*</td><td>量词，0 次或多次匹配</td></tr>
<tr><td>+</td><td>量词，1 次或多次匹配</td></tr>
<tr><td>{</td><td>自定义量词开始标记</td></tr>
<tr><td>}</td><td>自定义量词结束标记</td></tr>
</table>

在变量命名规则的例子中，变量以美元符号$开头，而$为元字符，使用时需要进行转义，所以此部分的正则表达式为“^\$”。

首字符由字母和下画线组成，分解为以下 4 个子集合：

- 小写字母：a-z。
- 大写字母：A-Z。
- 下画线：_。
- ASCII 字符：从 127 到 255（0x7f-0xff）。

（4）量词

量词表示字符的重复次数。常见的有?、*、+三种，如表 6-7 所示。还有自定义量词，以大括号包围起来。例如：

- a{4}表示 4 个 a。

- a{1,4}表示匹配 a,aa,aaa,aaaa。
- a{1,}表示至少匹配 1 个 a。如果第 2 个数字被省略，表示匹配到正无穷。

三种常见的量词，也可以用自定义量词来等价表示，如表 6-8 所示。

表6-8 三种常见的量词

自定义量词	含 义
?	等价于{0,1}
*	等价于 {0,}
+	等价于 {1,}

3. 可选路径

可选路径为“|”，类似于逻辑中的“或”，例如 a | b 表示匹配 a 或者 b。

4. 子组

用圆括号括起来的部分称为子组。子组的作用有三个：

- 匹配出子组内的部分，例如使用 src="(.*?)"来匹配<img src="demo.jpg"/> 图片标签 src 属性里的图片地址。
- 在正则表达式中进行引用。\0 表示原始字符串，\1 表示第一个子组匹配的内容。例如正则表达式(ab)\1，\0 表示原始字符串本身，\1 表示匹配到的(ab)子组。
- 将可选分支局部化。例如 ca(t|r)可以匹配 cat 或 car。

5. 模式修饰符

模式修饰符设置 PCRE 如何处理的正则表达式的方式、如何处理大小写敏感、多行匹配等。常见的模式修饰符如表 6-9 所示。

表6-9 常见的模式修饰符

模式修饰符	说 明	示 例
i (PCRE_CASELESS)	大小写不敏感	/hello/i，会匹配 hello、Hello 等字符串
m (PCRE_MULTILINE)	多行匹配	/hello/m，会在多行文本里匹配 hello 字符串
s (PCRE_DOTALL)	点号元字符匹配所有字符，包含换行符	/.*?/s，点号会包括换行符
u (PCRE_UTF8)	匹配 utf-8 字符	/[\x{4e00}-\x{9fa5}]+/u，匹配中文汉字

6. 简写字符类

如表 6-10 所示。

表6-10 简写字符类

简 写	描 述
.	默认情况下，匹配除换行符以外的任意字符。当 s 模式开启时，包含换行符
\w	匹配所有字母和数字的字符: [a-zA-Z0-9_]
\W	匹配非字母和数字的字符: [^\w]
\d	匹配数字: [0-9]
\D	匹配非数字: [^\d]
\s	匹配空格符: [\t\n\f\r\p{Z}]
\S	匹配非空格符: [^\s]

6.8.2 面试中常见的正则表达式

这里给出面试中常见的几种正则表达式，供读者参考。为叙述方便，我们先定义一个辅助函数，打印出匹配的结果。

辅助函数的代码如下：（源码文件：ch06/regex_demo.php）

```
//$text 为需要检测的字符串，$pattern 为正则表达式
function print_match_result($text, $pattern){
    $isMatched = preg_match_all($pattern, $text, $matches);
    var_dump($isMatched, $matches);
}
```

手机号码：手机号码的匹配，主要检查的内容包括：以 1 开头，号段支持 13、18 等，位数为 11 位。

目前号段比较丰富，这里为演示起见，号段限制为 13 和 18 字段。

```
//手机号匹配 13、18 开头的手机号
$text = '13000000000';
$pattern = '/^1[38]\d{9}$/';
print_match_result($text, $pattern);

^1 表示以 1 开头；
[38] 表示第 2 位为 3 或 8；
\d{9} 表示剩下 9 位必须为数字；
$ 表示结束，后面不能再跟着其他的字符。
```

身份证：身份证号的匹配，主要检查的内容包括：位数为 18 位，末尾只能为数字、大写 X、小写 x。

```
//匹配身份证号
$text = '350321096003237001';
$pattern = '/\d{17}[0-9Xx]/';
print_match_result($text, $pattern);

\d{17}表示前 17 位为数字
```

```
[0-9Xx]表示最后 1 位只能为数字、大写 X、小写 x
```

URL 链接：URL 的匹配，主要检查的内容包括：以 http 或 https 开头，包含至少一个点（.）号。

```
//匹配 URL 链接
$text = 'http://www.weixinbook.net';
$pattern = '/http[s]*:\/\/\w[\w.\/]+/';
print_match_result($text, $pattern);

http[s]* 匹配 http 或 https
\/\/\ 匹配 //，增加了转义
\w[\w.\/]+ 匹配域名和路径部分
```

邮箱：邮箱的模式为 user@domain，由两部分组成，user 为用户名，domain 为邮件服务器的域名。

```
//匹配邮箱
$text = 'abc@mail.com';
$pattern = '/\w[-\w.+]*@\w[-\w.+]+\w{2,14}/';
print_match_result($text, $pattern);
```

此例类似于 URL 匹配，只是以@符号分为前后两部分，不再赘述。

汉字检查：汉字在 Unicode 字符集里的范围为\u4e00-\u9fa5，这里可以使用 u 模式修饰符进行判断。

```
//匹配中文汉字
$text = '都是汉字';//not chinese words
$pattern = '/[\x{4e00}-\x{9fa5}]+/u';
print_match_result($text, $pattern);

\x 表示 Unicode 序列；u 模式修饰符用于匹配多字节字符
```

HTML 标签：常见的 HTML 标签有两种形式，如形式 1<script>alert('xss')</script>或形式 2 <img src='demo.jpg'/>，我们需要匹配这两种情况。

```
//匹配 HTML 标签
$text = "<script>alert('xss')</script>这是一条评论";//
$pattern = '/^<([a-z]+)([^<]+)*(?:>(.*)<\/\1>|\s+\/>)/';
print_match_result($text, $pattern);

^<([a-z]+)匹配左标签，以 < 开头，标签名称由小写字母组成
([^<]+)*表示标签的内容，由非<的字符组成，防止嵌套
?:表示子组的判断，要么匹配(.*)<\/\1>，要么\s+\/>，分别对应形式 1 和形式 2
而\1 是子组的一个引用，此处指标签名称
```

6.9 本章小结

字符串相关的知识常出现在算法题中，这就要求读者熟悉常见的字符串处理函数。字符串表示文本，而文本由各种不同语言构成，不同的语言又有不同的字符集和字符编码，所以要求读者对 Unicode、UTF-8、i18n 的知识加以掌握。此外以倒排索引为代表技术的全文搜索，处理模糊匹配、范式验证用到的正则表达式，都是需要读者加以研究并掌握的知识。

6.10 练 习

1. substr 与 mb_substr 有什么区别？

答：两个函数都可以获取部分字符串，不同之处是 mb_substr 处理多字节字符串，使用时需要指定字符编码。

2. 如何查找一个字符串中是否包含某个子串？

答：使用 strops 函数，在判断时需要用 === 而不是 ==。因为如果子串是字符串的前缀，则返回整型的数值 0，用 == 号判断时会出错。例如：

```
strpos('abc', 'a') === false
```

3. 列举几个字符串处理函数。

答：见表 6-11。

表6-11 几个字符处理函数

函数名	作 用
str_word_count	对字符串中的单词进行计数
strlen	字符串的长度，以字符计算
strpos	用于检索字符串内指定的字符或文本。如果找到匹配，则会返回首个匹配的字符位置。如果未找到匹配，则将返回 FALSE
explode	把字符串打散为数组
implode	返回由数组元素组合成的字符串
chr	从指定的 ASCII 值返回字符
ord	返回字符串中第一个字符的 ASCII 值
md5	计算字符串的 MD5 散列
sha1	计算字符串的 SHA-1 散列
trim	移除字符串两侧的空白字符和其他字符

4. 如何移除字符串中的 HTML 标签？

答：使用函数 strip_tags 来移除 HTML 标签。如果有自定义的需求，可以编写正则表达式来过滤。

第 7 章

数　组

数组是按一定顺序排列，具有某种数据类型的一组变量的集合。PHP 的数组不同于其他语言的数组，它的元素的数据类型不需要固定大小，也不需要相同类型，可以表示数组、栈、队列、MAP 等数据结构。本章将讲解部分数组函数、数组排序、查找和搜索等知识点。

7.1　数组函数

PHP 内置的数组函数很多，按其作用可以分为几类：值操作、键操作、遍历、排序、集合计算等。读者需要了解常用的数组函数用法。要求和字符串相同，即具体要求是看到函数名，知道该函数是做什么的，有哪些值得注意的地方。本节我们学习几个常见的函数。

7.1.1　count

count 函数的作用是计算数组中的单元数目，或对象中的属性个数。函数调用方式如下：

```
int count ( mixed $array_or_countable [, int $mode = COUNT_NORMAL ] )
```

第一个参数 array_or_countable 为数组或者 Countable 对象。

第二个参数 mode 为计算数目的方式。默认值为 0 或 COUNT_NORMAL，表示不递归的计算数目。当值为 1 或 COUNT_RECURSIVE，会递归地计算数组的元素数目，这对多维数组尤其有用。

我们来看一个代码示例：（源码文件：ch07/func_count.php）

```
1 <?php
2 $animals = array ("dog",array ("pig", "cat"));
3 echo (count($animals));//等同于 echo (count($animals, 0));echo
(count($animals, COUNT_NORMAL));
4 echo (count($animals, 1));//等同于 echo (count($animals, COUNT_RECURSIVE));
```

这道题目的输出结果为 2 和 4。

第 3 行的结果是比较常见的，只取第 1 维的元素个数，共有 2 个元素，即：

```
$animals[0] = dog
$animals[1] = array ("pig", "cat")
```

第 4 行的结果是 4。当递归地计算数组的元素数目时，子数组也会被计算在内，共有 4 个元素，即：

```
$animals[0] = "dog"
$animals[1] = array ("pig", "cat")
$animals[1][0] = "pig"
$animals[1][1] = "cat"
```

7.1.2 natsort

natsort 函数的作用是用“自然排序”算法对数组排序。函数调用方式如下：

```
natsort ( array &$array ) : bool
```

不同于字符串排序，自然排序采用了一种与人类对自然世界认知一样的规则，就像查字典的顺序一样，不会出现数字的倒排。

我们看一个代码示例：（源码文件：ch07/func_natsort.php）

```
1 <?php
2 $array1 = $array2 = array('1.jpg','12.jpg','3.jpg');
3 asort($array1);
4 echo "Standard Sort\n";
5 print_r($array1);
6 natsort($array2);
7 echo "\nNatural Sort\n";
8 print_r($array2);
```

输出结果如下：

```
Standard Sort
Array
(
    [0] => 1.jpg
    [1] => 12.jpg
    [2] => 3.jpg
)

Natural Sort
Array
(
    [0] => 1.jpg
    [2] => 3.jpg
    [1] => 12.jpg
```

```
)
```

可以看到，“普通”排序的结果并非我们期望的结果，采用了自然排序之后，文件名按照数字从小到大排列起来，符合人类日常的认知。

面试题：什么是自然排序，其原理是什么？

解答：自然排序是字典排序的一种变异形式，其原理是对字符串的数字部分进行特殊排序处理，将数字部分抽离出来，比较其数值的大小；非数字部分仍然采用 ASCII 码比较的方式处理。例如上例中的三个字符串 '1.jpg'、'12.jpg'、'3.jpg'，首先抽离数字部分分别为 1、12、3，排序后为 1、3、12，所以最终排序的结果是'1.jpg'、'3.jpg'、'12.jpg'。这是一种对人类友好的排序方式。

以下参考链接实现了自然排序，有兴趣的读者可以学习：

```
https://github.com/sourcefrog/natsort
```

7.1.3 array_merge

array_merge 函数的作用是合并一个或多个数组。函数调用方式如下：

```
array_merge ( array $array1 [, array $... ] ) : array
```

该函数将多个数组合并，每个数组附加到前一个数组的后面。在使用上需要注意三点：

- 相同字符串键值的覆盖。后者覆盖前者。
- 数组中既包含数字键又包括字符串键。数字键不会相互覆盖，而会附加在后面，后面数组的数字键值会重新计算。
- 只有一个数组时，键名会重新索引。

为了验证，我们看以下三个题目，看输出结果是什么。

题目描述 1：判断以下程序代码的输出结果。

程序代码如下：（源码文件：func_array_merge_1.php）

```
<?php
$array1 = ['animal'=>'cat'];
$array2 = ['animal'=>'dog'];
$array = array_merge($array1,$array2);
print_r($array);
```

输出结果如下：

```
Array
(
    [animal] => dog
)
```

可以看到，存在相同的字符串键值时，后者会覆盖前者。

题目描述 2：判断以下程序代码的输出结果。

程序代码如下：（源码文件：func_array_merge_2.php）

```
<?php
$array1 = ['animal'=>'cat','pig'];
$array2 = ['animal'=>'dog',2=>'monkey'];
$array = array_merge($array1,$array2);
print_r($array);
```

输出结果如下：

```
Array
(
    [animal] => dog
    [0] => pig
    [1] => monkey
)
```

可以看到，pig 和 monkey 都是数字键值，处理方式就是附加在后面。monkey 的原始键值不再保留，而是重新计算了。

题目描述 3：判断以下程序代码的输出结果。

（源码文件：func_array_merge_3.php）

```
<?php
$array = [0=>0,2=>2];
$array = array_merge($array);
print_r($array);
```

输出结果如下：

```
Array
(
    [0] => 0
    [1] => 2
)
```

可以看到，只有一个数组时，经过 array_merge 之后，键名会重新索引。

7.1.4　栈与队列的操作

1. 栈操作 array_pop 和 array_push

栈是一种先进后出的数据结构，类似于电梯，最后进来的人最先出去。PHP 的数组提供了栈的操作：array_pop 和 array_push。

array_pop 的作用是将最后的元素出栈。函数的调用方式如下：

```
array_pop ( array &$array ) : mixed
```

array_push 的作用是将一个或多个元素压入数组的末尾（入栈）。函数的调用方式如下：

```
array_push ( array &$array , mixed $value1 [, mixed $... ] ) : int
```

栈的应用非常广泛，如进制转换、表达式计算、括号匹配等，我们将在第 12 章详细讲解。

2. 队列操作 array_shift 和 array_unshift

队列是一种先进先出的数据结构，类似于日常生活的排队，先到先得。PHP 提供了队列的操作函数，如表 7-1 所示。

表7-1 队列的操作函数

函 数 名	作 用	使用示例及注意事项
array_shift	将数组开头的单元移出数组	mixed array_shift (array &$array)
array_unshift	在数组开头插入一个或多个单元	int array_unshift (array &$array [, mixed $...])
array_push	将一个或多个单元压入数组的末尾（入栈）	int array_push (array &$array , mixed $value1 [, mixed $...])
array_pop	弹出数组最后一个单元（出栈）	mixed array_pop (array &$array)

队列常见的应用场景是消息队列（Message queue，MQ）、Redis 的列表等。

面试题：array_pop 和 array_shift 的时间复杂度是什么？

解答：array_pop 只操作数组的尾部，不会引起索引的变化，所以时间复杂度为 O(1)。

array_shift 操作数组的头部，插入数据后，后续元素的索引需要重新计算，所以时间复杂度为 O(N)。

7.1.5 集合计算

集合有几种常见的操作，例如交集表示两个集合的相同部分组成的集合，并集表示包含两个集合全部元素的集合，差集表示在一个集合里存在，但在另一个集合中不存在的元素集合，如图 7-1 所示。

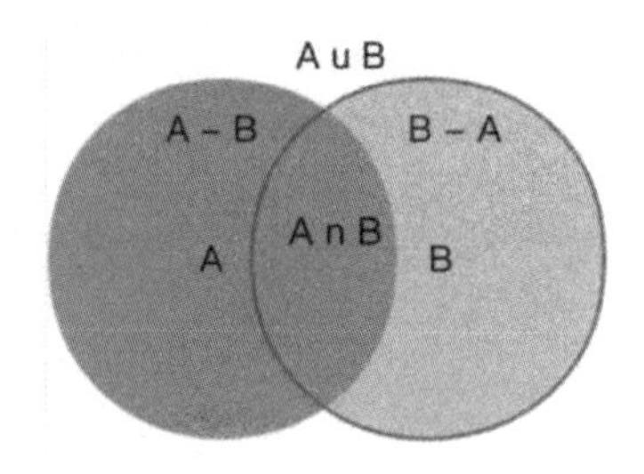

图 7-1 集合操作

集合操作对应的函数如表 7-2 所示。

表7-2 集合操作对应的函数

集合操作	对应函数
交集	array_intersect
并集	array_merge
差集	array_diff

array_intersect 的作用是计算数组的交集。函数的调用方式如下：

```
array_intersect ( array $array1 , array $array2 [, array $... ] ) : array
```

array_intersect 计算之后键名保持不变。还有一些类似的函数，如 array_intersect_assoc、array_intersect_key、array_intersect_uassoc、array_intersect_ukey、array_uintersect_assoc、array_uintersect_uassoc、array_uintersect 来计算交集。

array_diff 的作用是计算数组的交集。函数的调用方式如下：

```
array_diff ( array $array1 , array $array2 [, array $... ] ) : array
```

array_diff 还有一些类似的函数来计算差集，如 array_diff_assoc、array_diff_key、array_diff_uassoc、array_diff_ukey 等。

7.2 数组排序

数组的排序大致分为两个主题：一是经典排序方法，如冒泡排序、快速排序、插入排序、选择排序等。这个主题将在第 12 章详细讲解。二是多维或多个数组排序，这是本节讲解的重点。

7.2.1 多维数组排序

设想有一个成绩单，如表 7-3 所示。其顺序是混乱的，现在要求按分数由高到低排列。

表7-3 成绩单

姓 名	分 数
tom	90
xiaoming	70
xiaohong	80
david	100

第一种方法可以使用 usort 函数，通过自定义函数来比较大小。

程序示例如下：（源码文件：ch07/sort_score_1.php）

```
<?php
$reports = [
    ['name'=>'tom','score'=>90],
    ['name'=>'xiaoming','score'=>70],
    ['name'=>'xiaohong','score'=>80],
    ['name'=>'david','score'=>100],
];
//比较函数，将分数大的放前面
function cmp($a, $b){
    if ($a['score'] == $b['score']) {//如果分数相等，返回 0
        return 0;
```

```
        }
        return ($a['score'] > $b['score']) ? -1 : 1;//如果$a 比 $b 分数大，返回 -1；反之返回 1
    }
    usort($reports, "cmp");
    var_dump($reports);
```

第二种方法采用 array_multisort 函数。此函数的调用方式如下：

```
    array_multisort ( array &$array1 [, mixed $array1_sort_order = SORT_ASC [, mixed $array1_sort_flags = SORT_REGULAR [, mixed $... ]]] ) : bool
```

此函数会按照对 $array1 的排序方法，对第 2 个数组进行同样的操作。

程序示例如下：（源码文件：ch07/sort_score_2.php）

```
    foreach ($reports as $key => $row) {
        $score[$key] = $row['score'];
    }
    array_multisort($score, SORT_DESC, $reports);
    var_dump($reports);
```

7.2.2 多个数组排序

多个无序数组排序，其实质等同于一个无序数组排序，考查起来没实际意义。多个数组排序的经典题目是将多个有序数组并为有序的大数组。例如有两个数组：

```
    [1,3,5,7,9]
    [2,4,6,8,10]
```

合并后的数组为：

```
    [1,2,3,4,5,6,7,8,9,10]
```

这个问题的最优解决算法的复杂度是 O(N)，解决的思路如下：

（1）假设$array1 的长度为$m，$array2 的长度为$n，则合并后的数组长度为$m+$n。

（2）生成一个$m+$n 的数组来存放结果。为节省空间，可以将$array1 的长度扩充为$m+$n 来充当结果数组。

（3）对$array1 和$array2 分别从尾到头遍历，取其较大值放在结果数组的尾部。

如果第（3）步处理完之后$array2 仍有元素未处理，则直接按顺序插入到结果数组里。

程序示例如下：（源码文件：ch07/merge_sorted_array.php）

```
1  <?php
2  $array1 = [1,3,5,7,9];
3  $array2 = [2,4,6,8,10];
4  $array = merge_sorted_array($array1,$array2);
5  var_dump($array);//Output:[1,2,3,4,5,6,7,8,9,10]
6  function merge_sorted_array($array1, $array2) {
7      $m = count($array1);
```

```
8     $n = count($array2);
9     $tail = $m +$n -1;//合并后数组的尾部
10     $array1 = $array1 + array_fill($m,$n,NULL); //将 array1 的长度扩充为$m+$n
11     $i = $m -1;//$array1 的尾部
12     $j = $n -1;//$array2 的尾部
13     for(;$i>=0 && $j>=0;$tail--){//将$i 和$j 向前移动，依次处理
14         if($array1[$i] >= $array2[$j]){//取较大值，放在尾部
15             $array1[$tail] = $array1[$i];
16             $i--;
17         }else{
18             $array1[$tail] = $array2[$j];
19             $j--;
20         }
21     }
22     while($j>=0){//如果$array2 还未处理完，则将$array2 的剩余数据拼接起来
23         $array1[$tail] = $array2[$j];
24         $tail--;
25         $j--;
26     }
27     return $array1;
28 }
```

大家注意第 10 行，是否有必要将$array1 的长度扩充为$m+$n 呢？有必要。如果将第 10 行注释掉，就会发现结果变为如下：

```
[1,2,3,4,5,10,9,8,7,6]
```

这是因为 PHP 的数组是一个有序的字典，当从尾到头填入数据时，$array1 由 packed hashtable 转换为 hashtable。例如在下标为 9 的位置放数字 10 时，此时$array1 变为如下的数组：

```
array(6) {
  [0]=>
  int(1)
  [1]=>
  int(3)
  [2]=>
  int(5)
  [3]=>
  int(7)
  [4]=>
  int(9)
  [9]=>
  int(10)
}
```

由于数字索引不连续，所以纯数组就转换为字典了，其顺序就是插入的顺序了。因此，必须在第 10 行进行数据填充，使之一直保持为纯数组的状态。

7.3 数组查找与搜索

在数组中查找和搜索元素是一个常见问题。本节我们来学习几个常见的面试题。

7.3.1 面试题：找出缺失元素

题目描述：给 N 个数，随机抽出 2 个，打乱次序，然后找出缺失的两个数。

解答：解决此问题有三种方法：额外空间法、和计算法、XOR 法，我们依次详细讲解。（源码文件见：ch07/missing_nums.php。）

1. 额外空间法

该方法首先生成一个包含 N 个元素的数组，每个元素的初始值都为 false。以数字为下标，将数字放到数组里，相应位置的元素值设置为 true。然后再遍历一遍数组，所有值为 false 的元素就是缺少的数字。类似于教室里点名，每人坐在固定的座位上。如果座位为空，就代表该学生未到。

代码示例如下：

```
    //通过额外的标记数组来查找缺少的元素。$arr 为打乱后的缺失元素的数组，$N 为 N 的值
    function get_missing_nums_by_extra_array($arr,$N){
        $mark = array_fill(0,$N,false);//生成 N 个元素的标记数组，每个元素的初始值都为
false
        foreach($arr as $v){//将 $arr 的元素依次放到标记数组里。注意数组的下标从 0 开始，
所以需要减 1
            $mark[$v-1] = true;
        }
        $missing_nums = [];
        foreach($mark as $i=>$v){
            if(!$v){//所有值为 false 的元素就是缺少的数字
                $missing_nums[]=$i+1;
            }
        }
        return $missing_nums;
    }
```

这种方法的时间复杂度为 O(N)，空间复杂度为 O(N)。相比其他方法，此方法占用 N 个额外空间。优点是适用于任意 x (x≤N)个缺少元素。

2. 和计算法

中学数学里学到等差数列的知识，1 到 N 的累加和等于$N*(N+1)/2$。如果其中缺少 1 个数字，我们可以通过计算得出：

公式 1：缺少数字=1 到 N 的累加和－缺失 1 个元素后的和

如果缺少 2 个元素，就不能直接通过计算得出了。可以通过分治法来解决。

例如 1 到 10，我们计算得出的差=1 到 N 的累加和－缺失 2 个元素后的和 = 10，我们只能得

出结论，缺少的2个元素之和为10，但具体数字是1和9、2和8、3和7等无法确定。

我们可以进一步推断：因为缺少的2个元素之和为10，其平均值为5，所以可以断定缺少的2个元素，必定一个小于5，另一个大于5。

我们再将数组分成2组，一组的元素都小于5，另一组的元素都大于5。这样这两组元素都缺少了1个数字，可以应用公式1了。

为方便读者阅读和理解，我们首先定义一下变量的意义，如表7-4所示。

表7-4 变量及其说明

变 量	说 明
sumAll	1到N的累加和
sumArray	缺失2个元素之后的数字的总和
sum	缺少的2个元素的和，sum = sumAll - sumArray
avg	缺少的2个元素的平均数, avg = sum/2
sumLower	小于等于平均数的元素的总和
sumHigher	大于平均数的元素的总和
totalLower	从1到avg的累加和
small	缺少的2个元素中较小的元素，small = totalLower - sumLower
big	缺少的2个元素中较大的元素，big=sum-small

代码示例如下：

```
//通过计算来查找缺少的元素。$arr 为打乱后的缺失元素的数组，$N 为 N 的值
function get_missing_nums_by_calc ($arr,$N){
    $sumAll = ($N+1)*$N/2;
    $sumArray = array_sum($arr);
    $sum = $sumAll - $sumArray;
    $avg = ($sumAll - $sumArray)/2;
    $sumLower = 0;
    $sumHigher = 0;
    foreach ($arr as $i) {
        if($i <= $avg){
            $sumLower += $i;
        }else{
            $sumHigher += $i;
        }
    }
    $totalLower = $avg*($avg+1)/2;
    $small = $totalLower - $sumLower;
    $big = $sum - $small;
    return [$small,$big];
}
```

这种方法的时间复杂度为O(N)，空间复杂度为O(1)。当N值较大时，此方法会有溢出的危险。

3. XOR 法

XOR（异或）是一个位运算的方法，对 a 和 b，只有当 a 不等于 b 时，运算的结果为 true；当 a 等于 b 时，运算的结果为 false。计算结果如表 7-5 所示。

表7-5 XOR运算

A（变量 a）	B（变量 b）	a ^ b（^表示异或运算）
0	0	false
0	1	true
1	0	true
1	1	false

XOR 有两个很有意思的特性：

- 相同的数字进行 XOR 的运算结果为 0。
- 任何数和 0 进行 XOR 的运算结果为数字本身。

基于此，我们能找出 N 个数字中缺失的 1 个数。例如 1 到 5 的数字中，缺失了 4，我们可以这样计算：

(1 ^ 2 ^ 3 ^ 4 ^ 5) ^ (1^ 2 ^ 3 ^ 5)
= (1 ^ 1) ^ (2 ^ 2) ^ (3 ^ 3) ^ (5 ^ 5) ^ 4
= 0 ^ 4
= 4

同样，我们可以用分治法来解决：

（1）用数组所有的值与 1 到 N 进行异或操作，得到的结果是缺失的 2 个数的异或结果 xor。

（2）这个异或的结果 xor，其二进制必定有且只有 2 位为 1。

（3）取最右（低位）的 1 组成的数字，分别与数组所有的值与 1 到 N 进行异或操作，得到缺失数字中的较小值 small。

（4）将 xor 和 small 进行异或，得到缺失数字中的较大值 big。

示例代码如下：

```
//通过 xor 运算来查找缺少的元素。$arr 为打乱后的缺失元素的数组，$N 为 N 的值
function get_missing_nums_by_xor ($arr,$N){
    $xor = 1;
    for($i = 2;$i<=$N;$i++){
        $xor ^= $i;
    }
    foreach($arr as $v){
        $xor ^= $v;
    }
    //xor 必定有 2 个 1
    $right_most_bit = $xor & ~($xor -1);//找出最右边的 1 组成的值
```

```
    $small = $big = 0;
    for($i = 1;$i<=$N;$i++){
        if($i & $right_most_bit){
            $small ^= $i;
        }
    }
    foreach($arr as $v){
        if($v & $right_most_bit){
            $small ^= $v;
        }
    }
    $big = $xor ^ $small;
    return [$small,$big];
}
```

这种方法的时间复杂度为O(N)，空间复杂度为O(1)。即使N值较大时，此方法也不会有溢出的危险。

7.3.2 面试题：删除数组中的重复项

题目描述：假定有一个已经排序的数组，里面的部分元素重复，要求写一个算法，删除数组中的重复项。

解答：

例如一个数组为 [0,0,1,1,1,2,2,3,3,4]，删除重复项之后变为 [0,1,2,3,4]。

这里给出两种解决方案，第一种为监控变化，第二种为快慢指针。

1. 监控变化

可以把相同的元素进行分组，每组之内的元素都相同，组与组之间是变化的。同组内的元素只保留第一个，其余删掉即可。只要监控到变化点，就可以处理下一组元素，参考图7-2。

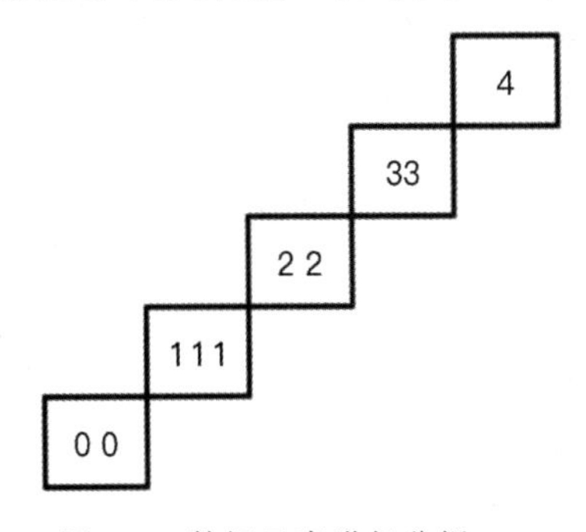

图7-2　数组元素进行分组

代码实现如下：

```
function remove_dup_check_change(&$nums) {
    if(empty($nums))return 0;
    $tmp = null;
```

```
    foreach($nums as $i=>$num){
        if($num !== $tmp){//当元素与 tmp 不一致时，说明到达变化点，即将进入下一组
            $tmp = $num;
        }else if($num === $tmp){//当元素与 tmp 一致时，说明仍在同一组
            unset($nums[$i]);
        }
    }
    return count($nums);
}
```

2. 快慢指针

设置快慢指针，快指针始终比慢指针多走一步。观察快慢指针指向的元素是否一致，如果一致，则删除快指针指向的元素，快指针向前走一步；如果不一致，则将慢指针指向快指针指向的元素，快指针向前走一步，如图 7-3 所示。

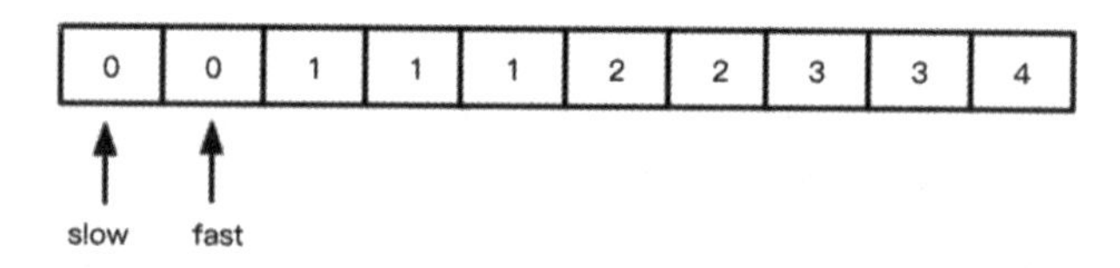

图 7-3 设置快慢指针

代码实现如下：

```
function remove_dup_fast_slow(&$nums) {
    if(empty($nums))return 0;
    $len = count($nums);
    for($slow = 0;$slow < $len;){
        $fast = $slow + 1;
        while(isset($nums[$fast]) && $nums[$fast] === $nums[$slow]){//快指针与慢指针指向元素相同，依次删除快指针指向元素
            unset($nums[$fast]);
            $fast ++;
        }
        $slow = $fast;
    }
    return count($nums);
}
```

（完整源码文件：ch07/remove_dup.php）

这个题目有一个变化，就是删除链表中的重复元素。解答的方法大同小异，读者可以自行完成。

7.4 数组的遍历操作

数组的遍历指按照一定的规则，依次访问数组的所有元素。本节我们学习几个常见的面试题目。

7.4.1 面试题：多维数组

题目描述： 假定有一个多维数组，维数不确定，如何遍历其所有元素？

解答： 对于维数不确定的多维数组进行遍历，可以采用递归的调用，犹如“拨洋葱”似地层层递归调用，直到元素不是数组而是普通元素为止。

代码实现如下：（源码文件：ch07/multi_array.php）

```
<?php
$arr = [
    [
        1 => [11,110],
        2 => [22,220],
        3 => [33,330],
    ],
    [
        4 => [44,440],
        5 => [55,550],
        6 => [66,660],
    ],
    [
        7 => [77,770],
        8 => [88,880],
        9 => [99,990]
    ],
];
multi_array_visit($arr,function($element){echo $element.',';});
function multi_array_visit($arr,$func){
    foreach($arr as $sub){
        if(is_array($sub)){//元素为数组时，继续遍历
            multi_array_visit($sub,$func);
        }else{//元素不为数组时，说明到达普通元素，可以访问元素了
            $func($sub);
        }
    }
}
```

7.4.2 面试题：螺旋访问数组

题目描述： 假定有一个N×N的二维数组，按照顺时针的方法，从外层到里层遍历整个数组，如图7-4所示。

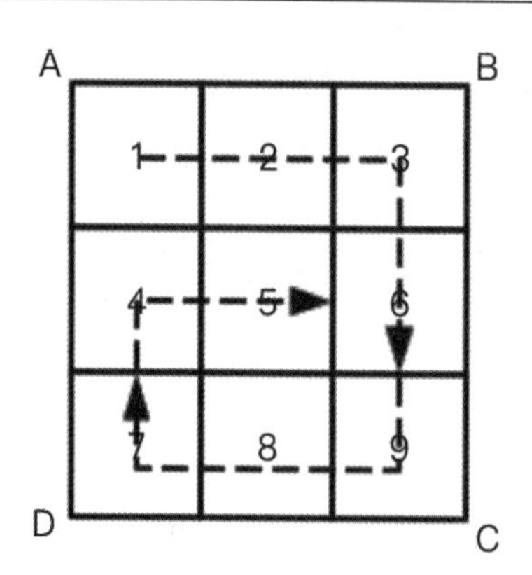

图 7-4 从外层到里层遍历整个数组

例如数组如下：

```
$arr = [
    [1,2,3],
    [4,5,6],
    [7,8,9],
];
```

遍历的结果是：

```
1,2,3,6,9,8,7,4,5
```

此问题的关键是找到合适的边界条件和退出条件。我们在图 7-4 中标出了 A、B、C、D 4 个顶点。可以看到，每一圈的遍历都是按照A → B → C → D的顺序，那么边界条件就是 A、B、C、D 的坐标。每遍历一个边，顶点的相应位置会发生变化，4 个顶点会向一起收缩。当相对的顶点（AB、BC、CD、DA）重合时，或者整个二维数组只剩下一条线时，遍历完剩下的元素就可以退出了。

代码实现如下：（源码文件：ch07/spiral_matrix.php）

```
function spiral_order($arr){
     $spiral = [];//存放最终数组
    $left = 0;//左边界，每遍历完，其值+1
    $right = count($arr) - 1;//右边界，每遍历完，其值-1
    $top = 0;//上边界，每遍历完，其值+1
    $bottom = count($arr[0]) - 1;//下边界，每遍历完，其值-1
    $col = 0;//横轴
    $row = 0;//纵轴

    while (true) {
        //遍历上边，从左向右
        for($col = $left;$col<=$right;$col++){
            $spiral[] = $arr[$top][$col];
        }
        if(++$top > $bottom)break;//相当于上边的数据从矩阵里消去
        //遍历右边
        for($row = $top;$row<=$bottom;$row++){
```

```
            $spiral[] = $arr[$row][$right];
        }
        if(--$right < $left)break;//相当于右边的数据从矩阵里消去
        //遍历下边
        for($col = $right;$col>=$left;$col--){
            $spiral[] = $arr[$bottom][$col];
        }
        if(--$bottom < $top)break;//相当于下边的数据从矩阵里消去
        //遍历左边
        for($row = $bottom;$row>=$top;$row--){
            $spiral[] = $arr[$row][$left];
        }
        if(++$left > $right)break;//相当于左边的数据从矩阵里消去
    }
    return $spiral;
}
```

7.5 本章小结

数组的知识简单，应用丰富。面试中通常不会单独考察数组，但在算法中，通常需要扎实的数组知识，因此读者需要对数组的基础知识加以掌握。

7.6 练 习

1. 列举几个数组处理函数。

答：可以将数组处理函数进行分类记忆，如栈操作 array_pop、array_push，队列操作 array_shift、array_unshift，集合操作 array_diff、array_intersect，排序操作 sort、ksort、uasort、uksort、array_multisort 等。

2. array_merge 与+操作数组时，有什么区别？

答：array_merge 与+运算符都可以将两个数组进行合并，但 array_merge 表示合并，+运算符表示附加。例如对于 array_merge($arr1,$arr2)和$arr1+$arr2 来说：

- 对于相同键名合并的问题，使用 array_merge 时，后面的值将覆盖前一个值。如果数组包含数字键名，后面的值将不会覆盖原来的值，而是附加到后面。
- 使用+运算符，第一个数组的键名将会被保留。在两个数组中存在相同的键名时，第一个数组中的同键名的元素将会被保留，第二个数组中的元素将会被忽略。
- 对于数字键值重新编号的问题，使用 array_merge 时，如果只给了一个数组并且该数组是数字索引的，则键名会以连续方式重新索引。而使用 + 运算符，键名不会重新索引。

（源码文件：ch07/merge_plus.php）

```
<?php
//相同键名合并
$arr1 = ['a'=>'b'];
$arr2 = ['a'=>'c'];
var_dump(array_merge($arr1,$arr2));//后者覆盖前者，结果为 ['a'=>'c']
var_dump($arr1 + $arr2);//前者保留，后者舍弃 ['a'=>'b']

//数字键值重新编号
$arr1 = [1=>'a',3=>'c'];
$arr2 = [2=>'b',4=>'d'];
var_dump(array_merge($arr1,$arr2));//重新编号，结果为 [0=>'a',1=>'c',2=>'b',
3=>'d']
var_dump($arr1 + $arr2);//保留原键名，不会重新编号，结果为 [1=>'a',3=>'c',2=>'b',
4=>'d']
```

3. sizeof 与 count 有什么区别？

答：两个函数没有任何区别，sizeof 是 count 的别名。

第 8 章

文件与目录

PHP 有时需要对服务器上的文件或目录进行操作，对文件的操作包括创建文件、写入文件、读取文件内容等。对目录的操作包括创建、移动、复制或删除等。PHP 内置了丰富的文件系统函数，可以便捷地操作文件和目录。除此之外，在工作中经常用到文件引用、上传与下载、文件锁、大文件读写、软连接等知识。本章将对以上知识进行讲解。

8.1 文件引用

在一个文件中，需要用到另一个文件的函数或类时，就需要文件引用了。文件引用有两种方式：include 和 require，共有 4 个方法可用。下面分别进行介绍。

8.1.1 文件引用方法

1. include

include 引入并运行一个文件。include 是一种特殊的语言结构，所以有以下两种使用方式：

```
include 'file.php';
include('file.php');
```

当被引入的文件只有文件名而无目录时，则在 include_path 里查找；如果 include_path 里没有找到，则在当前脚本所在的目录里查找；如果还未找到，则发出 Warning，不会中断程序运行。

另外 include 支持被引入的文件返回一个结果。我们看一个例子。

程序示例如下：（源码文件：ch08/return.php）

```
<?php
$msg = "Hello";
return $msg;
```

（源码文件：ch08/noreturn.php）

```
<?php
$msg = "Hello";
```

（源码文件：ch08/include.php）

```
1  <?php
2  $msg = include 'return.php';//被引用文件有 return 结果
3  echo $msg.PHP_EOL;//输出 Hello
4  $msg = include 'noreturn.php';//被引用文件无 return 结果
5  echo $msg.PHP_EOL;//输出 1
6  include 'notexist.php';//引用不存在的文件，发出 Warning
```

第 2 行，被引用的文件有 return 语句，所以$msg 被赋值为“Hello”。

第 4 行，被引用的文件无 return 语句，所以$msg 被赋值为 include 的执行结果（1）。

第 6 行，引用一个不存在的文件时，发出 Warning。

2. include_once

include_once 的使用与 include 相同，但它会检测文件是否被包含过，不会重复包含一个相同文件。

3. require

require 的使用与 include 大致相同，不同之处在于引用不存在文件时的处理方式，require 会抛出 Fatal Error，中断程序的执行。

4. require_once

require_once 的使用与 require 相同。它会检测文件是否被包含过，不会重复包含一个相同的文件。

5. include_path

include_path 是 php.ini 文件的一个配置项，用于表示 include、require、fopen、readfile、file 等文件操作时的默认查找目录。设置 include_path 有三种方法：

（1）在 php.ini 里设置

```
include_path=".:/php/includes"
```

（2）使用 set_include_path 函数

```
set_include_path('/usr/lib/pear');
```

（3）使用 ini_set 函数

```
ini_set('include_path', '/usr/lib/pear');
```

8.1.2　面试题：说明几个文件引用函数的区别

题目描述： 说明 include、require、include_once、require_once 的区别。

解答： 4 个函数都是处理文件引用的方式。

include 和 require 的区别在于引用不存在文件时的处理方式，前者只发出 Warning 不中断程序的运行；后者抛出 Fatal Error，会中断程序运行。

include 和 include_once 的区别在于后者会检测文件是否已被包含，不会重复包含相同文件。为效率考虑，如果确定不会重复引用文件，优先使用 include 函数。

requir 和 require_once 的区别同上。

8.2　BOM 头

BOM 全称是 BYTE ORDER MARK（字节序标记），是文件的开头部分添加的用于表示文件编码方式的不可见字符。在编码和字符集（第 6.3 节）一节里，传输 Unicode 最佳的方式是 UTF-16，而一个 Unicode 字符通常由 1 个或 2 个 16 位长的码元来表示。但是庞大的互联网网络里，存在着大量异构的终端，所以对码元是大端还是小端顺序需要有个规定。在 UTF-8 里，每个码元是一个字节，不存在顺序问题，只是沿用旧例采用 EF BB BF 为开头标记，实际没有用处。

在 Windows 平台，可以用记事本保存文件为 UTF-8 格式，此时的文件会带有 BOM 头。大部分时间，BOM 对文本的编辑和使用没有影响，但是对 PHP 来说，危害很大。因为 PHP 脚本文件要求以<?php tag 开头，但加了 BOM 头会破坏这种规定，所以会出现一些莫名其妙的问题，例如：

- 不能使用基于 cookie 的 session 机制。
- 不能使用 header 实现的 Location 跳转。
- 动态生成内容的下载会断掉。
- JSON 无法正确解析。
- 出现乱码。

最直观的表现是，引入一个文件时，会出现多余的空行。

效果如下，可以看到多出了一个空行。

First line.

Second line. Included from a file with a BOM.

Third line (in parent page).

Fourth line. Included from a file with no BOM.

Last line.

8.2.1　BOM 的检测

BOM 头是由于文件的开头部分有 0xEF 0xBB 0xBF 三个不可见的字符，所以只要用二进制打开文件，对比前三个字符即可。

我们在随书源码文件的 ch08 文件夹里，放置两个文件：

file_with_bom.txt 带 BOM 头
file_without_bom.txt 不带文件头

程序代码如下：（源码文件：ch08/checkbom.php）

```
<?php
$ret = check_bom('./file_with_bom.txt');
var_dump($ret);
//Output: true

$ret = check_bom('./file_without_bom.txt');
var_dump($ret);
//Output: false
function check_bom($filename){
     $bomchars = "efbbbf";//bom 头
    $handle = fopen($filename, "rb");//以二进制只读方式打开文件
    $contents = fread($handle, 3);  //读取前 3 个字符
    $head = strval(bin2hex($contents));//将二进制转换为十六进制
    fclose($handle);//文件使用完毕，关闭之
    return $head == $bomchars;//与 bom 头对比
}
```

8.2.2 BOM 文件的修改

一种方式是用诸如 sublime 的文本编辑器来修改。打开带 BOM 头的文件之后，选择 File→Save with Encoding→UTF-8，选择保存即可，如图 8-1 所示。

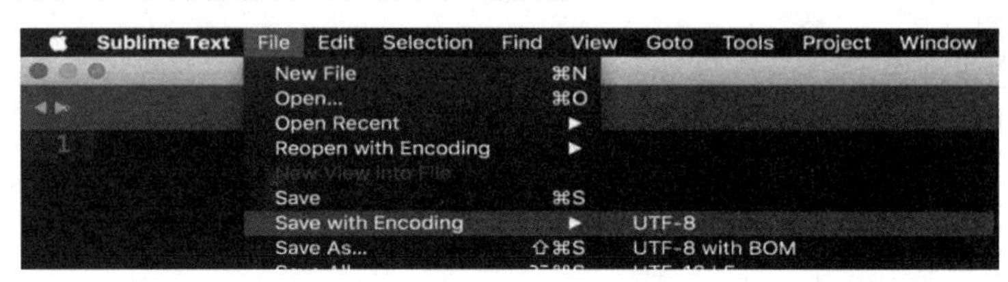

图 8-1　BOM 文件的修改

另外可以采用程序来过滤掉 BOM 头。实现的原理是读出文件的数据，然后把数据中的前三个字符（BOM 头）剔除掉，再将数据保存到文件中。

实现代码如下：（源码文件：ch08/correctbom.php）

```
<?php
$bom_file = './file_with_bom.txt';
$corrected_file = './file_corrected.txt';

$ret = check_bom($bom_file);
var_dump($ret);
//Output: true
```

```
correct_bom($bom_file,$corrected_file);

$ret = check_bom($corrected_file);
var_dump($ret);
//Output: false

//检查文件是否包含 BOM 头
function check_bom($filename){
     $bomchars = "efbbbf";//bom 头
    $head = read_hex($filename,3);//取前 3 个字符
    return $head == $bomchars;//与 BOM 头对比
}

//以十六进制读取文件内容
function read_hex($filename,$len){
    $handle = fopen($filename, "rb");//以二进制只读方式打开文件
    $contents = fread($handle, $len);   //读取 len 个字符
    $head = strval(bin2hex($contents));//将二进制转换为十六进制
    fclose($handle);//文件使用完毕后将其关闭
    return $head;
}

//写入文件
function fwrite_stream($fp, $string) {
    for ($written = 0; $written < strlen($string); $written += $fwrite) {
        $fwrite = fwrite($fp, substr($string, $written));
        if ($fwrite === false) {
            return $written;
        }
    }
    return $written;
}

//过滤掉 BOM 头
function trim_utf8_bom($data){
    if(substr($data, 0, 3) == pack('CCC', 0xEF, 0xBB, 0xBF)) {//如果包含 BOM 头，
则去掉前 3 个字符
        return substr($data, 3);
    }
    return $data;//如果不包含 BOM 头，则原样返回
}

//修正带 BOM 头的文件
function correct_bom($bom_file,$new_file){
    $bomchars = read_hex($bom_file,filesize($bom_file));//读取 BOM 文件
     $handle = fopen($new_file, "wb");//以二进制可写方式打开文件，用于保存过滤后的数据
    $bin =  pack("H" . strlen($bomchars),$bomchars);//压缩为十六进制
    $bin = trim_utf8_bom($bin);//过滤掉 BOM 头
    fwrite_stream($handle,$bin);//写入文件
    fclose($handle);//关闭文件
}
```

8.3 上传与下载

上传和下载是常见的应用功能，本节我们学习使用 PHP 来处理文件上传和下载的功能。

8.3.1 文件上传

文件上传功能的实现主要分为两个步骤：

步骤01 前端页面上放置 form 表单，至少提供一个 file 类型的 input 元素。

步骤02 服务端接收$_FILES 里的文件，并将文件移动到服务器的特定目录或推送到云端。

如果我们在前端页面放置的 file 类型的 input 元素如下：

```
<input name="image" type="file" />
```

那么服务端接收到的文件信息就是 $_FILES['image']，该数组的结构如表 8-1 所示。

表8-1 数组的结构

字 段	说 明
$_FILES['image']['name']	客户端上传的文件原名称
$_FILES['image']['type']	文件的 MIME 类型，如 PNG 格式的图片为“image/png”
$_FILES['image']['size']	已上传文件的大小，单位是字节
$_FILES['image']['tmp_name']	已上传文件在服务端的临时存储文件名
$_FILES['image']['error']	错误代码

如果上传动作出现错误，会在错误代码里有所体现，如表 8-2 所示。

表8-2 错误代码

错误代码	值	含 义
UPLOAD_ERR_OK	0	文件上传成功，无错误发生
UPLOAD_ERR_INI_SIZE	1	上传的文件超过了 php.ini 中 upload_max_filesize 选项限制的值
UPLOAD_ERR_FORM_SIZE	2	上传文件的大小超过了 HTML 表单中 MAX_FILE_SIZE 选项指定的值
UPLOAD_ERR_PARTIAL	3	文件只有部分被上传
UPLOAD_ERR_NO_FILE	4	没有文件被上传
UPLOAD_ERR_NO_TMP_DIR	6	找不到临时文件夹
UPLOAD_ERR_CANT_WRITE	7	文件写入失败

服务端文件操作经常使用 is_uploaded_file 和 move_uploaded_file 两个函数，前者检查文件是否通过 HTTP POST 上传，后者将临时文件转移到新位置。

我们看一个文件上传的示例。演示方法如下：

```
cd phpbook/ch08
```

```
php -S localhost:8080
```

然后在浏览器里访问 http://localhost:8080/upload.php，上传一张小于 100KB 的图片，如图 8-2 所示。

图 8-2　上传的图片

程序实现代码如下：（源码文件：ch08/upload.php）

```
1  <html>
2  <head>
3   <meta charset="utf-8"><!--设置网页编码方式-->
4   <title>文件上传演示</title>
5   <meta name="viewport" content="width=device-width, initial-scale=1"><!--
设置视图格式-->
6  </head>
7  <body>
8  <!-- 上传文件的 form 格式，action 是处理上传逻辑的脚本 -->
9  <form enctype="multipart/form-data" action="upload.php" method="POST">
10      <!-- MAX_FILE_SIZE 表示文件最大占用空间，以字节为单位 -->
11      <input type="hidden" name="MAX_FILE_SIZE" value="100000" />
12      <!-- 上传成功后，文件信息保存在 $_FILES['image'] 数组里 -->
13       <input name="image" type="file" />
14      <input type="submit" value="上传图片" />
15  </form>
16  <?php
17  if(isset($_FILES['image'])){//如果提交了图片，则进行以下操作
18  $dist_file = './image/'.md5(basename($_FILES['image']['name']));//新图片名
19  if (move_uploaded_file($_FILES['image']['tmp_name'], $dist_file)) {//保
存图片到新位置
20       echo "<img src='{$dist_file}' />";//成功后展示图片
21  } else {
22       echo "<p style='color:red;'>Something Is Wrong,Error
No :{$_FILES['image']['error']}</p>";//失败后显示错误码
23  }
```

```
24 }
25 ?>
26 </body>
27 </html>
```

第 8 至 15 行定义了上传文件的 form。

第 9 行中，form 的格式是固定的，action 表示处理上传逻辑的脚本，如果省略，则表示当前脚本。method 一般为 POST 方式。PHP 也支持 PUT 方法，但应用场景有限。

第 11 行定义了一个隐藏的 input 元素，MAX_FILE_SIZE 表示接收文件的最大尺寸，以字节为单位。

第 13 行定义了一个 file 类型的 input 元素，提交后文件信息保持在$_FILES 数组里，KEY 为 input 的 name 属性。

第 14 行定义了提交按钮。

第 17 至 24 行处理文件上传的逻辑。

第 17 行检查是否提交了图片，提交后再进行后续操作。

第 18 行定义新文件名的格式。此时不再保留用户提交的原文件名，而用 md5 后的字符串代替。

第 19 行将上传的文件移动到新位置，成功后展示图片，失败后显示错误码。读者可以试着上传一个大于 100KB 的图片，看下如何显示。

文件上传是一个相对不安全的功能，因此需要注意以下事项：

- 限定格式与大小。
- 进行登录校验，没登录的用户不允许上传文件。
- 频率限制，限定用户上传的频率和总次数，防止滥用。

8.3.2 文件下载

文件下载主要使用 readfile 函数，使用示例如下：（源码文件：ch08/download.php）

```
1 <?php
2 header('Content-Type: image/jpeg');//设置输出的 MIME 格式
3 header('Content-Disposition: attachment; filename="new_beach.jpg"');//设置文件的命名
4 readfile('beach.jpg');//下载的原始文件
```

第 2 行设置输出的 MIME 格式。

第 3 行设置文件分发的类型为附件形式，并可以重新设置文件名。用户下载后的文件名就是在此处定义的。

第 4 行设置需要下载的原始文件。

演示方法和文件上传部分相同，在浏览器里访问 http://localhost:8080/download.php 即可。

文件下载功能是软件类、游戏类站点的常用功能，使用不当会带来安全漏洞，第 13 章路径校验部分详细讲解了如何设计一个安全的下载功能。

8.3.3　面试题：文件上传时的大小限制

题目描述 1：上传文件时，怎么限制文件大小？

解答：HTML 表单中使用 MAX_FILE_SIZE 进行限制，PHP 处理上传脚本中利用 $_FILES['image']['size']来读取已上传文件的大小来限制。

题目描述 2：上传文件时，文件大小受哪些因素的限制？

解答：主要受三个配置项的限制：upload_max_filesize、post_max_size 和 memory_limit。upload_max_filesize 表示上传文件的最大限度，post_max_size 表示 POST 提交方式的最大限度，memory_limit 表示 PHP 脚本运行时占用的最大空间，文件大小为三者的最小值。查看三个配置项的命名如下：

```
php -r 'phpinfo();' | grep 'upload_max_filesize'
upload_max_filesize => 2M => 2M
php -r 'phpinfo();' | grep 'post_max_size'
post_max_size => 8M => 8M
php -r 'phpinfo();' | grep 'memory_limit'
memory_limit => 128M => 128M
```

8.4　文件操作

本节主要讲解文件操作，包含文件的读写、文件锁、大文件读取、SPL 等内容。

8.4.1　读取文件函数对比

PHP 支持的读取文件函数有 file、file_get_contents、fread、fgets 等。需要注意的是，file 将文件内容读入一个数组中，file_get_contents 将文件内容读入到一个字符串里，这对于小文件来说，是相当方便的操作；但对于超过 PHP 内存限制的文件来说，会出现读取失败的错误。fread 从句柄中读取若干个字节，fgets 从句柄中读取一行字符串，不会出现内存限制的问题，适用场景很多。

以上 4 个函数的使用示例如下：（源码文件：ch08/read_file.php）

```
<?php
$path = './tmp/file.txt';
//file 读取方式
$lines = file($path);

//file_get_contents 读取方式
$contents = file_get_contents($path);

//fread 读取方式
$handle = fopen($path, "r");
$contents = fread($handle, filesize ($path));
fclose($handle);
```

```
//fgets 读取方式
$liens = [];
$handle = fopen($path, 'r');
while(!feof($handle)){
    $lines[] = fgets($handle, 1024);
}
fclose($handle);
```

8.4.2 文 件 锁

多个进程同时操作一个文件时，如果不加以限制，容易出现相互写覆盖和脏读的问题。例如在高并发环境里写日志，就容易出现部分日志丢失的情况。要解决这个问题，需引入文件锁的概念。文件锁分为共享锁定和独占锁定，前者允许多个进程共同读文件，但另外的进程要更新文件，必须申请独占锁。

我们写一个简单的示例，演示文件锁的使用，示例如下：（源码文件：ch08/flock.php）

```
<?php
$fp = fopen("./tmp/lock.txt", "r+");
if (flock($fp, LOCK_EX)) {  // 进行独占型锁定
    ftruncate($fp, 0);      // 清除文件
    fwrite($fp, "Write something here\n");
    fflush($fp);            // 释放锁之前刷新缓冲区
    flock($fp, LOCK_UN);    // 释放锁定
} else {
    echo "获取锁失败";
}
fclose($fp);
```

8.4.3 大文件读写

大文件读写主要有两个应用场景：第一个是按行读取，这个场景使用 fread 和 fgets 逐行读取并处理即可；第二个是按需读取，比方读取文件的最后 6 行，这要用到文件指针的定位。

我们看一下 ch08/tmp/bigfile.txt，该文件有 10 万行，要求以最小的内存和最快的速度读取最后 6 行的内容。

```
wc -l bigfile.txt
10000 bigfile.txt
```

文件较大时，从头到尾读写并非一个完美的方案，完全可以从尾到头来读取。实现算法的描述如下：

- 设置一个变量$numbere 记录行数，每次循环处理一行。
- 设置一个变量$eof 来记录当前读取的字符，如果为换行符，则表示到达一个新行。
- 设置一个指针$pos 来记录位置，不断向前查找。

具体实现如下：（源码文件：ch08/seek_big_file.php）

```
1 <?php
2 $path = './tmp/bigfile.txt';
3 echo getLastLines($path, 6);
4 /* Output:
5 line 9995
6 line 9996
7 line 9997
8 line 9998
9 line 9999
10 line 10000
11 */
12 function getLastLines($filename, $number){
13     if (!$fp = fopen($filename, 'r')) {//尝试打开文件，如果文件不存在，则返回
false
14         return false;
15     }
16     $pos = -2;//从后向前查找，起始位置为倒数第 2 个字符
17     $eof = '';//暂存换行符，以检查指针是否在每一行的结尾
18     $str = '';//保存查找结果
19     while ($number > 0) {//查找 n 行
20         while ($eof != "\n") {//如果当前字符不是换行符，则继续向前查找
21             if (!fseek($fp, $pos, SEEK_END)) {//从结尾开始查找
22                 $eof = fgetc($fp);//取得当前字符
23                 $pos--;//位置向前移动
24             } else {//如果当前字符是换行符，则退出内循环
25                 break;
26             }
27         }
28         $str = fgets($fp).$str;//取出一行内容
29         $eof = '';//初始化变量
30         $number--;//继续向前查找
31     }
32     return $str;
33 }
```

第 13 至 15 行打开文件，获取句柄。如果失败（文件不存在、权限限制），则返回 false。

第 16 行设置一个指针$pos 来记录位置，不断向前查找。为什么$pos 初始值设置为-2 呢？因为-1 表示倒数第一个字符，此字符一定为换行符，无须处理。因此直接从倒数第二个字符，即-2 位置开始处理。

第 17 行设置一个变量$eof 来记录当前读取的字符，如果为换行符“\n”，则表示到达一个新行。

第 18 行设置一个变量$str 来记录查找到的字符串。

第 19 至 31 行处理$number 行的内容。

第 20 至 27 行，$pos 指针不断向前移动，如果遇到换行符“\n”，则代表到达一个新行，此时读出此行的内容，拼接到$str 上。依次进行，直到取出要求的数据。

8.4.4 SPL 文件处理

前面讲到的 PHP 文件函数，例如 fopen、fgets 都是 C 语言风格的函数。作为一种面向对象的语言，PHP 也提供 SPL（Standard PHP Library，PHP 标准库）文件处理的类，完整的参考链接为：http://php.net/manual/zh/spl.files.php。

SPL 文件处理主要有以下三个类：

1. SplFileInfo

获取文件信息，包括创建时间、修改时间、文件所有者、文件名后缀、文件类型、文件大小等。

2. SplFileObject

文件操作，包括文件读写、文件扫描、文件锁等。

3. SplTempFileObject

临时文件的操作，类似于 SplFileObject。

SPL 文件操作提供了更强大的功能，我们使用 SplFileObject 来实现读取文件最后 6 行的功能。

SplFileObject 提供了按行获取内容的方法：

```
public SplFileObject::seek ( int $line_pos ) : void
```

只是行号不支持负数，不能从尾到头查找，所以要先算出行号。例如计算倒数第 6 行的行号，只要将总行数减去 6 即可。

程序示例如下：（源码文件：ch08/spl_seek_big_file.php）

```
1  <?php
2  $path = './tmp/bigfile.txt';
3  echo getLastLines($path, 6);
4  /* Output:
5  line 9995
6  line 9996
7  line 9997
8  line 9998
9  line 9999
10  line 10000
11  */
12  function getLastLines($filename, $number){
13      $file = new SplFileObject($filename);
14      $file->seek(PHP_INT_MAX);//移动到结尾
15      $line_num = $file->key();//结尾的 key 即为文件行数
16      $str = '';
```

```
17      while ($number > 0) {
18          $file->seek($line_num - $number);
19          $str .= $file->current();
20          $number--;
21      }
22      return $str;
23  }
```

第 13 行生成一个 SplFileObject 的对象。

第 14 至 15 行，首先将指针移动到结尾，那么结尾的 key 即为文件行数。

第 17 至 21 行，读取倒数$number 行的数据。

第 18 行，传入的行数为总行数减去$number。

第 19 行，将取到数据拼接到$str 上。

8.5　目录操作

PHP 提供了常用的目录操作函数，在命令行 Shell 可以实现的命令都可以使用 PHP 实现。表 8-3 是 PHP 目录函数与 Shell 命令的对照关系。

表8-3　PHP 目录函数与Shell命令的对照关系

Shell	PHP	说　明
cd	Chdir	改变目录
mkdir	mkdir	新建目录
rm	rmdir	删除目录
mv	rename	重命名目录
pwd	getcwd	获取当前工作目录

在此我们看几个典型的面试题。

8.5.1　面试题：计算相对路径

题目描述：使用 Shell 的 cd 命令打开目录有两种方式，第一种方式可以使用绝对路径，从根目录开始，直到最终目录，例如 cd/etc/nginx；第二种方式可以使用相对路径，基于当前目录计算出目的目录，如当前目录为随书目录的 ch08，要进入 ch07，可以用 cd../ch07。

现在要求书写一个函数，计算两个目录的相对路径，例如路径 1 为/a/e/c/d/g，路径 2 为/a/e/f，则在路径 2 下输入 cd../c/d/g 即可到达路径 1，则相对路径为../c/d/g。

解答：我们把路径 1 和路径 2 用图 8-3 表示。可以看到，算法的关键是找到它们的共同结点 e，如果没有公共结点，则认为它们的共同结点为根目录/。路径 2 到公共结点的长度表示路径 2 距离公共结点需要向上寻找的次数，即“../”的数目。公共结点到路径 1 就是把路径 1 从公共结点之后的所有结点串联起来。

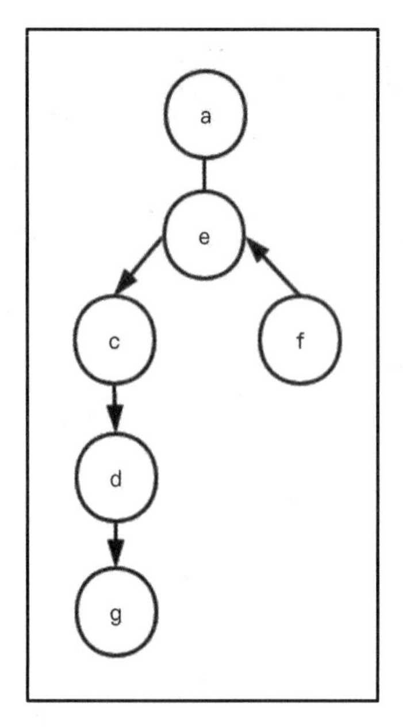

图 8-3 两个路径

程序代码如下：（源码文件：ch08/relative_path.php）

```
    1  <?php
    2  $path_1 = '/a/e/c/d/g';
    3  $path_2 = '/a/e/f';
    4  echo relative_path($path_1, $path_2);//输出 ../c/d/g
    5  function relative_path($path_1, $path_2)
    6  {
    7      $path_segments_1 = explode('/', $path_1);//将 $path_1 分片，取出所有的目
录名
    8      $path_segments_2 = explode('/', $path_2);//将 $path_2 分片，取出所有的目
录名
    9      $path1_len = count($path_segments_1);//暂存 $path_1 的长度
    10      $path2_len = count($path_segments_2);//暂存 $path_2 的长度
    11      $same = 0;//保存相同的目录名的个数
    12      while ($same < $path1_len && $same < $path2_len) {//如果 $path_1 或
$path_2 遍历完，即退出
    13          if ($path_segments_1[$same] == $path_segments_2[$same]) {//记录公
共结点的次数
    14              $same++;
    15          } else {
    16              break;
    17          }
    18      }
    19      $diff = $path2_len - $same;//计算 $path_2 距离公共结点需要向上寻找的次数
    20      if ($diff != 0) {//diff 不为 0，表示不在同一目录，需要向上查找
    21          $str = str_repeat('../', abs($diff));
    22      } else {//diff 为 0 时，表示在同一目录下时，不需要向上查找
```

```
23          $str = './';
24      }
25      $remainders = array_slice($path_segments_1, $same);//剩余的结点为
$path_1 从公共结点之后的所有结点
26      if (!empty($remainders)) {//如果不为空，则拼接起来
27          $str .= implode('/', $remainders);
28      }
29      return $str;
30  }
```

第 7 至 11 行，主要是一些准备工作，即将路径分隔为目录名，暂存长度，定义一些必要的变量。

第 12 至 18 行，找出公共结点的位置保存在 $same 中。

第 19 至 24 行，计算路径 2 到公共结点的长度。

第 25 至 28 行，计算并拼接公共结点到路径 1 的剩余长度。

8.5.2　面试题：遍历目录

题目描述：写一个程序，遍历一个目录下的所有子目录和文件。

解答：由于不知道子目录究竟有多少个层级，所以只能采用递归的方法。先遍历当前目录，如果是目录，则递归遍历。

程序实现如下：（源码文件：ch08/scan_dir.php）

```
1  <?php
2  $items = scan_dir('../');//遍历所有 phpbook 的子目录和文件
3  var_dump($items);
4  function scan_dir($dir){
5      $files = array();
6      if (is_dir($dir)) {
7          if ($dh = opendir($dir)) {//打开目录
8              while (($file = readdir($dh)) !== false) {//遍历目录
9                  $dist = $dir . $file;//子文件或子目录
10                 if (is_dir($dist)) {//如果是目录，则进行递归遍历
11                     if ($file != '.' && $file != '..') {//去掉 . 和 ..
12                         $files[$file] = scan_dir($dist);//遍历子目录
13                     }
14                 } else {
15                     $files[] = $file;//保存子文件
16                 }
17             }
18             closedir($dh);//关闭目录
19         }
20     }
21     return $files;
22 }
```

需要注意的是，第 11 行中，“.”代表当前目录，“..”代表上级目录。

8.5.3 文件查找

在目录中，如何找到后缀为 php 的全部文件？

可以用上例的遍历方法。但 PHP 提供了更省时高校的方法：glob，传入一个模式字符串就能查找匹配的文件。

程序示例代码如下：（源码文件：ch08/glob.php）

```
<?php
foreach (glob("*.php") as $filename) {
    echo "$filename size " . filesize($filename) . "\n";
}
```

8.6 硬连接和软连接

我们在使用 Windows 操作系统时，经常会在桌面创建快捷方式，以方便访问。快捷方式一方面能连接到真正的程序，另一方面占用空间较小。Linux 也有类似的设计，即硬连接和软连接。

8.6.1 概念

1. 硬连接

硬连接（Hard Link）是为源文件生成的一个“别名”或“指针”，同一文件的不同硬连接访问数据时，相互不影响。命令格式如下：

```
ln 源文件 目标文件
```

PHP 里创建硬连接的函数如下：

```
link ( string $target , string $link ) : bool
```

2. 软连接

软连接又名符号连接，它会在目标文件生成一个源文件的镜像，不会占用磁盘空间。命令格式如下：

```
ln -s 源文件 目标文件
```

PHP 里创建软连接的函数如下：

```
symlink ( string $target , string $link ) : bool
```

无论硬连接还是软连接，都能维持文件的同步性，也就是说，不论改动哪一处，其他的文件都会发生相应的变化。但硬连接存在文件死循环的缺点，所以操作系统对硬连接限制较多：首先不允许给目录创建硬连接；其次，只有在同一文件系统中的文件之间才能创建硬连接，而且只有超级用户才有建立硬连接权限。

软连接没有这些限制，甚至能在不同文件系统下建立连接，因此使用较为广泛。请看下面的示例：（源码文件：ch08/link.php）

```
<?php
$source = __FILE__;//源文件
$hard_link = 'hard_link';//硬连接
$soft_link = 'sort_link';//软连接
unlink($hard_link);//为重复执行，先删除原有连接
unlink($soft_link);//为重复执行，先删除原有连接
link($source,$hard_link);//生成硬连接
echo "hard link filesize: ".filesize($hard_link).PHP_EOL;//输出硬连接的文件大
小
$stat = lstat($hard_link);//获取硬连接的信息
echo "hard link linksize: ".$stat['size'].PHP_EOL;//输出硬连接占用空间大小
symlink($source, $soft_link);//生成软连接
echo "soft link filesize: ".filesize($soft_link).PHP_EOL;//输出软连接的文件大
小
$stat = lstat($soft_link);//获取软连接的信息
echo "soft link linksize: ".$stat['size'].PHP_EOL;//输出软连接占用空间大小
```

输出结果如下：

```
hard link filesize: 780
hard link linksize: 780
soft link filesize: 780
soft link linksize: 50
```

8.6.2　面试题：硬连接和软连接

题目描述：硬连接与软连接有什么区别？

解答提示：读者需要结合本节讲解内容，从原理、使用、限制、占用空间等方面回答。

8.6.3　面试题：硬连接占用空间吗

解答：不占用。

我们看一个示例，首先运行 ch08/link.php，会在 ch08 目录下生成 hard_link 和 soft_link 两个文件。我们运行以下命令来查看文件信息：

```
cd ch08
ls -al | grep '_link'
-rw-r--r--@  2 didi  staff   780 Mar 12 16:40 hard_link
lrwxr-xr-x   1 didi  staff    50 Mar 12 16:40 sort_link ->
phpbook/ch08/link.php
```

可以看到，文件大小与 ch08/link.php 的结果是相同的。soft_link 占用 50 字节，仅保存连接信息，可视为不占用空间。但 hard_link 占用空间为 780 字节，与源文件占用同样大小，怎么能说不占用空间呢？

这与 Linux 文件系统的实现有关。在 Linux 的文件系统中，保存在磁盘分区中的文件或目录都被分配一个编号，称为索引结点号（Inode Index）。硬连接就是多个索引结点指向同一个文件。也就是说，硬连接和源文件都是真实磁盘数据的一个别名，实际的数据在硬盘里只存储了一份，如图 8-4 所示。

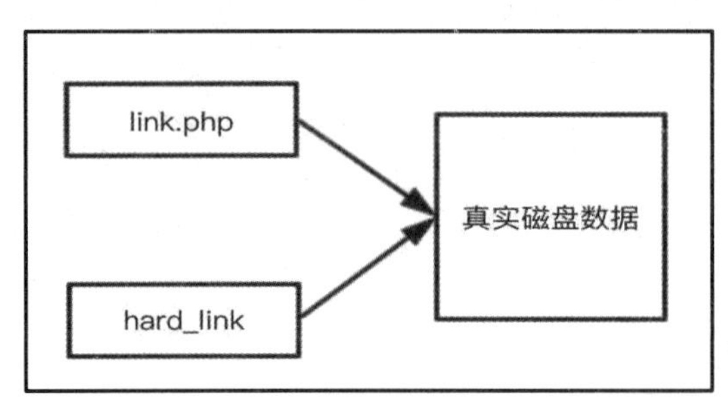

图 8-4　硬连接存储示例

所以说硬连接不占用空间。

8.6.4　面试题：部署上线系统的原理

题目描述：部署上线系统如何更新代码和回滚代码？

解答：部署上线系统更新代码的过程通常不会瞬间完成，比方从 Git 更新时需要 pull 文件，用压缩包更新时需要解压缩并覆盖文件，这中间可能会耽搁几秒时间。这几秒中断时间对于大型项目来说是不可接受的，例如用户正在下单、填写信息等重要操作是不能中断的。这就要用到软连接的知识。

比如项目 1 的网站根目录为/var/www/html/project1，代码实际存放空间为/home/david/project1。每次更新时，将代码放置在以时间为命名的目录，然后以软连接连接过去。例如 2019 年 3 月 12 日上线后的指向如下：

```
ln -s /var/www/html/project1 /home/david/project1/20190312
```

2019 年 3 月 13 日上线时，首先将代码更新至/home/david/project1/20190313 目录里，然后更改指向：

```
ln -s /var/www/html/project1 /home/david/project1/20190313
```

由于创建软连接的时间极短，因此可将更新代码导致的服务不可用时间降低到忽略不计的程度。

如果上线后发现代码有问题，需要回滚，也很容易，只需将软连接指向修改之前的代码目录即可。例如回退到 2019 年 3 月 12 日的版本，命令如下：

```
ln -s /var/www/html/project1 /home/david/project1/20190312
```

8.7　本章小结

本章讲解了文件引用、BOM 头的检测和修改、上传和下载、文件操作、目录操作、硬连接和软连接等知识点，读者可以结合自己工作中的实践进行学习。除此之外，PHP 手册里提供了文件系统的函数参考，读者可以通读一遍，以便在面试过程中有所准备。

8.8　练　习

1. PHP 如何处理 CSV 文件？

答：PHP 提供了 fgetcsv 来从文件句柄中读取并解析 CSV 字段，fputcsv 来将行格式化为 CSV 并写入文件指针。

2. PHP 如何当前执行的脚本位置？

答：可以使用预定义常量__FILE__来获取文件的完整路径和文件名。如果在 CGI 场景下，也可以通过$_SERVER['PHP_SELF']来获取基于 document root 的相对路径。

3. 如何安全地判断上传文件类型？

答：首先获取文件后缀进行第一步判断，但可能存在伪造的情况。文件的前两个字节，表示不同的文件类型，例如 255216 表示 jpg 格式，因此可以以此进行第二步判断。

第 9 章

PHP 7 新特性

PHP 7 于 2015 年 12 月发布，该版本重构了 Zend Engine，引入了抽象语法树（Abstract Syntax Tree，简称为 AST），带来了很大的性能提升。在基于 wordpress 的综合评测中，PHP 7 与 PHP 5 的性能相比几乎翻倍。本章重点讨论 PHP 7 的新特性，以及 PHP 7 为支持这些新特性在底层源码所做的改变。

9.1 PHP 7 的新变化

9.1.1 标量类型声明

函数的参数以及返回值，都可以指定类型。

标量类型声明有两种模式：强制（默认）和严格模式。现在两种模式都支持以下类型的参数或返回值：string、int、float、bool。返回类型声明指明了函数返回值的类型。

程序示例如下：（源码文件：ch09/type_declaration.php）

```
1 <?php
2 function boolJudge(bool ...$a):float{
3  $ret = true;
4  foreach ($a as $value) {
5      $ret &= $value;
6  }
7  return $ret;
8 }
9 var_dump(boolJudge(1,1.0,true));//Output: float(1)
```

严格模式需要在文件开头加上 declare 指令，表示本文件里的函数参数和返回值都需要指定类型。

```
declare(strict_types=1);
```

我们尝试将上例的 boolJudge 的返回值类型去掉，这样运行时就会抛出异常：

```
    Fatal error: Uncaught TypeError: Argument 1 passed to boolJudge() must be of
the type boolean, integer given,
```

完整例子请参看文件 ch09/strict_mode.php。

9.1.2 新增操作

日常操作中经常要判断一个变量是否设置值，如果没设置则设置默认值的场景。为解决这类问题，PHP 7 引入了语法糖 null 合并运算符（??）。如果变量存在且值不为 NULL，它就会返回自身的值，否则返回它的第二个操作数。

看以下例子，两个$user 的定义是等价的。

（源码文件：ch09/null_op_demo.php）

```
<?php
$user = $_GET['user'] ?? 'david';
$user = isset($_GET['user']) ? $_GET['user'] : 'david';
```

需要注意（??）和（?:）的区别，前者相当于对操作数使用 isset 进行判断，后者使用 empty 进行判断。请读者看下例，试着将$a 换成 0、false、NULL，观察结果有什么不同。

程序示例如下：（源码文件：ch09/null_op.php）

```
1 <?php
2 $a = ''; //试着将 $a 换成 0、false、NULL
3 $b = $a ?? 'a';
4 $c = $a ?: 'a';
5 var_dump($b,$c);//$a = '',$c = 'a'
```

9.1.3 太空船操作符（组合比较符）

太空船操作符用于比较两个表达式。当 a 小于、等于或大于 b 时它分别返回-1、0 或 1。

程序示例如下：（源码文件：ch09/spaceship.php）

```
<?php
// 整数
echo 1 <=> 1; // 0
echo 1 <=> 2; // -1
echo 2 <=> 1; // 1
//浮点数
echo 1.0 <=> 1.0; // 0
echo 1.0 <=> 2.0; // -1
echo 2.0 <=> 1.0; // 1
// 字符串
echo "a" <=> "a"; // 0
echo "a" <=> "b"; // -1
```

```
echo "b" <=> "a"; // 1
```

9.1.4 通过 define()定义常量数组

Array 类型的常量现在可以通过 define()来定义。在 PHP5.6 中仅能通过 const 定义。

程序示例如下：（源码文件：ch09/define.php）

```
<?php
define('FRUITS', ['apple','banana','orange']);
echo FRUITS[2]; // 输出 "orange"
```

9.1.5 匿 名 类

与匿名函数类似，某些场景下，不需要完整的类定义。此时可以通过 new class 来实例化一个匿名类。

我们以儿歌“王老先生有块地”为例，来说明匿名类的使用。农场里要喂养不同的动物，参观时动物会发出不同的声音。此时无须定义一个“奶牛”的类，只需实现 Animal 的 sound 方法就可以完成匿名类的定义。feed 方法里将匿名类传递给 Farm，这样访问 visit 方法时就输出“奶牛”的叫声“Moo~Moo~”。

程序示例如下：（源码文件：ch09/anonymous.php）

```
<?php
interface Animal{//定义动物接口，任何动物的类都要实现 sound 方法
    public function sound();
}
class Farm{
    private $animal;
    public function feed(Animal $animal){//喂养动物
        $this->animal = $animal;
    }
    public function visit(){//参观农场时，喂养的动物会发出叫声
        $this->animal->sound();
    }
}
$wangFarm = new Farm();//王老先生有块地
$wangFarm->feed(
    new class implements Animal{//地里养奶牛
        public function sound(){
            echo "Moo~Moo~";
        }
    }
);
$wangFarm->visit();// 输出 Moo~Moo~
```

9.1.6 Unicode codepoint 转译语法

我们在第 6 章讲解过 Unicode 字符集。PHP 7 提供了 Unicode 字符的支持。可以接受一个以十

六进制形式的 Unicode 码位（Unicode codepoint），并打印出一个双引号或 heredoc 包围的 UTF-8 编码格式的字符串。可以接受任何有效的 codepoint，并且开头的 0 是可以省略的。

程序示例：（源码文件：ch09/unicode.php）

```
<?php
echo "\u{597D}";
echo "好";//Output: 好好
```

9.1.7　Group use declarations

在实际项目开发中，经常会遇到引入多个类的情况，PHP 提供了一次导入多个类的方法。如下例所示，3 个导入语句可以汇总成 1 个语句。Group use 支持从同一 namespace 导入类、函数和常量。

代码示例如下：（源码文件：ch09/group_use_namespace.php）

```
<?php
//PHP 5
use phpbook\classA;
use phpbook\classB;
use phpbook\classC;
//PHP 7
use phpbook\{classA,classB,classC};
```

9.1.8　错误处理

PHP 7 改变了大多数错误的报告方式。不同于传统（PHP 5）的错误报告机制，现在大多数错误被作为 Error 异常抛出。

这种 Error 异常可以像 Exception 异常一样被第一个匹配的 try / catch 块所捕获。如果没有匹配的 catch 块，则调用异常处理函数（事先通过 set_exception_handler()注册）进行处理。如果尚未注册异常处理函数，则按照传统方式处理：被报告为一个致命错误（Fatal Error）。

Error 类并非继承自 Exception 类，所以不能用 catch (Exception $e) { ... }来捕获 Error。你可以用 catch (Error $e) { ... }，或者通过注册异常处理函数（set_exception_handler()）来捕获 Error。

新异常的基类为\EngineException，而不是 Exception 类。

MySQL 相关的函数已被移除，推荐使用 mysqli 或 PDO。

call_user_method() 和 call_user_method_array()这两个函数从 PHP 4.1.0 开始被废弃，应该使用 call_user_func()和 call_user_func_array()你也可以考虑使用变量函数或者...操作符。

所有 ereg 系列函数被删掉了。PCRE 作为推荐的替代品。

9.2　PHP 7 的执行效率

PHP 7 的执行效率比 PHP 5 提高 1 倍，这是业内公认的一个事实。PHP 7 做了哪些创新来实现性能的提升呢？

9.2.1 内存优化

PHP 5 在内存使用上最大的问题是存在太多的内存分配，据测试内存操作一般占据整个运行时间的 25%，成为瓶颈。这主要表现在以下三个方面：

（1）内存使用量大

内存使用量越大，cache 命中率越低，TLB（Translation Lookaside Buffer）命中率越低，缺页中断越高。

（2）内存分配频繁

内存分配越频繁，就会占用更多的 CPU 时间，ITLB（Instruction-TLB）命中率会下降，分支预测错误次数（Branch-miss）会增加。

（3）高级别间接寻址

高级别间接寻址的增多也会降低 cache 命中率。

PHP 7 对变量、字符串、数组的内部结构做了大量更改，降低了内存使用和分配，来提升性能。

9.2.2 变量结构

PHP 5 的变量结构 zval 占用了 48 字节。大部分的数据类型（int、float 等）需要 8 字节就足够了，String 需要 12 字节，Object 需要 16 字节。此外 zval 保存了 16 字节的垃圾回收（GC）信息，这些信息只有在 Array 和 Object 类型才用得上。还有 8 字节的 Block 信息用于栈内存的分配。这表明 PHP 5 的变量结构存在着极大的内存浪费。

PHP 7 的变量结构有了较大的变化，仅 16 字节。我们将在 9.3 节变量的内核表示一节详细描述。

9.2.3 字 符 串

PHP 5 的字符串在 64 位机器上占用 24 字节，PHP 7 占用 32 字节。PHP 7 使用了柔性数组，使得原来的二次寻址变为一次寻址，以 8 字节的代价换来减少一次内存访问，属于空间换时间的策略。另外，PHP 5 的 hash 值每次都需要重新计算，而 PHP 7 中保存了计算结果，进一步减少了时间消耗。PHP 7 引入 Copy-On-Write 机制，减少了内存使用量。

9.2.4 数 组

PHP 5 和 PHP 7 的数组实现存在以下区别：

（1）内存分配。PHP 5 中，数组每增加一个元素，就会为此元素分配一个 bucket；而 PHP 7 每次分配 2^n 个，避免每次生成。

（2）指针空间。PHP 5 中为维护数组之间的顺序，引入了大量的指针，这些指针指向的 bucket 内存是随机分配的，不是连续空间，这导致 cache 命中率下降。PHP 7 的所有 bucket 是连续内存空间，不需要多个指针，这既降低了内存使用量，又提高了 cache 命中率。

PHP 7 的开发团队花了一年时间来提升其性能，还有很多创新（如 AST 抽象语法树、内存管理方式），但最核心的变化是变量结构的更改。因为这是 PHP 的基石，牵一发而动全身。

9.3 PHP 7 变量在内核中的实现

上一节我们讲到 PHP 5 在内存使用上存在着太多的内存分配。PHP 7 更改了变量结构，在很大程度上降低了内存分配，优化了内存使用。本节我们将详细讲解一下变量结构。

本节使用的版本为 PHP 5.6.40 及 PHP 7.3.2。

9.3.1 PHP 5 变量内部实现

在 PHP 内核中，变量称为 zval，变量的值称为 zend_value。

在 PHP 5 里，一个变量由以下结构组成：

- zval 存放变量的值。
- zval_gc_info 存放 GC 信息。
- zend_mm_block 存放内存地址信息。

1. zval

zval 的结构表示如下：（源码文件：php-5.6.40/Zend/zend.h）

```
typedef struct _zval_struct {
    zvalue_value value;
    zend_uint refcount__gc;
    zend_uchar type;
    zend_uchar is_ref__gc;
} zval;
```

zval 结构体包含 value、type 和额外的 gc 字段。value 字段是一个可以表示多种类型数据的 union 联合体，定义如下：（源码文件：php-5.6.40/Zend/zend.h）

```
typedef union _zvalue_value {
    long lval;                    // 保存 boolean、int、资源 resource 类型
    double dval;                  //保存浮点数
    struct {                      // 保存字符串
        char *val;
        int len;
    } str;
    HashTable *ht;                // 保存数组
    zend_object_value obj;        // 保存对象
    zend_ast *ast;                // 保存常量表达式
} zvalue_value;
```

联合体是一种供多个变量共享内存的一种数据结构。zvalue_value 可以有多种类型，但每次只

能有一个类型是有效的。例如要表示一个整型数，lval 是有效的。要表示一个浮点数，dval 是有效的。

同时为了指出 zvalue_value 中使用了哪种数据类型，type 保存了类型的标记。

程序示例如下：（源码文件：php-5.6.40/Zend/zend.h）

```
#define IS_NULL     0      /* 未使用 */
#define IS_LONG     1      /* 长整型，对应 lval */
#define IS_DOUBLE   2      /* 浮点数，对应 dval */
#define IS_BOOL     3      /* 布尔类型，对应 lval 的 0 和 1 */
#define IS_ARRAY    4      /* 数组，对应 ht */
#define IS_OBJECT   5      /* 对象，对应 obj */
#define IS_STRING   6      /* 字符串，对应 str */
#define IS_RESOURCE 7      /* 资源 ID，对应 lval */

/* 常量类型，对应 ast */
#define IS_CONSTANT 8
#define IS_CONSTANT_AST 9
```

refcount__gc 表示变量的引用计数。例如$a=$b=1 执行后，1 的引用计数就变成 2，表示 1 这个值被两个变量使用着。当引用计数为 0 时，表示值不再使用，可以被释放了。

is_ref 用来标识该变量是否属于引用集合（reference set），从而将普通变量和引用变量区分开来。

为提高内存使用率，PHP 使用了 COW（写入时复制，Copy-On-Write）的策略。请看下面的示例：（源码文件：ch09/refcount.php）

```
1  <?php
2  $a = 1;    // $a         -> zval_1(type=IS_LONG, value=1, refcount=1)
3  $b = $a;   // $a, $b     -> zval_1(type=IS_LONG, value=1, refcount=2)
4  $c = $b;   // $a, $b, $c -> zval_1(type=IS_LONG, value=1, refcount=3)
5
6  // 写分离
7  $a += 1;   // $b, $c -> zval_1(type=IS_LONG, value=1, refcount=2)
8             // $a     -> zval_2(type=IS_LONG, value=2, refcount=1)
9
10 unset($b); // $c -> zval_1(type=IS_LONG, value=1, refcount=1)
11            // $a -> zval_2(type=IS_LONG, value=2, refcount=1)
12
13 unset($c); // 因为refcount=0，所以 zval_1 被释放
14            // $a -> zval_2(type=IS_LONG, value=2, refcount=1)
```

第 2 至 4 行，$a $b $c 都共享了 1 这个值，此时引用计数为 3。

第 7 行，$a 被重新赋值，这引起写分离，$a 重新分配内存，$b $c 继续共享 1 这个值，引用计数为 2。

第 10 行，将$b 设置为 NULL，$c 继续使用 1 这个值，引用计数为 1。

第 13 行，将$c 设置为 NULL，因为引用计数已为 0，内存中的 1 被释放了。

可以得出结论，COW 策略是多个变量可以使用同一内存中的 zval，直到有变量要修改时才发生写分离，为使用者复制一份副本，而其他变量仍可以使用原来的资源。其实 COW 策略在计算机领域普遍存在，Linux、数据库等都有应用。

2. zval_gc_info

zval 的引用计数（refcount__gc）虽然能解决变量内存共享的问题，但是否可以解决垃圾回收（Garbage Cycle，GC）的问题呢？答案是：不能。

这是因为存在循环引用的问题。我们看一个示例：（源码文件：ch09/why_gc.php）

```
1  <?php
2  $a = array( 'one' );
3  $a[] =& $a;
4  unset($a);
5  var_dump($a);
```

第 2 行定义了一个数组，第一个元素为字符串 one。

第 3 行将数组的第二个元素赋值为数组本身的引用。这时$a 的引用情况是这样的：

```
a: (refcount=2, is_ref=1)=array (
   0 => (refcount=1, is_ref=0)='one',
   1 => (refcount=2, is_ref=1)=...
)
```

如图 9-1 所示，引用关系出现了环。

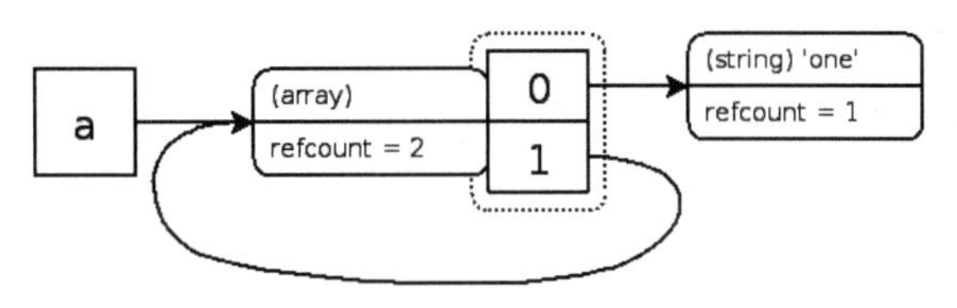

图 9-1　引用关系出现的环

第 4 行，我们将$a 设置为 NULL。如果按照以上的规则，将 refcount 减 1，得到的引用情况如下：

```
(refcount=1, is_ref=1)=array (
   0 => (refcount=1, is_ref=0)='one',
   1 => (refcount=1, is_ref=1)=...
)
```

如图 9-2 所示。

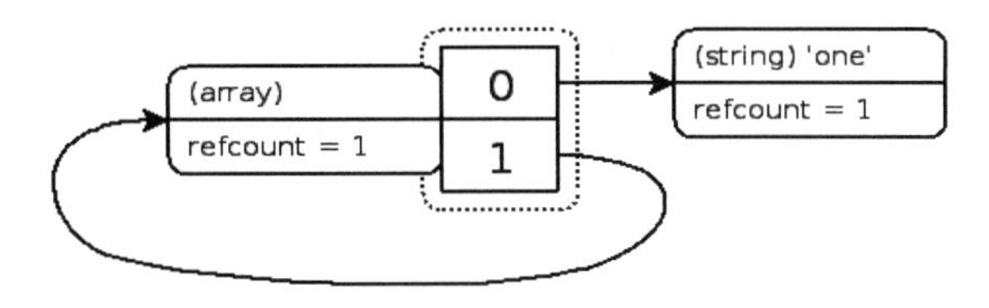

图 9-2　refcount 减 1 得到环

这个内存单元既无其他变量使用，也不能释放，成为了野指针（wild pointer）。GC 机制需要发现此类指针的存在，并进行清理。

为此，需要为每个变量添加 GC 信息，结构体定义如下：

（源码文件：php-5.6.40/Zend/zend_gc.h）

```
typedef struct _zval_gc_info {
    zval z;
    union {
        gc_root_buffer       *buffered;
        struct _zval_gc_info *next;
    } u;
} zval_gc_info;
```

zval_gc_info 包含了一个 zval，还有一个联合体 u。当 gc_root_buffer 为 NULL 时，有可能触发 GC 流程来清理垃圾内存。

3. zend_mm_block

PHP 的变量是在堆（Heap）上分配的，所以要额外的 zend_mm_block 结构体来保存内存地址信息。

（源码文件：php-5.6.40/Zend/zend_alloc.c）

```
typedef struct _zend_mm_block_info {
#if ZEND_MM_COOKIES
    size_t _cookie;//调试环境使用，忽略之
#endif
    size_t _size;
    size_t _prev;
} zend_mm_block_info;
```

zend_mm_block_info 结构体的_prev 表示起始地址，_size 表示内存大小，此两个字段结合一下，就可以直到此内存块在堆上的位置了。

PHP 5 中一个变量占用的内存大小为 48 字节，内存占用情况如图 9-3 所示。

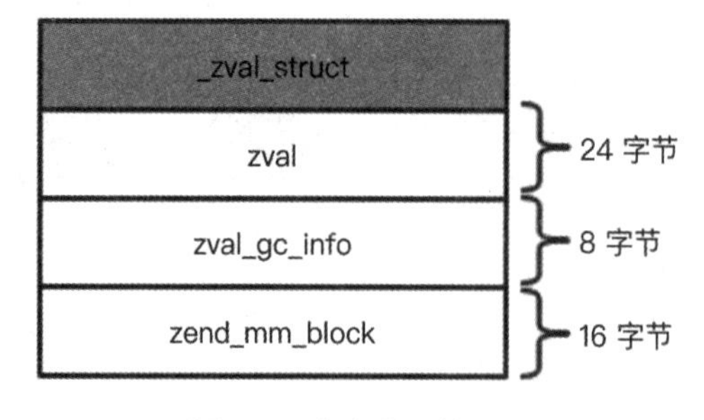

图 9-3　内存占用情况

9.3.2　PHP 5 变量问题剖析

了解了 PHP 5 下变量的结构之后，我们来剖析一下 PHP 5 可以优化的地方。设想我们要表示

一个整型的数字，在C语言中需要4个字节，但在PHP中却需要48个字节，这里就有很多可优化的地方。

PHP 5的变量实现有如下问题：

- zval存在较多的堆分配，内存访问频繁。
- zval保存着引用计数和GC信息，但某些数据类型（如整型、浮点型）并不会形成环，不需要GC信息。
- 对象和资源类型的变量需要进行两次引用计数。
- 对于某些类型的变量会进行多次间接寻址，例如对象变量，需要进行4次内存访问。
- COW策略应用在zval，而没有在多个zval之间，例如无法共享一个String和Hashtable的key。

9.3.3 PHP 7 变量内部实现

PHP 7对变量实现进行了大量的改造，针对PHP 5的缺陷，PHP 7的改进如下：

- 不需要每次都为zval进行堆分配。
- zval不再单独保存引用计数信息。
- 不需要进行两次引用计数。
- 解决了String和Hashtable共享的问题。
- 减少了间接寻址。

PHP 7 的变量基础结构如下：（源码文件：php-7.3.2/Zend/zend_types.h）

```
struct _zval_struct {
    zend_value        value;            /* 变量实际的 value */
    union {
        struct {
            ZEND_ENDIAN_LOHI_3(             /* 为了兼容大小字节序，小字节序按照下面的
顺序，大字节序则下面 3 个顺序翻转 */
                zend_uchar    type,             /* 有效的 type */
                zend_uchar    type_flags,
                union {
                    uint16_t  call_info;    /* call info for EX(This) */
                    uint16_t  extra;        /* 暂未使用 */
                } u)
        } v;
        uint32_t type_info;
    } u1;
    union {
        uint32_t     next;                  /* hash collision chain */
        uint32_t     cache_slot;            /* cache slot (for RECV_INIT) */
        uint32_t     opline_num;            /* opline number (for FAST_CALL) */
        uint32_t     lineno;                /* line number (for ast nodes) */
        uint32_t     num_args;              /* arguments number for EX(This) */
```

```
        uint32_t     fe_pos;              /* foreach position */
        uint32_t     fe_iter_idx;          /* foreach iterator index */
        uint32_t     access_flags;         /* class constant access flags */
        uint32_t     property_guard;       /* single property guard */
        uint32_t     constant_flags;       /* constant flags */
        uint32_t     extra;               /* not further specified */
    } u2;
};
```

1. zval

zval 有 3 个元素：zend_value、u1 和 u2。

2. zend_value

zend_value 用来存放变量的值，其结构体定义如下：（源码文件：php-7.3.2/Zend/zend_types.h）

```
typedef union _zend_value {
    zend_long          lval;    //int 整形
    double             dval;    //浮点型
    zend_refcounted  *counted; //引用计数
    zend_string       *str;     //string 字符串
    zend_array        *arr;     //array 数组
    zend_object       *obj;     //object 对象
    zend_resource     *res;     //resource 资源类型
    zend_reference    *ref;     //引用类型，通过&$var_name 定义的
    zend_ast_ref      *ast;     //抽象语法树
    zval              *zv;      //zval 类型
    void              *ptr;     //指针类型
    zend_class_entry *ce;      //class 类型
    zend_function     *func;    //function 类型
    struct {
        uint32_t w1;
        uint32_t w2;
    } ww;
} zend_value;
```

从代码上看到，zend_value 是一个大的 union，除了 int 和 double 类型直接存储外，其他类型都存储指针。

需要注意的是，引用计数相关的信息也放到了 zend_value 里。zend_value 支持的数据类型更多。

3. u1

u1 是由结构体 v 和 type_info 组成的联合体。结构体 v 较为复杂，我们先看 ZEND_ENDIAN_LOHI_3 的定义。

（源码文件：php-7.3.2/Zend/zend_types.h）

```
#ifdef WORDS_BIGENDIAN
```

```
# define ZEND_ENDIAN_LOHI_3(lo, mi, hi)    hi; mi; lo;
#else
# define ZEND_ENDIAN_LOHI_3(lo, mi, hi)    lo; mi; hi;
#endif
```

这是因为不同体系的计算机使用的字节序不一致。对于大字节序，需要把三个字段的位置翻转一下；对于小字节序，则不需要做任何处理。

v的type成员表示变量的类型，共有20种取值，表示如下：

（源码文件：php-7.3.2/Zend/zend_types.h）

```
#define IS_UNDEF                    0    /*未使用*/
#define IS_NULL                     1    /*NULL*/
#define IS_FALSE                    2    /*布尔 false*/
#define IS_TRUE                     3    /*布尔 true*/
#define IS_LONG                     4    /*长整型*/
#define IS_DOUBLE                   5    /*浮点型*/
#define IS_STRING                   6    /*字符串*/
#define IS_ARRAY                    7    /*数组*/
#define IS_OBJECT                   8    /*对象*/
#define IS_RESOURCE                 9    /*资源类型*/
#define IS_REFERENCE                10   /*引用类型*/

/* constant expressions */
#define IS_CONSTANT_AST             11   /*常量类型的抽象语法树*/

/* internal types */
#define IS_INDIRECT                 13   /*间接类型*/
#define IS_PTR                      14   /*指针类型*/
#define _IS_ERROR                   15   /*错误类型*/

/* fake types used only for type hinting (Z_TYPE(zv) can not use them) */
#define _IS_BOOL                    16   /*是否为布尔类型*/
#define IS_CALLABLE                 17   /*是否可被调用*/
#define IS_ITERABLE                 18   /*是否可被遍历*/
#define IS_VOID                     19   /*是否为空*/
#define _IS_NUMBER                  20   /*是否为数字*/
```

v的type_flags成员保存了数据类型的一些属性信息，比如是否支持引用计数（IS_TYPE_REFCOUNTED）。

联合体u保存了函数调用时的一些信息。

type_info和v共享一块内存。type_info的取值与v.type大致相同，只是增加了IS_INTERNED_STRING_EX、IS_STRING_EX、IS_ARRAY_EX、IS_OBJECT_EX等组合类型的供内部扩展使用的取值。

4. u2

u2 是一个辅助字段组成的联合体。各成员的解释如下：

（1）next：用于解决哈希冲突问题。

（2）cache_slot：运行时缓存，应用于 opcode RECV_INIT，当函数调用未传入值时，使用默认值。例如函数定义：

```
function incr($step = 1){}
```

调用 incr()时，由于未传入参数$step，所以使用默认的$step=1。

（3）opline_num：opline 所在的序号。PHP 代码被编译后会生成一系列的 opline，zend 引擎执行这些 opline。

（4）lineno：执行语句所在文件中的行号，应用于 AST 结点。

（5）num_args：调用函数时传入参数的个数。

（6）fe_pos：foreach 遍历数组时指针的当前位置。

（7）fe_iter_idx：foreach 遍历数组或对象的属性时当前的位置索引。

（8）access_flags：类的访问限制标记，常见的标识有 public、protected、private。

（9）property_guard：防止属性名称重复及__get、__set 等魔术方法的循环调用。

（10）constant_flags：常量标记。

（11）extra：暂未使用。

PHP 7 的一个变量总共占用 16 字节的空间，是 PHP 5 的三分之一，这也是 PHP 7 性能卓越的基石。PHP 7 的数组和字符串相关的优化，在其他章节里已有讲解，不再赘述。

9.3.4 PHP 7 与 PHP 5 变量内部实现的差别

第一个差别表现在对引用计数的管理方式。在 PHP 5 中，zval 容器中有两个字节的额外信息，如下所示：

- is_ref bool 值，用来标识该变量是否属于引用集合（reference set），从而将普通变量和引用变量区分开来。
- refcount 用来标识指向这个 zval 变量容器的变量个数。

PHP 7 中不再保留这些信息，使得简单数据类型（如整型、浮点型）等可以用较少的空间来表示。

第二个差别是占用空间。PHP 5 占用 48 字节，而 PHP 7 仅占用 16 字节。

9.3.5 面试题：检测链表中的环

题目描述：如何发现一个链表中是否存在环？

解答：在使用引用计数来判断是否应该进行垃圾回收时，可以看到变量直接的引用计数出现了环。这个问题可以抽象成判断一个链表中是否存在环。这个问题很经典，也是常见的面试题，解法为设置两个指针：一个快指针，每次往前走两步；另一个慢指针，每次往前走一步；如果快指针追上了慢指针，则代表有环；如果快指针结束了还未遇到慢指针，则说明无环。类似于两个人跑步，一个跑得快，一个跑得慢。如果在环形操场，跑得快的人一定会再次超过跑得慢的人；如果在一条长路上，快的人一定先到达终点。

程序示例如下：（源码文件：ch09/check_circle.php）

```
1  <?php
2  class LinkNode{
3   private $value = null;
4   private $next = null;
5
6   //检查是否有环
7   public function checkCircle(){
8       $fast = $slow = null;
9       if(null != $this->getNext()){
10          $slow = $this->getNext();
11      }
12      if(null != $this->getNext()->getNext()){
13          $fast = $this->getNext()->getNext();
14      }
15      do{
16          //比较慢指针与快指针的值，判断是否存在环
17          if($fast->getValue() === $slow->getValue()){
18              return true;
19          }
20          $slow = $slow->getNext();//慢指针每次向前走 1 步
21          if(null != $fast->getNext()){//快指针每次向前走 2 步
22              $fast = $fast->getNext()->getNext();
23          }else{
24              $fast = null;
25          }
26
27      }while (null !== $fast && null !== $slow);
28      return false;
29  }
30
31  //遍历链表
32  public function visit(){
33      if(isset($this->value)){
34          echo $this->value.PHP_EOL;
35      }else{
36          return;
37      }
38      if(isset($this->next)){
39          $this->next->visit();
40      }
41  }
```

```
42
43 public function __construct($value,$next = null){
44     $this->value = $value;
45     $this->next = $next;
46 }
47
48 public function setValue($value){
49     $this->value = $value;
50 }
51
52 public function getValue(){
53     return $this->value;
54 }
55
56 public function setNext($next){
57     $this->next = $next;
58 }
59
60 public function getNext(){
61     return $this->next;
62 }
63 }
64
65 //测试有环 0->1->2->3->1
66 //生成结点
67 $root = new LinkNode(0,null);
68 $node1 = new LinkNode(1,null);
69 $node2 = new LinkNode(2,null);
70 $node3 = new LinkNode(3,null);
71 //设置结点的关系
72 $root->setNext($node1);
73 $node1->setNext($node2);
74 $node2->setNext($node3);
75 $node3->setNext($node1);
76
77 $hasCircle = $root->checkCircle();
78 var_dump($hasCircle);
```

9.4 字符串的内核实现

字符串（String）是由若干字符组成的序列，在各种编程语言中都是非常重要的数据类型。PHP 7 的字符串实现相比 PHP 5 有了很多变化，我们以 PHP 7.3.2 版本作为对象，学习字符串在内核的实现。

本章的 PHP 7.3.2 源码请自行在 PHP 官方下载页下载，网址为 http://www.php.net/downloads.php。

请注意本章所使用的 Linux 环境为 64 位 Ubuntu 16.04。

9.4.1　字符串的结构

PHP 7 字符串的主体是 zend_string 结构体：（源码文件：php-7.3.2/Zend/zend_types.h）

```
struct _zend_string {
    zend_refcounted_h gc;              /* 垃圾回收的引用计数 */
    zend_ulong        h;               /* 字符串的 hash 值 */
    size_t           len;              /* 字符串长度 */
    char             val[1];           /* 柔性数组，保存字符串的存储位置 */
};
```

zend_string 结构体包含了 gc、h、len、val 4 个字段，含义如下：

- gc：gc 字段主要存放引用计数，用于实现字符串的读写分离和垃圾回收。
- h：h 字段用于缓存字符串的哈希值。
- len：len 字段保存了字符串的长度，因此获取字符串长度的函数 strlen 的算法复杂度为 O(1)。记录字符串长度的原因如下：
  - ✧ 空间换时间，提高了获取字符串长度的执行效率。
  - ✧ 保证 PHP 字符串操作的二进制安全。
- Val：val 字段的作用是存储字符串的值，类型为 char。

9.4.2　二进制安全

二进制安全（Binary Safe）是一种将输入视为原始字节流而未对其做某种限制、过滤、截断或假设的特性。为了理解这个概念，我们从 C 语言的字符串讲起。

在 C 语言中，字符串以“\0”作为结束符号。不管“\0”的位置是否在结尾，只要遇到，编译器就会认为字符串已经结束。

举例说明一下：（源码文件：ch09/string_demo.c）

```
1  #include<string.h>
2  #include<stdio.h>
3
4  void main(){
5   char a[] = "1234\0X";
6   char b[] = "1234\0XY";
7   printf("%d\n", strcmp(a,b)); //输出 0，编译器认为 a = b
8   printf("%d\n", strlen(b));//输出 4
9   return;
10  }
```

第 5 至 6 行，我们定义了 a 和 b 两个字符串，从字面上两者不同。但 C 语言以“\0”为结束符号，因此 a 和 b 都等于“1234”。

第 7 行，编译器认为 a 等于 b。

第 8 行，字符串 b 被截断，其长度为“\0”之前的字符串长度。

运行结果如下：

```
gcc string_demo.c -o string_demo.out
./string_demo.out
0
4
```

在 PHP 中，经常会遇到图片、音频、视频、压缩文件、网络流等二进制数据，程序不会对其有任何改变，数据输入和输出保持相同的字节流。

我们仍然沿用上例，用 PHP 来实现：（源码文件：ch09/string_demo.php）

```
<?php
$a = "1234\0X";
$b = "1234\0XY";
printf("%d\n", strcmp($a,$b)); //输出-1
printf("%d\n", strlen($b));//输出 7
```

可以看到 PHP 对原始数据做出任何改变。

在 zend_string 结构体里，len 字段保持了字符串的长度，而不以“\0”为结束符号，从而实现了二进制安全。

9.4.3 柔性数组

读者看到 zend_string 的结构体定义后，有没有这样的疑问：为什么要使用 char val[1]而不使用 char *val 呢？为了回答这个问题，我们需要学习柔性数组（Flexible Array）的概念。

在 C99 以前的标准中，定义一个数组，必须指定其长度，请看下面的示例：（源码文件：ch09/array_demo.c）

```
#include<stdio.h>

void main(){
  char word[11] = "Hello World";
  printf("%s\n",word);
  return;
}
```

我们在 Linux 系统下编译、运行，结果如下所示：

```
gcc array_demo.c -o array.out
./array.out
Hello World
```

这种预分配机制有它的局限性，因为经常遇到可变长度或者预先无法估计长度的数组。为此 C99 标准引入了柔性数组的概念，允许不指定数组长度。使用柔性数组有三个条件：

- 必须在 C99 标准及以后的 C 编译器中使用。
- 柔性数组元素必须放在结构体的最后位置。
- 至少要包含一个柔性数组元素。

我们将 zend_string 简化一下，来学习一下柔性数组的使用。

```
struct zend_string
{
    //hash 值
    int h;
    // len 存储柔性数组的长度
    int len;
    // 柔性数组，必须放在结构体的最后位置
    char val[];
};
```

因为未指定 val 的长度，所以这时的 zend_string 结构体长度应该等于 h 的长度加上 len 的长度：

```
sizeof(zend_string) = sizeof(int) + sizeof(int)
zend string length = 4 + 4 +0 = 8
```

我们看一下完整的示例代码：（源码文件：ch09/flex_array_demo.c）

```
1  #include<string.h>
2  #include<stdio.h>
3  #include<stdlib.h>
4
5  // 简化后的 zend_string 结构体
6  struct zend_string
7  {
8      //hash 值
9      int h;
10      // len 存储柔性数组的长度
11      int len;
12      // 柔性数组，必须放在结构体的最后位置
13      char val[]; //读者可以将代码修改为以下两种，看下实际运行结果
14      //char val[0];
15      //cahr val[1];
16  };
17
18  // 创建字符串
19  struct zend_string *createString(struct zend_string *s,
20                              long h, char val[])
21  {
22      // 给 zeng_string 分配空间，其大小等于结构体的大小+分配字符串的大小
23      s = malloc( sizeof(*s) + sizeof(char) * strlen(val));
24
25      s->h = h;
26      s->len = strlen(val);
27      strcpy(s->val, val);
28      return s;
29  }
30
31  // 输出 string 详情
32  void printString(struct zend_string *s)
```

```
33  {
34      printf("Hash : %d\n"
35             "Value : %s\n"
36             "Value_Length: %d\n",
37             s->h, s->val, s->len
38             );
39  }
40
41  // main 函数
42  int main()
43  {
44      struct zend_string *s1 = createString(s1, 987782772, "Hello");
45      struct zend_string *s2 = createString(s2, 987782766, " World!");
46
47      printString(s1);
48      printString(s2);
49
50      printf("hash lenth: %d\n"
51             "len lenth: %d\n"
52          ,sizeof(s1->h),sizeof(s1->len)
53          );
54
55      // zend_string 结构体的长度
56      printf("Size of Struct zend_string: %lu\n",
57                       sizeof(struct zend_string));
58
59      // s1 指针的长度
60      printf("Size of Struct pointer: %lu\n",
61                                sizeof(s1));
62
63      return 0;
64  }
```

运行结果如下：

```
gcc flex_array_demo.c -o flex_array_demo.out
./flex_array_demo.out
Hash : 987782772
Value : Hello
Value_Length: 5
Hash : 987782766
Value :  World!
Value_Length: 7
hash lenth: 4
len lenth: 4
Size of Struct zend_string: 8
Size of Struct pointer: 8
```

第 6 至 16 行，我们定义了 zend_string 的简化结构。请读者注意，此处的 zend_string 仅仅为了演示，不要与 PHP 源码中的 zend_string 混为一谈。

第 13 行我们使用了 char val[]而没有使用 char val[1]是为了演示柔性数组的使用。读者可以自行将程序改为 char val[1]和 char val[0]来观察运行结果。

第 23 行我们给 zend_string 分配空间，可以看到此处一次性分配了结构体和字符串的空间，因此内存地址是连续的，而且结构体和字符串的内存地址是相邻的。

第 44 至 48 行，我们定义了"Hello"和" World!"的字符串，柔性数据能支持不同长度的字符串。

第 56 行，我们输出 zend_string 的长度为 8，符合预期。

学习了以上示例，我们可以回答开头提出的问题了。

1. 为什么要使用 char val[1]而不使用 char *val 呢？

char *val 保存着字符串的指针地址，而真实的字符串则位于另外的内存地址。为了读取其值，zend_string 需要读取两次内存。而 char val[1]的字符串的值与 zend_string 存放在一块连续空间，内存地址是相邻的，只需读取一次内存即可。

2. 为什么不使用 char val[0]而使用 char val[1]呢？

我们在使用柔性数组的条件 1 中这样描述：必须在 C99 标准及以后的 C 编译器中使用。PHP 作为一种底层语言实现，不应该规定其运行和编译环境。为了兼容不同版本的 C 编辑器，PHP 使用了 char val[1]的实现方式。

9.4.4　面试题：string 内部实现

题目描述：string 的内部实现结构体是什么样的？zend_string 结构体占用多少字节的空间？

解答：string 的内部实现主要为 zend_string 结构体，如下所示：

```
struct _zend_string {
    zend_refcounted_h gc;           /* 垃圾回收的引用计数 */
    zend_ulong       h;           /* 字符串的 hash 值 */
    size_t           len;           /* 字符串长度 */
     char            val[1];   /* 柔性数组，保存字符串的存储位置 */
};
```

各字段占用空间如表 9-1 所示。

表9-1　zend_string 字段解析

字 段 名	占用空间（单位：字节）
gc	8
h	8
len	8
val	1
总计	32

为什么不是 25 呢？这是由结构体的对齐机制决定的。现在的服务器默认为 64 位，按照 8 位对齐，而且字段的最大长度为 8 字节，因此 val 会按照 8 字节来计算，所以总共占用 32 字节的空间。

9.4.5 面试题：内存对齐机制

题目描述：为什么要有内存对齐机制？

解答：现代的计算器系统，其数据总线存取数据时，并不是一个字节一个字节地进行，一般为 4（32 位机器）或 8（64 位机器）字节为一组。以 64 位机器为例，数据总线操作内存时，总是从 8 的倍数的地址开始，然后读取 8 的倍数数目的数据。

假设我们要从地址 8 开始，读取 8 个字节的数据，只需 1 次读取即可完成。

在没有内存对齐机制的情况下，如果我们要从 9 开始，读取 8 个字节的数据，即读取 9 至 17 之间的数据，那么要 2 次才可以完成：第 1 次完成 8 到 15，第 2 次完成 16 到 23。

因此，内存对齐机制是为了加快存取速度。

9.4.6 面试题：内存对齐机制的规则

题目描述：内存对齐机制的规则是什么？

解答：内存对齐要考虑两个因素：①字段的最大长度 m；②对齐位数 n。

对齐的规则如下：

- 补齐原则：补全时的基准为 min（m，n），补全后应为 min（m，n）的整数倍
- 对齐原则：整体字节数必须是 min（m，n）的整数倍。

9.4.7 面试题：柔性数组

题目描述：ch06/flex_array_demo.c 中，将 13 行改为 char val[1]或 char val[0]运行结果如何？

解答：其他数据没变化，主要为 zend_string 结构体的长度有变化，如表 9-2 所示。

表9-2 三种数组定义方式的长度比较

定 义	长 度
char val[0]	8
char val[]	8
char val[1]	12

char val[0] 和 char val[] 是等价的，这里不再赘述。

对 char val[1] 来说，各字段占用空间如表 9-3 所示。

表9-3 各字段占用空间

字 段 名	占用空间（单位：字节）
h	4
len	4
val	1
总计	12

根据面试题的内存对齐规则 1，字段的最大长度为 4 字节，对齐位数为 8，所以补全的基准

位两者的较小值 4。所以 val 会填充为 4 位，整体长度为 4 + 4 + 4 = 12。

9.4.8　面试题：二进制安全

题目描述：什么是二进制安全，PHP 是如何实现二进制安全的？

解答：二进制安全（Binary Safe）是一种将输入视为原始字节流而未对其做某种限制、过滤、截断或假设的特性。

在 zend_string 结构体里，len 字段保持了字符串的长度，而不以“\0”为结束符号，从而实现了二进制安全。

9.4.9　面试题：zend_string 结构体

题目描述：zend_string 在内核的实现。

提示：在面试过程中，通常要求手写出 zend_string 的结构体定义，请结合定义讲解。

9.5　数组的内核实现

PHP 7 对数组的实现进行了重构，在时间和空间效率上都有了很大的提高。我们先看一个示例，分别在 PHP 5.6 和 PHP 7 环境下运行。程序示例如下：（源码文件：ch09/array_php5_vs_php7.php）

```
<?php
$startUsage = memory_get_usage();
$startTime = microtime(true);
$array = range(0, 100000);
$usedMemory = (memory_get_usage() - $startUsage)/(1024*1024);
$usedTime = (microtime(true) - $startTime)*1000;
printf("Memory: %.2f MB,Time: %.1f ms\n",$usedMemory,$usedTime);
```

运行结果如表 9-4 所示。

表9-4　运行结果

环　境	内存使用（单位：MB）	耗时（单位：ms）
PHP 5.6	13.97	239.9
PHP 7	4.00	3.0

可以看到，PHP 7 在内存使用和耗时上都有了明显的提升。本节我们通过学习数组的内核实现，来了解一下性能提升的原因。

9.5.1　数组概述

PHP 的数组有两种形式，第一种类似于 C 语言的数组，下标都是从 0 开始递增的数字，称为 packed hashtable；第二种类似于字典（dict 或 map），数据由键-值对组成，称为 hashtable。简单来说，$a 和$b 是不同类型的数组，前者为 packed hashtable，后者为 hashtable。

```
$a = [0=>1,1=>2];
$b = [1=>2,0=>1];
```

在 PHP 源码里，数组称为 hashtable，数组的元素称为 bucket。

9.5.2 PHP 5 数组在内核中的实现

PHP 5 数组的定义如下：（源码文件：php-5.6.40/Zend/zend_hash.h）

```
1  typedef struct bucket {
2     ulong h;                        /* Used for numeric indexing */
3     uint nKeyLength;
4     void *pData;
5     void *pDataPtr;
6     struct bucket *pListNext;
7     struct bucket *pListLast;
8     struct bucket *pNext;
9     struct bucket *pLast;
10     const char *arKey;
11  } Bucket;
12
13  typedef struct _hashtable {
14     uint nTableSize;
15     uint nTableMask;
16     uint nNumOfElements;
17     ulong nNextFreeElement;
18     Bucket *pInternalPointer;   /* Used for element traversal */
19     Bucket *pListHead;
20     Bucket *pListTail;
21     Bucket **arBuckets;
22     dtor_func_t pDestructor;
23     zend_bool persistent;
24     unsigned char nApplyCount;
25  #if ZEND_DEBUG
26     int inconsistent;
27  #endif
28  } HashTable;
```

代码的第 6 至 9 行定义了 4 个指针，可以猜想采用了双向链表的实现方法。

我们按照“a”、“b”、“c”、“d”的顺序定义一个['a','b','c','d']的数组，我们来看如图 9-4 所示。

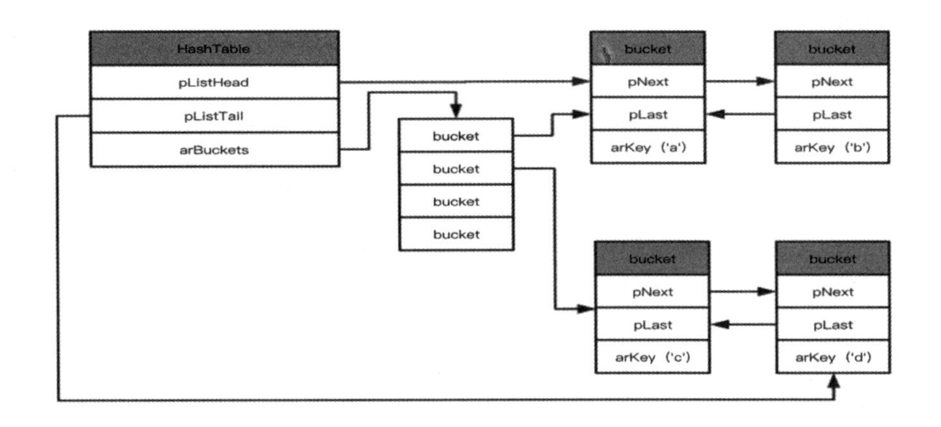

图 9-4　顺序数组

pListHead 指向表头，即第一个元素“a”。

pListTail 指向表尾，即最后一个元素“d”。

每个 bucket 都有两个指针，pNext 指向下一个元素，pLast 指向上一个元素。

这样的设计导致以下问题：

- 空间浪费。每个 bucket 定义了 pListNext、pListLast、pNext、pLast 4 个指针，存在空间浪费。我们知道，由指针取出值需要访问内存，这造成遍历数组时需要频繁访问内存，耗时较大。
- 频繁的内存分配。每个 bucket 都需要进行内存分配，这造成操作系统的额外开销。
- bucket 是随机分配的，这导致 CPU 的 cache 命中率不高。
- 对于 packed hasttable 来说，其实不需要双向的指针，但 PHP 5 的实现导致此部分的开销无法避免。

9.5.3　PHP 7 数组在内核中的实现

PHP 7 数组的定义如下：（源码文件：php-7.3.2/Zend/zend_types.h）

```
1  typedef struct _Bucket {
2   zval             val;
3   zend_ulong        h;              /* hash value (or numeric index)   */
4   zend_string      *key;             /* string key or NULL for numerics */
5  } Bucket;
6
7  typedef struct _zend_array HashTable;
8
9  struct _zend_array {
10  zend_refcounted_h gc;
11  union {
12      struct {
13          ZEND_ENDIAN_LOHI_4(
14              zend_uchar    flags,
```

```
15                 zend_uchar    _unused,
16                 zend_uchar    nIteratorsCount,
17                 zend_uchar    _unused2)
18         } v;
19         uint32_t flags;
20     } u;
21     uint32_t          nTableMask;
22     Bucket           *arData;
23     uint32_t          nNumUsed;
24     uint32_t          nNumOfElements;
25     uint32_t          nTableSize;
26     uint32_t          nInternalPointer;
27     zend_long         nNextFreeElement;
28     dtor_func_t       pDestructor;
29 };
```

我们仍以['a','b','c','d']为例，看一下该数组在 PHP 7 中的实现，如图 9-5 所示。

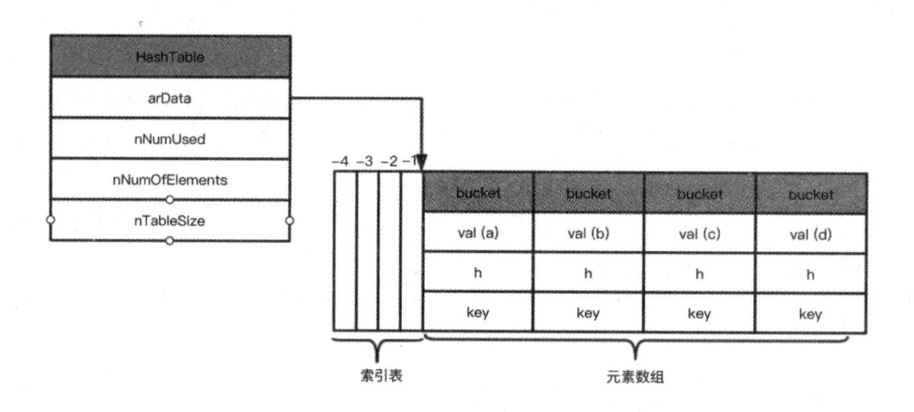

图 9-5　数组在 PHP 7 中的表现

可以看到，PHP 7 的实现去掉了双向链表，改用索引表来查找 bucket。另外 bucket 存放在连续的内存中，索引表中的-1、-2、-3、-4 分别对应着第 1、2、3、4 位置的 bucket。

我们来总结下 PHP 7 数组的优化之处：

- PHP 7 去掉了为维护元素次序的双向链表，节省了空间。
- bucket 存放在连续的内存中，提高了 CPU cache 命中率。
- 减少了指针的使用，从而降低了多次间接寻址的情况。
- String 变量作为数组 key 时，其内存空间可以被共享。

9.6　从 PHP 5 迁移到 PHP 7

PHP 5 的应用迁移到 PHP 7 是一件值得做的事情。因为 PHP 7 相对于 PHP 5，其内存消耗和执行效率得到了很大改进，整体性能提升 1 倍。笔者曾参与过公司整体项目从 PHP 5.6 迁移到 PHP 7 的改造过程，图 9-6~图 9-9 是改造前后的响应时间对比。

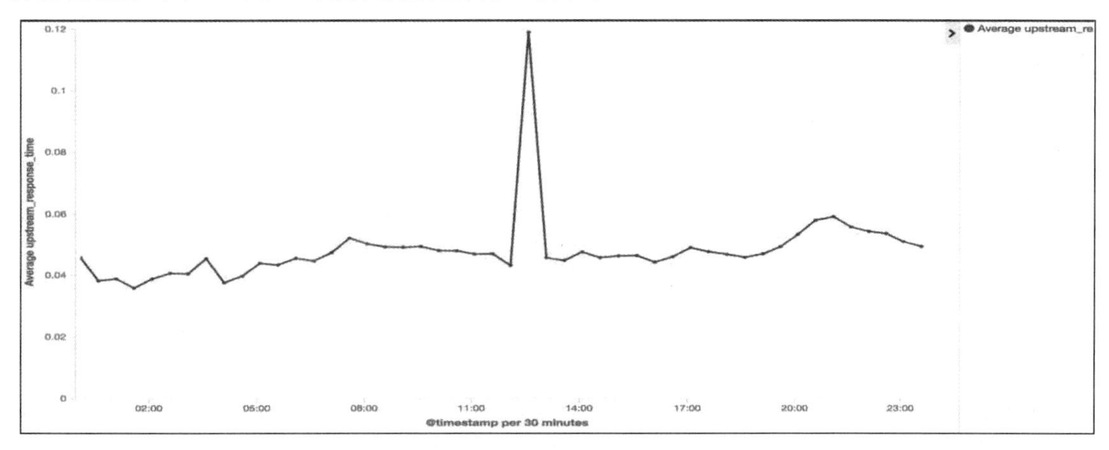

图 9-6　PHP 5 响应时间曲线

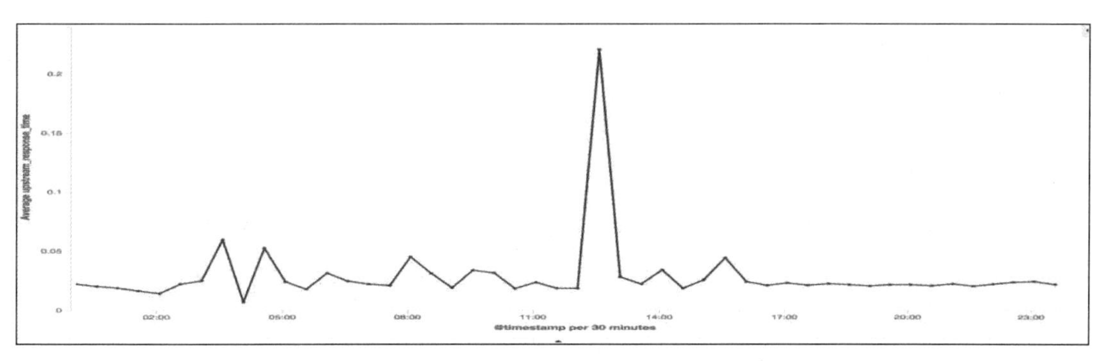

图 9-7　PHP 7 响应时间曲线

图 9-8　PHP 5　平均响应时间

图 9-9　PHP 7　平均响应时间

可以看到，PHP 7 的响应时间比 PHP 5 降低了 1 倍。

迁移的一般步骤如下：

步骤 01 替换废弃的函数和扩展：PHP 7 已废弃 MySQL 和 msSQL 相关的函数、call_user_method() 和 call_user_method_array()、所有 ereg 系列函数等。检查项目代码，替换以上函数。

步骤 02 关注部分变更的逻辑变化：这些变更包括：错误和异常处理机制，对变量、属性和方法的间接调用严格遵循从左到右的顺序来解析，list()不再以反向的顺序来进行赋值，foreach 在内部数组指针和迭代处理的修改等。这些逻辑变化产生的问题较难发现，需要回归测试。

步骤 03 小流量上线：等程序修改完成之后，不能全量上线，需要灰度或小流量上线，运行一段时间后观察可能存在的问题。

步骤04 全量上线：在小流量下业务稳定无 bug 的情况下，可以逐步扩量，直至全量。全量后不要马上关闭 PHP 5 环境，要观察一段时间，经过几周无问题后再逐渐关闭 PHP 5 环境。至此，迁移工作完成。

步骤05 总结：对迁移工作做一个性能对比、迁移注意事项的总结，是一个锦上添花的工作，有心的读者需要在迁移过程中，注意收集迁移之前、之中、之后的数据，在迁移工作结束后，做一个总结。

9.7 本章小结

PHP 7 是 PHP 发展历史上很重要的版本，读者应该主动学习，深入掌握。如果读者的公司无法在生产环境中引入 PHP 7，也需要自己尝试一下，学习一下。其实 PHP 7 并非新事物了，截止笔者写作此书时，已经经过了 6 年（2020 年~2015 年）。如果面试中读者不了解 PHP 7，那很可能给面试官留下不关注新技术的印象。

9.8 练 习

学习 PHP 7 的内核源码。

第10章 RDS 关系型数据库

关系型数据库的理论基础是关系模型，此模型于 1970 年由 E.F.Codd 提出，至今已成为主流关系型数据库的主流模型。关系型数据库以二维表格为基础，建立“一对一、一对多、多对多”等关系模型，处理二维表格及其之间的联系组成的数据组织。由于 PHP 开发中大都使用 MySQL 数据库，因此本章重点讲述 MySQL 相关的知识点。

10.1 连　接

PHP 连接 MySQL 有三种方法：MySQL、Mysqli 和 PDO_MySQL。其中 MySQL 扩展在 PHP 5.5 版本被废弃，PHP 7 版本被删除，因此不建议使用。

下面演示三种方法的用法。假设有一个 student 的表来记录学生信息，各字段定义如表 10-1 所示。

表10-1　学生信息表

字　段	类　型	说　明
id	int	自增主键
name	varchar	学生名字

使用方法详见如下代码：（源码文件：ch10/connect_demo.php）

```
<?php
/*
表创建 SQL
CREATE TABLE `student` (
 `id` int(11) NOT NULL AUTO_INCREMENT,
 `name` varchar(20) NOT NULL,
 PRIMARY KEY (`id`)
) ENGINE=InnoDB DEFAULT CHARSET=utf8mb4 COMMENT='学生信息表';
*/
```

```
$sql = 'select name from student where id = 1;';
// mysql
$c = mysql_connect("localhost", "user", "password");
mysql_select_db("demo");
$result = mysql_query($sql);
$row = mysql_fetch_assoc($result);
echo $row['name'];

// mysqli
$mysqli = new mysqli("localhost", "user", "password", "demo");
$result = $mysqli->query($sql);
$row = $result->fetch_assoc();
echo $row['name'];

// PDO
$pdo = new PDO('mysql:host=localhost;dbname=demo', 'user', 'password');
$statement = $pdo->query($sql);
$row = $statement->fetch(PDO::FETCH_ASSOC);
echo $row['name'];
```

1. 三种扩展的比较

如表 10-2 所示。

表10-2 三种扩展的比较

特 性	ext/Mysqli	PDO_MySQL	ext/MySQL
引入该特性的 PHP 版本	5.0	5.1	2.0
是否包含在 PHP 5.x	是	是	是
是否包含在 PHP 7.x	是	是	否
开发状态	活跃	活跃	5.x 只维护，7.x 已删除
生命周期	活跃	活跃	5.x 已废弃，7.x 已删除
推荐使用	是	是	否
面向对象接口	是	是	否
面向过程接口	是	否	是
API 支持使用 mysqlnd 进行无阻塞、异步查询	是	否	否
持久连接	是	是	是
API 支持字符集	是	是	是
API 支持服务端预处理语句	是	是	否
API 支持客户端预处理语句	否	是	否
API 支持存储过程	是	是	否
API 支持多语句	是	大多数	否
API 支持事务	是	是	否
事务可以由 SQL 控制	是	是	是
支持 MySQL 5.1 以上版本的功能	是	大多数	否

2. MySQL 扩展被删除的原因

（1）许可证问题

MySQL 扩展叫作 MySQL Client Library，最初由 MySQL AB 公司开发，后来此公司被 Oracle 公司收购。此扩展采用的许可证为 MySQL Licence，这会在某些情况下带来法律上的问题。而 Mysqli 扩展使用 MySQL Native Driver，此扩展使用 PHP Licence，不会有以上的问题。

（2）分发形式

构建 PHP 源码时，需要依赖于 MySQL Client Library，就是说需要在机器上安装 MySQL。另外运行 PHP 程序时需要调用 MySQL Client Library，也需要机器上有 MySQL Client Library 文件。而 Mysqli 扩展将 MySQL Native Driver 作为 PHP 标准分发包的一部分，所以无论安装或运行，都不需要在机器上安装 MySQL。

（3）性能方面

MySQL 扩展存在性能方面的缺点，特别是内存上，由于此扩展依赖于 MySQL，所以同一条记录会在 MySQL 和 PHP 里各占一份内存；而 Mysqli 扩展可以使用 PHP 的内存管理，因此只会占用一次内存。

（4）额外特性

主要包括以下几点：

- Mysqli 扩展改进了持久连接。
- 增加了 mysqli_fetch_all 函数。
- 增加了性能分析函数，如 mysqli_get_cache_stats、mysqli_get_client_stats、mysqli_get_connection_stats。
- 增加了 SSL 支持。

（5）不支持面向对象特性

MySQL 扩展在 PHP 2 版本引入，此时 PHP 还未支持类和对象，因此 MySQL 扩展只有面向过程的函数调用方式，而 Mysqli 扩展支持面向对象特性。

3. 持久连接

（1）持久连接有什么优点

持久连接又称长连接。在一次请求中，持久连接被重复利用，不用每次都重新创建和销毁。这样可以缓存为使用的连接，从而可以减少创建新连接的开销。PHP 没有内置的连接池，每次请求完成后持久连接都会被销毁。连接池有一些缺点，如果 PHP 脚本没有正常执行导致关闭数据库连接失败，如果此时发生死锁，就会导致不可预料的问题。

（2）持久连接结束时，Mysqli 扩展做了哪些清理工作

- 回滚活跃的事务。
- 关闭和删除临时表。
- 解锁表。

- 重置会话变量。
- 关闭预处理语句。
- 关闭句柄。
- 释放 GET_LOCK 获取的锁。

（3）Mysqli 如何建立持久连接

Mysqli 并没有提供显式函数或方法来建立持久连接，可以在数据库主机前面加上 “p:” 表示此次连接为持久连接，如下所示：

```
$pMysqli = new mysqli('p:'.DB_HOST, DB_USERNAME, DB_PASSWORD, DB_NAME);
```

4. 连接器、驱动、数据库扩展之间的关系是什么

连接器（Connector）是建立客户端到数据库连接的软件，其作用包括连接数据库、查询数据库、其他操作，主要用于客户端和数据库之间的相互通信。

驱动（Driver）是为数据库通信而设计的软件，MySQL、Mysqli 和 PDO 都是驱动。

数据库扩展（Extension）是 PHP 中为使用数据库而开发的扩展，如 ext/Mysqli、ext/Mysqli 和 PDO_MySQL 都是数据库扩展。

三者的关系是连接器使用驱动来建立物理连接，而驱动的底层实现就是 PHP 的各种数据库扩展。

10.2 执行 SQL

在数据库的使用中，会用到大量的查询语句。一个完整的查询语句示例如下：

```
SELECT DISTINCT
    < select_list >
FROM
    < left_table > < join_type >
JOIN < right_table > ON < join_condition >
WHERE
    < where_condition >
GROUP BY
    < group_by_list >
HAVING
    < having_condition >
ORDER BY
    < order_by_condition >
LIMIT < limit_number >
```

它的执行顺序如下：

```
FROM <left_table>
ON <join_condition>
<join_type> JOIN <right_table>
WHERE <where_condition>
```

```
GROUP BY <group_by_list>
HAVING <having_condition>
SELECT
DISTINCT <select_list>
ORDER BY <order_by_condition>
LIMIT <limit_number>
```

10.3 表引擎

MySQL 的引擎有 MyISAM、MyISAM Merge、InnoDB、memory、archive 等，其中最常用的是 MyISAM 和 InnoDB。

10.3.1 MyISAM 和 InnoDB 的基本概念

MyISAM 存储引擎不支持事务、表锁设计，但支持全文索引，主要面向一些在线分析处理（On-Line Analytical Processing，OLAP）数据库应用。在 MySQL 5.5.8 版本之前，MyISAM 存储引擎是默认的存储引擎（除 Windows 版本外）。

InnoDB 存储引擎支持事务，其设计目标主要面向在线事务处理（On-Line Transaction Processing，OLTP）的应用。其特点是行锁设计、支持外键，并支持类似于 Oracle 的非锁定读，即默认读取操作不会产生锁。从 MySQL 数据库 5.5.8 版本开始，InnoDB 存储引擎是默认的存储引擎。

10.3.2 面试题：MyISAM 与 InnoDB 的区别

题目描述：MyISAM 与 InnoDB 有哪些区别？

解答：MyISAM 和 InnoDB 的区别，是大概率被问到的问题，读者可以参考表 10-3 进行回答。

表10-3 MyISAM 和 Innodb的区别

特性	MyISAM	InnoDB
事务	不支持	支持
锁粒度	表锁	行锁
全文索引	支持	从 5.6 版本开始支持
查询表行数	快	慢
适用场景	适用于大量 SELECT、全文搜索的场景	适用于事务处理应用程序，大量的 INSERT 或 UPDATE 操作的场景

10.3.3 面试题：OLAP 和 OLTP

题目描述：OLAP 和 OLTP 是什么，两者之间有什么区别？

解答：OLAP（On-Line Analytical Processing）指在线分析处理，着重统计分析，并适合生成直观的查询结果。

OLTP（On-Line Transaction Processing）指在线事务处理，着重基本的、日常的事务处理，能够快速响应，适合记录细粒度的操作。

10.3.4 OLAP 的 12 条规则

Edgar F. Codd 于 1985 年撰写了一篇论文，定义了关系数据库管理系统（RDBMS）的规则，这些规则彻底改变了 IT 行业。1993 年，Codd 及其同事研究了以下 12 条规则，用于定义 OLAP（在线分析处理）。这是一个可以在多维空间中整合和分析数据的行业。

Codd 的 12 条规则是：

```
Multidimensional conceptual view User-analysts would view an enterprise as being multidimensional in nature – for example, profits could be viewed by region, product, time period, or scenario (such as actual, budget, or forecast). Multi-dimensional data models enable more straightforward and intuitive manipulation of data by users, including "slicing and dicing".
```

准则 1 多维概念视图 在用户分析师看来，企业天然是多维的。例如，可以按地区、产品、时间段或方案（例如实际、预算或预测）查看利润。多维数据模型使用户能够更直接、更直观地处理数据，包括“分片和分块”。

```
Transparency When OLAP forms part of the users' customary spreadsheet or graphics package, this should be transparent to the user. OLAP should be part of an open systems architecture which can be embedded in any place desired by the user without adversely affecting the functionality of the host tool. The user should not be exposed to the source of the data supplied to the OLAP tool, which may be homogeneous or heterogeneous.
```

准则 2 透明性准则当 OLAP 构成用户习惯电子表格或图形包的一部分时，这应该对用户透明。OLAP 应该是开放系统体系结构的一部分，该体系结构可以嵌入到用户期望的任何位置，而不会影响宿主工具的功能。用户不应暴露于提供给 OLAP 工具的数据源，这可能是同构的或异构的。

```
Accessibility The OLAP tool should be capable of applying its own logical structure to access heterogeneous sources of data and perform any conversions necessary to present a coherent view to the user. The tool (and not the user) should be concerned with where the physical data comes from.
```

准则 3 存取能力推测 OLAP 工具应该能够应用自己的逻辑结构来访问异构数据源，并执行向用户呈现连贯视图所需的任何转换。工具（而不是用户）应关注物理数据的来源。

```
Consistent reporting performance Performance of the OLAP tool should not suffer significantly as the number of dimensions is increased.
```

准则 4 稳定的报表性能随着维度数量的增加，OLAP 工具的性能不会受到显著影响。

```
Client/server architecture The server component of OLAP tools should be sufficiently intelligent that the various clients can be attached with minimum effort. The server should be capable of mapping and consolidating data between disparate databases.
```

准则 5 客户/服务器架构 OLAP 工具的服务器组件应该足够智能，各种客户端可以轻松地连接它。服务器应该能够在不同的数据库之间映射和合并数据。

```
    Generic Dimensionality Every data dimension should be equivalent in its
structure and operational capabilities.
```

准则 6 维的等同性准则每个数据维度的结构和操作能力都应相同。

```
    Dynamic sparse matrix handling The OLAP server's physical structure should have
optimal sparse matrix handling.
```

准则 7 动态的稀疏矩阵处理准则 OLAP 服务器的物理结构应具有最佳的稀疏矩阵处理。

```
    Multi-user support OLAP tools must provide concurrent retrieval and update
access, integrity and security.
```

准则 8 多用户支持能力准则 OLAP 工具必须提供并发检索和更新访问，完整性和安全性。

```
    Unrestricted cross-dimensional operations Computational facilities must allow
calculation and data manipulation across any number of data dimensions, and must
not restrict any relationship between data cells.
```

准则 9 非受限的跨维操作计算设施必须允许跨任意数量的数据维度进行计算和数据处理，并且不得限制数据单元之间的任何关系。

```
    Intuitive data manipulation Data manipulation inherent in the consolidation
path, such as drilling down or zooming out, should be accomplished via direct action
on the analytical model's cells, and not require use of a menu or multiple trips
across the user interface.
```

准则 10 直观的数据操作合并路径中固有的数据操作，例如向下钻取或缩小，应通过对分析模型单元的直接操作来完成，而不需要使用菜单或跨用户界面多次行程。

```
    Flexible reporting Reporting facilities should present information in any way
the user wants to view it.
```

准则 11 灵活的报告生成报告工具应以用户想要查看的任何方式显示信息。

```
    Unlimited Dimensions and aggregation levels.
```

准则 12 不受限的维度和聚合层次

10.4　索　引

1. B+树的索引

B+树的索引分为聚集索引（又称聚簇索引，主键索引，clustered index ）和辅助索引（非聚簇索引，二级索引 Secondary index），它们的区别在于，聚集索引的叶子结点存放了整行记录的信息，而辅助索引的叶子结点只存放了主键。聚集索引只有一个，而辅助索引可以有多个。当使用辅助索引来查找数据时，InnoDB 存储引擎会首先遍历辅助索引并找到叶子结点的指针获得指向主键索引的主键，然后再通过主键索引来找到一个完整的行记录。这个过程称为“回表”（rewind）。幸运的是，MySQL 5.0 以上的版本都支持覆盖索引（covering index，或称索引覆盖）。查询时，从辅助索引中就可以得到查询的记录，而不需要查询聚集索引中的记录。使用覆盖索引的优点有以下两个：

- 辅助索引不包含整行记录的所有信息，所以其大小要远小于聚集索引，因此可以减少大量的 IO 操作。
- 优化某些统计查询（如 count(*)）。

2. 最左前缀

如果表中有多列的索引（联合索引、复合索引），可以使用最左前缀的原理来优化查找。最左前缀，顾名思义，是指查询时优先匹配左边的值。这有以下两层意思：

- 使用联合索引减少单个索引的个数。例如在列（col1, col2, col3）上建组合索引，相当于建立了三种查询条件下的索引（col1）、（col1, col2）和（col1, col2, col3）。
- 合理安排索引的顺序。查询语句分为等值查询和范围查询，前者的查询条件是其值固定等于为一个数值，后者的查询条件是其值限制在一定范围之内。建立索引的原则就是最左前缀，首先匹配等值查询，然后再范围查询。例如查询条件为 col1 = 1 and col2> 2 and col3 = 3，则建立索引的顺序应该是 col1、col3、col2。

索引列不参与计算，如果有必要，可以将查询的值参加计算。例如表中有一个用 Unix 时间戳表示的日期列 date，要查询特定的日期，不能使用 from_unixtime(date) = ‘2020-01-01’。因为 B+树存储的是数据的字段值，即 date，而不是 from_unixtime(date)，这样做检索时，需要应用函数计算的结果进行比较，代价较大。这时可以对值进行计算，如 date = unix_timestamp(‘2020-01-01’)，这样可以使用索引。

使用 JOIN 联表查询时，尽量使用相同类型和长度的字段。相同长度的 VARCHAR 和 CHAR 可以认为相同，例如 VARCHAR(10)和 CHAR(10)的长度相同，但是 VARCHAR(10)和 CHAR(15)长度不同。相反，如果类型不同，那么需要数值转换之后才能使用索引。假如 string 类型的 1 和 int 类型的 1 进行比较，那么可能存在'1','1.0'等形式都是等于 1 的。

扩展而不是新建索引。如果查询条件为(a,b)，已有索引 a，那么应该扩充(a,b)的联合索引，而不是新建索引 b。

order 和 group 的方向与创建索引时的方向相同。在创建索引时，可以选择索引的顺序是正序（ASC）还是倒序（DESC）：

```
CREATE TABLE t (
  c1 INT, c2 INT,
  INDEX idx1 (c1 ASC, c2 DESC)
);
```

那么使用 order by 和 group by 时，方向要保持一致：

```
SELECT c1, c2 FROM t ORDER BY c1 ASC, c2 DESC;
```

3. 选择性

选择性又称选择度（selectivity），指一列数据中，不重复记录在所有记录中所占的比例。选择性越大，查找效率越高。直观上来看，查找时希望能在尽可能少的行数里查找。举例来说，用户表的一列数据为“身份证”字段，另一列为“性别”字段，那么适合在身份证这列建索引，因为用户的身份证各不相同，具有高选择性，每次查找都能找到特定的用户。而性别只有男、女等几种选择，可取值范围很小，具有低选择性，每次选择都会有大量的匹配项，因此不适合建索引。

选择度如何计算？计算公式如下：

```
COUNT(DISTINCT col) / COUNT(*)
```

其中，COUNT(DISTINCT col) 称为 Cardinality 值，表示索引中不重复记录数量的预估值。在 InnoDB 存储引擎下，Cardinality 是通过对 INSERT 和 UPDATE 操作的采样来计算的。

针对记录数目变化的情况，采样条件为表中 1/16 的数据已发生过变化。

如果记录数目变化不大，但存在频繁的更新操作，那么采样条件为：

```
stat_modified_counter>2 000 000 000
```

计算采样时，随机取 8 个叶子结点进行统计。多次计算时，随机选中的叶子结点不尽相同，所以计算结果也有差别。

10.5　事　务

1. 事务及其实现

数据库的实际应用场景非常复杂，很多环节都有可能发生故障或问题，例如：

- 服务器 CPU、内存、磁盘等硬件损坏。
- 数据库软件本身的崩溃。
- 网络中断或数据库连接断开。
- 高并发或慢 SQL 造成数据库响应缓慢。

可以用主从同步、集群、多机房来减少这些问题，但无法完全避免，因此需要将这些问题的影响控制在可接受的范围之内。举例来说，在银行转账系统中，用户 A 向用户 B 转账 10 元，这个操作其实细分为两步：

步骤 01 A 账户余额减少 10 元。

步骤 02 B 账户余额增加 10 元。

假设已执行完步骤 1，正要执行步骤 2 时发生问题，使步骤 2 无法执行，就会造成 A 账户余额减少 10 元而 B 账户未收到汇款。这个结果是不可接受的。

如果执行步骤 2 发生问题时，对步骤 1 进行“回滚”操作，将 A 账户的余额还原为原值。整个现象就像用户 A 未向用户 B 发起转账一样，后果是用户 A 需要对转账动作进行“重试”。这个结果是可以接受的。这种方式其实就是事务。

事务是解决此类问题的一个工具。当向数据库提交命令时，可以确保要么所有修改都保存成功，要么所以修改都不保存。我们来构建一些例子来直观地学习事务的实现。以下所有命令都可以在 ch10/transaction.sql 文件里找到。

我们模拟用户在网上购买商品的行为。首先需要设计两张表，如表 10-4 和表 10-5 所示。

表10-4 商品表

字 段	类 型	说 明
id	int	自增主键
name	varchar	商品名称
price	int	商品价格，单位：分，0.01 元
stock	int	库存

表10-5 订单表

字 段	类 型	说 明
id	int	自增主键
user_id	int	用户 ID
item_id	int	购买商品 ID
create_time	datetime	购买时间

假设有一个商品叫“可乐”，其记录如表 10-6 所示。

表10-6 名称为“可乐”的记录

主 键	商品名称	商品价格，单位分	库 存
1	可乐	300	10

用户购买一罐“可乐”的动作，可以分为两步：

步骤 01 在订单表 orders 里插入一条记录。

步骤 02 将商品表 items 里〞可乐〞的库存数量减 1。

SQL 语句如下：

```
BEGIN;
INSERT INTO `orders` VALUES(NULL,1,1,CURRENT_TIMESTAMP);
UPDATE `items` SET `stock` = `stock` - 1 where `id` = 1;
COMMIT;
```

此时查询“可乐”的库存为 9。

```
SELECT `stock` FROM `items` WHERE `id` = 1;/* 库存减少为 9 */
```

假设用户购买过程中，某个环节出现了问题，需要回滚。SQL 语句如下：

```
BEGIN;
INSERT INTO `orders` VALUES(NULL,1,1,CURRENT_TIMESTAMP);
UPDATE `items` SET `stock` = `stock` - 1 where `id` = 1;
ROLLBACK;
```

此时查询“可乐”的库存仍然为 9，而且订单表里也没有新增无效的订单。

```
SELECT `stock` FROM `items` WHERE `id` = 1;/* 库存仍然为 9 */
```

2. 事务的 ACID 特性

事务具有 4 个特性，通常称为 ACID 特性，即

- 原子性 Atomicity
- 一致性 Consistency
- 隔离性 Isolation
- 持久性 Durability

（1）原子性

原子性指整个数据库事务是不可分割的工作单位。只有使事务中所有的数据库操作都执行成功，才算整个事务成功。事务中任何一个 SQL 语句执行失败，已经执行成功的 SQL 语句也必须撤销，数据库状态应该退回到执行事务前的状态。

（2）一致性

一致性指事务将数据库从一种状态转变为下一种一致的状态。在事务开始之前和事务结束以后，数据库的完整性约束没有被破坏。

（3）隔离性

事务的隔离性要求每个读写事务的对象对其他事务的操作对象能相互分离，即该事务提交前对其他事务都不可见，通常这使用锁来实现。

（4）持久性

事务一旦提交，其结果就是永久性的，即使发生宕机等故障，数据库也能将数据恢复。

10.6 PDO

PHP 的早期版本提供了 MySQL 和 Mysqli 两个访问 MySQL 数据库的扩展。其中 MySQL 扩展在 PHP 5.5 版本被废弃，PHP 7 版本被删除。PHP 官方推荐使用 Mysqli 和 PDO。其中 Mysqli 的使用方法与 MySQL 类似，因此本节重点讲解一下 PDO。

PDO 是 PHP 数据对象（PHP Data Object）的英文简写。随着数据库种类的增多，PHP 遇到的问题是需要支持多种数据库的问题。PDO 提供了一个数据访问的抽象层，无论底层采用何种数据库，都可以用相同的函数（方法）来查询和获取数据。PDO 类似于 Java 的 JDBC（Java DataBase Connectivity），使用桥接模式（Bridge）实现了应用程序和数据库之间的解耦，如图 10-1 所示。

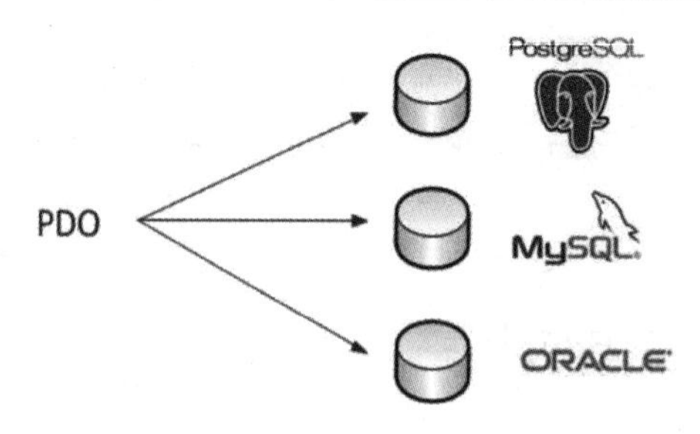

图 10-1　PDO 的桥接模式

PDO 的一个亮点是预处理语句。可以把它看作是想要运行的 SQL 的一种编译过的模板，它可以使用变量参数进行定制。预处理语句可以带来以下两大好处：

- 查询仅需解析（或预处理）一次，但可以用相同或不同的参数执行多次。当查询准备好后，数据库将分析、编译和优化执行该查询的计划。对于复杂的查询，此过程要花费较长的时间，如果需要以不同参数多次重复相同的查询，那么该过程将大大降低应用程序的速度。通过使用预处理语句，可以避免重复分析/编译/优化周期。简言之，预处理语句占用更少的资源，因而运行得更快。
- 提供给预处理语句的参数不需要用引号括起来，驱动程序会自动处理。如果应用程序只使用预处理语句，可以确保不会发生 SQL 注入（然而，如果查询的其他部分是由未转义的输入来构建的，则仍存在 SQL 注入的风险）。

PDO 防止注入主要有两个方法：预处理语句和参数绑定，内置 escape 处理。

预处理语句可以由本地 PDO 驱动处理，也可以交由数据库处理。这两种方式可以用 ATTR_EMULATE_PREPARES（模拟预处理）进行控制，即

```
$pdo = new PDO('mysql:host=localhost;dbname=demo', 'user', 'password');
$dbh->setAttribute(PDO::ATTR_EMULATE_PREPARES, false);//false 表示不启用本地
pdo 驱动模拟，true 为本地 pdo 驱动模拟
```

我们看如下 SQL 的执行：

```
$stmt = $dbh->prepare("select name from student where id = :id;");
$stmt->bindParam(':id', 1);
```

在本地 PDO 驱动模拟时，以上 SQL 会直接拼接为完整 SQL，只是这时会由驱动程序进行 escape。需要注意的是，本地模拟时使用 escape 函数 Mysql_real_escape_string 来操作 query，使用的是本地单字节字符集，而传递多字节编码的变量时，有可能造成 SQL 注入漏洞。PHP 5.3.6 以前的版本存在该问题，因此使用 PDO 时建议升级到 PHP 5.3.6 以上版本，并在 DSN 字符串中指定 charset。

在数据库解析时，预处理语句和数据会分两次传递给数据库。预处理语句会原样发送到数据库，这时数据库会识别出该 SQL 的语义为 SELECT。如果后续数据包含 DROP、DELETE 等语义时，数据库就会识别出来非法 SQL。

整个过程如图 10-2 所示。

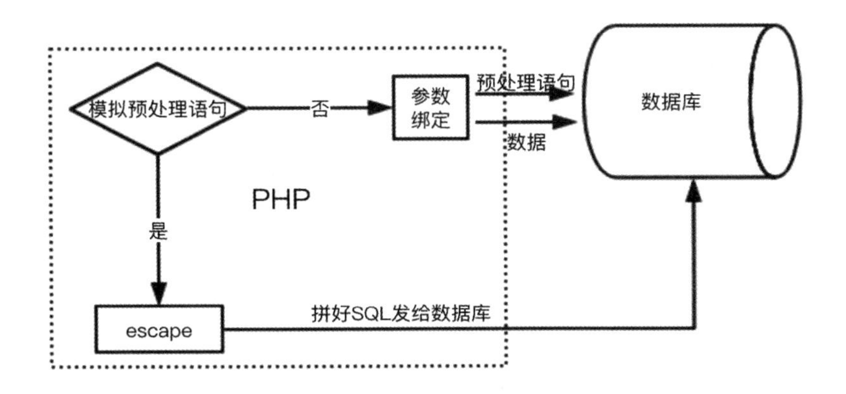

图 10-2　数据库的解析过程

10.7　慢 SQL 优化

慢 SQL，又称慢查询，顾名思义，是指执行时间超出指定时间的 SQL 语句。应用程序里发生慢 SQL，会造成数据库负载持续上升，新的 SQL 执行将会排队等待。本节从慢 SQL 的发现、分析、优化等三个方面来进行分析。

10.7.1　发现慢 SQL 的方法

发现慢 SQL 的方法有以下两种：

1. MySQL 配置开启慢查询状态

可以在命令行运行以下命令：

开启慢查询状态：

```
set global slow_query_log='ON';
```

设置慢查询日志存储位置：

```
set global slow_query_log_file='/path/to/slow.log';
```

设置超时时间：

```
set global long_query_time=1;
```

或者修改 my.conf 的配置项：

```
[mysqld]
slow_query_log = ON
slow_query_log_file = /path/to/slow.log
long_query_time = 1
```

修改完配置后，重启 MySQL 服务：

```
service mysqld restart
```

2. 应用层记录

可以自行编码实现：在应用中执行 SQL 语句部分，记录执行之前的时间戳和执行完成之后的时间戳，其时间差就是执行 SQL 时间。对超出指定时间的 SQL 语句进行记录。

也可以利用开源或商用 APM（应用性能管理）来搜集慢 SQL 记录。

10.7.2 性能分析

可以使用 EXPLAIN 来分析 SQL 性能。EXPLAIN 使用很简单，只需要在原 SQL 语句上加上 EXPLAIN 关键字。例如：

```
mysql> explain select * from user where id=1\G;
*************************** 1. row ***************************
           id: 1
  select_type: SIMPLE
        table: user
   partitions: NULL
         type: const
possible_keys: PRIMARY
          key: PRIMARY
      key_len: 4
          ref: const
         rows: 1
     filtered: 100.00
        Extra: NULL
1 row in set, 1 warning (0.01 sec)
```

各字段的分析如表 10-7 所示。

表10-7 各字段的分析

字 段	说 明
id	SELECT 查询的标识符，多个 SELECT 时会按照顺序自增标识符
select_type	查询类型：simple、primary、subquery、derived、union、union result
table	查询的表名
partitions	分区
type	关联类型或访问类型，决定如何查找表中的行
possible_keys	此次查询中可能选用的索引
key	此次查询中真实用到的索引
key_len	在索引里使用的字节数，通过这个值可以计算具体使用了索引中的哪些列
ref	哪个字段或常数与 key 一起被使用，取值如下：ALL、index、range、index_merge、ref、eq_ref、const、system
rows	读取并检测的行数
filtered	表示此查询条件所过滤的数据的百分比
Extra	额外信息：distinct、Using index、Using where、Using temporary、Using filesort

10.7.3 性能优化

性能优化的方法有如下几种：

- 读写分离
- 索引优化
- 分拆复杂 SQL
- 使用 Key-Value 存储（memcache、Redis 等）
- 分库分表

10.8 数据表设计

10.8.1 设计实务

设计一个小系统的数据表很简单，新建一张包含业务字段的表格，搭配 CURD 操作即可实现。但设计大中型系统的数据表，就不那么简单，有许多要考虑的因素。

1. 应用类型

主要有以下三种：

- OLAP 和 OLTP
- 在线事务处理
- 在线事务分析

在实践中，无论是 OLAP 还是 OLTP 类的应用，都采用 InnoDB 存储引擎。对于 OLAP 相关的需求，都辅助 Elasticsearch、HBase、Hadoop 等大数据应用。

2. 水平分表

水平分表指将原始表克隆为若干个表结构相同的分表，来减小单表的体积。常见的水平分表方法有如下几种：

- 取模：适用于数据不随时间空间变化的表。例如用户表，可以对用户 ID 取模 1000，可以将单表的用户表拆分为 1000 个。
- 时间：适用于随时间而变化的表。例如电商的订单表，视订单量或每月或每天一张表。
- 空间：适用于对地理位置敏感的业务。例如网约车的行程表，每个城市一张表。

3. 垂直分表

垂直分表指从主表里抽离一部分字段来新建表。由于新表的字段比主表要少，因此其占用空间较小，而且查询效率更高效。假设微博的博文数据表如下，要查询某用户的所有博文。最直观的实现方法是在“用户 ID”字段上创建索引。

主键 ID	用户 ID	正文	媒体	点赞数	评论数	发布时间	状态

但也可以新建一张只有“博文 ID”和“用户 ID”的垂直表，如下所示：

博文 ID	用户 ID

由于新表的字段较少，所以在新表上创建索引，代价要小得多。垂直分表的另一个好处是，如果主表已经水平分表，那么垂直分表可以将各分表的部分数据汇总在一张表里，方便查询。

水平分表和垂直分表通常配合使用。

4. 冷热数据

对大多数业务来说，时间越久，越不易被访问。例如大家很少看上周的聊天记录，很少看三个月前的订单。这意味着，可以将近期大概率会被访问的数据视为热数据，存在 MySQL 甚至是内存数据库里；而少有访问的数据将被视为冷数据，使用 Elasticsearch、HBase、Hadoop 等大数据存储。

5. 读写分离

通常为一主多从，主库负责写操作，从库负责读操作。

6. 备份容灾

在一主多从的架构下，如果主库发生故障，可以把其中一台从库升级为主库。

从多个从库中选定一个从库，只从主库同步数据，但不对外提供服务，作为备份存在。这样的数据库称为离线只读数据库。

定期备份从库的 binlog。例如每 5 分钟保存一份 binlog，共保留 2 天的数据，超过 2 天的数据用 LRU（Least Recently Used，最近最少使用）算法进行清理。该措施的优点有三个：误操作时，可以回滚到特定的版本；最多丢失 5 分钟的内容；binlog 以文件格式备份，可靠度高。

7. 多活

多活可分为同城多活和异地多活。实现多活的难点如下：

- 数据同步问题。多活通常是每个机房都有主库，主库之间的数据同步可能存在延迟和冲突的情况。目前解决思路是：①采用专线，尽可能降低网络延迟；②将用户请求按照地理位置进行分配，在一段时间内，某个用户对应的机房不变。
- 服务依赖问题。如果多活不是对称的，即存在某些服务在 A 地，另一些服务在 B 地，那么访问时会出现跨地区的服务依赖。该问题的解决思路是尽量保持对称。这要求部署多活时，要通盘考虑，不要为赶进度而考虑不周。

10.8.2 面试题

面试题一

题目描述：设计电商的订单表。

解答：这是一个开放性的问题，这里提供一些关键词供参考：

- 订单属于 OLTP 应用，设计的目的是满足线上下单流程，衡量性能的标准一般是每秒支持多少交易量。

- 常见字段：用户 ID、商品 ID、支付单 ID、订单状态、售后服务状态等。
- 水平分表和垂直分表：以时间为维度进行分表，以用户 ID 和订单 ID 进行垂直分表等。
- 冷热分离：如只保留仅 3 个月的热数据，历史数据导入 Elasticsearch 进行查询。
- 流程跳转表：订单在各个阶段的流转状态记录表等。

面试题二

题目描述：设计微博的数据表。

提示：请读者仿照上例，进行思考和解答。

10.9 隔离级别

隔离指一个事务的执行不能被其他事务干扰。当隔离级别较低时，数据库允许多个事务同时操作同一行数据，但会产生脏读、不可重复读、幻读等问题；当隔离级别提升时，数据库会解决以上问题，但并发能力会下降。有关隔离级别的等级如表 10-8 所示。

表10-8 隔离级别表

隔离级别	脏读（Dirty Read）	更新丢失（Lost Update）	不可重复读（NonRepeatable Read）	幻读（Phantom Read）
未提交读（Read uncommitted）	可能发生	可能发生	可能发生	可能发生
已提交读（Read committed）	不可能发生	可能发生	可能发生	可能发生
可重复读（Repeatable read）	不可能发生	不可能发生	不可能发生	可能发生
可串行化（Serializable ）	不可能发生	不可能发生	不可能发生	不可能发生

图 10-3 实线方框表示已解决的问题，虚线方框为标记以上 4 个问题都未解决。

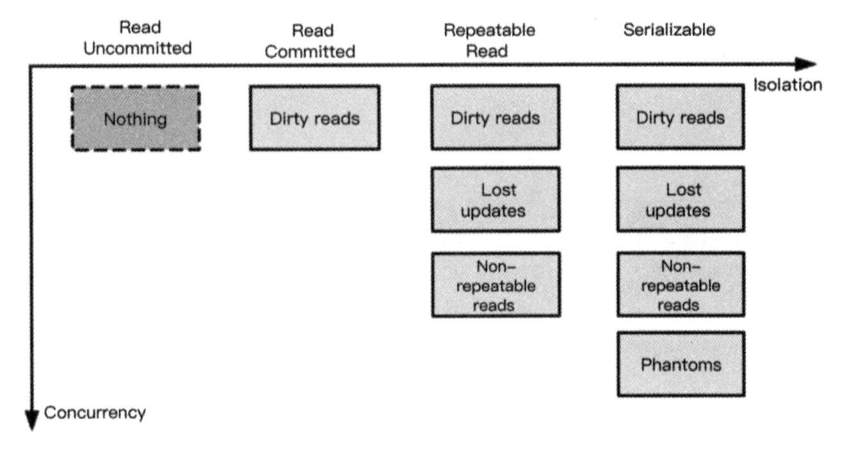

图 10-3 隔离问题与并发能力关系图

为了更直观地理解隔离级别，我们首先创建一个 account 的表，来演示几种隔离级别及其出现的问题。

以下例子的代码部分，都可以在随书源码文件 ch10/isolation.sql 里找到。

建表语句如下：

```
CREATE TABLE `account` (
  `name` varchar(20) NOT NULL DEFAULT '' COMMENT 'user name',
  `amount` int(10) NOT NULL DEFAULT '0' COMMENT 'money amount'
) ENGINE=InnoDB DEFAULT CHARSET=utf8;
```

里面有一条数据，bill 的金额为 10 元。

```
insert into account values('bill',10);
```

设置 4 个隔离级别，如表 10-9 所示。

表10-9　设置的4个隔离级别

级别	SQL 语句
未提交读（Read uncommitted）	set global transaction isolation level read uncommitted;
已提交读（Read committed）	set global transaction isolation level read committed;
可重复读（Repeatable read）	set global transaction isolation level repeatable read;
可串行化（Serializable）	set global transaction isolation level serializable;

1. 查看级别

```
show variables like 'transaction_isolation';
```

如果 MySQL Server 版本小于 5.7.20，则应使用如下 SQL 语句：

```
show variables like 'tx_isolation';
```

2. 脏读

脏读就是指当一个事务正在访问数据，并且对数据进行了修改，而这种修改还没有提交到数据库中，这时，另外一个事务也访问这个数据，然后使用了这个数据。

首先我们将级别设置为未提交读（Read uncommitted），然后在 T1、T2、T3 时刻分别运行表 10-10 的 SQL 语句。

表10-10　运行的SQL语句

时　刻	事 务 1	事 务 2
T1	select * from account; /*bill 10*/	begin; update account set amount = 1000 where name = 'bill';
T2	select * from account; /*bill 1000*/	
T3		rollback;

对事务 2 而言，事务在 T3 时刻回滚，并没有成功，最终 bill 的余额还是 10。

但对事务 1 而言，在 T2 时刻，bill 的余额为 1000。如果允许这种情况，那么 bill 就可以拿到 T2 时刻的数据，假装自己很有钱。

3. 更新丢失

更新丢失是指多个事务操作同一行记录时，根据最初读出的值更新该行时，由于每个事务都不知道其他事务的存在，就会发生丢失更新问题，即最后的更新覆盖了其他事务的更新，好像丢失了一些更新信息似的。

首先我们将级别设置为未提交读（Read uncommitted）或已提交读（Read committed），然后在 T1、T2、T3、T4 时刻分别运行如表 10-11 所示的 SQL 语句。

表10-11 运行的SQL语句

时 刻	事 务 1	事 务 2
T1	begin; select amount from account where name = 'bill';/*bill 10*/	begin; select amount from account where name = 'bill';/*bill 10*/
T2	/*业务进行计算，此处为 10+5 = 15*/ update account set amount = 15 where name = 'bill';/*bill amount + 5*/ commit;	
T3		/*业务进行计算，此处为 10+10 = 20*/ update account set amount = 20 where name = 'bill';/*bill amount + 10*/ commit;
T4	select amount from account where name = 'bill';/*bill 20*/	select amount from account where name = 'bill';/*bill 20*/

假设有两个事务同时对 bill 的账户进行转账操作，事务 1 转账 5 元，事务 2 转账 10 元，那么最后 bill 的余额应该有 25 元才对。但由于使用了 T1 时刻读出的余额进行计算，而且事务 1 和事务 2 相互不知道对方的存在，导致事务 1 的提交被事务 2 的提交所覆盖，事务 1 的更新丢失了。

需要注意的是，本例中业务的计算方法是简单的加法，比较简单，可以用类似于 update account set amount = amount + 5 where name = 'bill'; 来规避丢失更新的问题。但如果计算方法复杂，例如：

- 有一列 varchar 类型的存储链接 URL 的列，采用 urlencode 进行编码之后更新数据。
- 多人对同一篇文章进行编辑，然后同时将全文内容提交而没做冲突检查，会出现内容覆盖的问题。

这些问题就不能简单地处理，需要用加锁或 select amount from account where name = 'bill' for update 来规避。

4. 不可重复读

不可重复读是指在一个事务内，多次读同一数据。在这个事务还没有结束时，另外一个事务也访问该同一数据。那么，在第一个事务中的两次读数据之间，由于第二个事务的修改，那么第一个事务两次读到的数据可能是不一样的。这样就发生了在一个事务内两次读到的数据是不一样的，因此称为不可重复读。

首先我们将级别设置为未提交读（Read uncommitted）或已提交读（Read committed），然后在 T1、T2、T3 时刻分别运行如表 10-12 所示的 SQL 语句。

表10-12 运行的SQL语句

时 刻	事 务 1	事 务 2
T1	begin; select * from account where name = 'bill'; /* bill 10 */	begin;
T2		update account set amount = 1000 where name = 'bill'; commit;
T3	select * from account where name = 'bill'; /* bill 1000 */ commit;	

可以看到，对于事务 1 而言，在 T1 和 T3 时刻看到的数据是不一致的，这就是不可重复读的现象。

5. 幻读

第一个事务对一个表中的数据进行了修改，这种修改涉及表中的全部数据行。同时，第二个事务也修改这个表中的数据，这种修改是向表中插入一行新数据。那么，以后就会发生操作第一个事务的用户发现表中还有没有修改的数据行，就好像发生了幻觉一样。

首先我们将级别设置为未提交读（Read uncommitted）或已提交读（Read committed），然后在 T1、T2、T3、T4 时刻分别运行如表 10-13 所示的 SQL 语句。

表10-13 运行的SQL语句

时 刻	事 务 1	事 务 2
T1	begin; select * from account where name = 'tom';/*empty set*/	begin;
T2		insert into account values('tom',12); commit;
T3	insert into account values('tom',12); commit;	
T4	select * from account where name = 'tom'; /*tom 12*/ /*tom 12*/	

对于事务 1 而言，首先在 T1 时刻查找名叫“tom”的账号，结果没找到，于是在 T3 时刻为“tom”创建了一个账号。由于事务 2 对事务 1 是透明的，事务 2 创建的账号这件事，事务 1 是不知道的。

但最后的结果是，数据库里有两条一模一样的“tom”账号。对事务 1 而言，明明依照合理的逻辑，只想创建一个“tom”账号，但事与愿违导致创建了两条，好像发生了“幻觉”。这也是“幻读”一词的来历。

一般情况下，幻读问题在可重复读的隔离级别下无法解决，只能在可串行化的隔离级别下解决。但 MySQL 采用 Next-Key Locking 来规避幻读问题。例如对以下 SQL 执行时：

```
SELECT * FROM demo_table WHERE id > 1 FOR UPDATE;
```

会对（1,+∞）范围内加锁，在这个范围内不允许进行插入数据的操作，从而避免了幻读现象。

10.10 MVCC 机制

MVCC（Mutli Version Concurreny Control）指多版本并发控制，是处理并发访问数据库问题的一种机制。它对正在事务内处理的数据做多版本的管理，用来避免由于写操作的堵塞而引起的读操作失败的并发问题。InnoDB 实现 MVCC 的机制基于快照，每个读操作在某个瞬间看到的是数据库的一个快照，多个读操作之间是相互透明的。

InnoDB 实现 MVCC 的方法是为每行记录增加了以下两个隐藏字段：

- 数据行的版本号（DB_TRX_ID），表示新增记录时的事务版本号。
- 删除版本号（DB_ROLL_PTR），表示删除记录时的事务版本号。

在可重复读的隔离级别下，MVCC 的操作如下：

- Insert。将 DB_TRX_ID 保存为当前的版本号。
- Delete。将 DB_ROLL_PTR 保存为当前的版本号。
- Update。Update 是 Insert 和 Delete 的组合操作，即同时将 DB_TRX_ID 和 DB_ROLL_PTR 保存为当前的版本号。
- Select。查找数据时要满足两个条件：只查找 DB_TRX_ID 小于等于当前版本号的数据行，这样查找的数据行，要么是已存在的记录，要么是本次事务中插入或修改的记录；DB_ROLL_PTR 为未定义或大于当前版本号，即本事务开始前，记录未被删除。

一般情况下，幻读问题在可重复读的隔离级别下无法解决，只能在可串行化的隔离级别下解决。但 MySQL 使用 MVCC 解决了这个问题。MVCC 是乐观锁的一种变种，读写操作之间不会相互阻塞，只有提交的时候才检查是否存在冲突，因此其优点是开销低。

10.11 DDL 操作

在实践工程中，经常遇到代码重构、需求变更等问题，需要对线上数据库进行修改表字段、新增、删除字段、新增表、删除表等操作。这些操作称为 DDL。这里补充一下 SQL 语言的分类。SQL 语言分为三个类别，如表 10-14 所示。

表10-14 SQL语言的分类

类 别	说 明	使用场景
DDL（Data Definition Languages）语句	数据定义语言，这些语句定义了不同的数据段、数据库、表、列、索引等数据库对象的定义	表结构变更、新增表、删除表等。常用的语句关键字主要包括 create、drop、alter 等
DML（Data Manipulation Language）语句	数据操纵语句，用于添加、删除、更新和查询数据库记录，并检查数据的完整性	增删改查操作，即 CURD
DCL（Data Control Language）语句	数据控制语句，用于控制不同数据段直接的许可和访问级别的语句。这些语句定义了数据库、表、字段、用户的访问权限和安全级别	控制用户权限和安全级别。主要的语句关键字包括 grant、revoke 等

DDL 对于记录数少、访问量低的库和表来说，一般不会存在问题，开发者选择深夜或凌晨等业务低谷的时候操作即可。

但对于记录数多（千万级或亿级）的库和表来说，DDL 操作会执行相当长的时间；对访问量高的库和表来说，即使 DDL 阻塞时间在秒级，也会造成业务中断，所以要慎重操作。这里举几个例子，说明常见的 DDL 方法。

例 1：字段修改。包括字段类型修改、字段重命名、增加字段、减少字段等操作。一般情况下，需要建新表，新表的表结构经过慎重考虑，为最终的目标表。首先启动旧数据刷到新表，同时在业务层面或数据库层面，开启旧表和新表的双写。等旧表数据全部刷到新表后，维持一段时间的双写，观察业务有无异常。如无异常，先选少量流量只访问新表，进行灰度。如灰度无异常，逐渐放量，直到全量替换。删除表的操作见下例讲解。

例 2：下线库表。一般不能直接删除库表。删除库表时，首先要确保库表无数据访问（读取、修改、新增、删除都不能有新的 SQL 进入），其次要进行数据备份，然后将库表重命名（以便快速恢复），最后观察一段时间后无异常，可以删除库表。

10.12 分库分表

无论实践或面试，都可能遇到存量数据过大的问题，如单表过亿，这种情况下，业务性能、扩展性都即将成为很严重的问题。“君之病在肠胃，不治将益深”。这里讲解一下解决方法。

总体方案是冷热分离、分库分表。这两种方案在数据表设计一节有讲述，不再重述，此处重点讲解实施方法。

先实施冷热分离，此步骤可将热数据的数量级迅速降低。以订单为例，大多数系统都将近几个月的数据作为热数据，之前的数据作为冷数据。冷数据用 ElasticSearch、HBase、Hadoop 等存储，提供低 QPS 的对外访问。完成此步骤之后，只需将注意力集中在热数据上即可。

对热数据的分库分表，具体措施如下：

（1）确认分表策略，是垂直分表还是水平分表，或者两者都需要。

（2）将业务数据进行双写：既写原来的单表，又写新建的分表。

（3）以灰度策略进行新旧表的切换。

（4）全量替换。

10.13　本章小结

MySQL 可以说是学习 PHP 过程中的里程碑。初学者经过一番努力，实现一个 PHP + MySQL 的小应用，学会了数据库的 CURD，这时可以说入门了；学习者能分析业务特点，设计字段合理、索引准确的数据表，是初级工程师必须要掌握的能力；能够考虑到表间关系、扩展性等细节，能够排查和优化 SQL，是中级工程师的要求；设计高可用、支撑高并发的业务架构则是高级工程师的要求。读者在学习理论的同时，需要留意实践中的应用。经验非常重要，仅有知识只能是纸上谈兵。

10.14　练　习

1. 梳理自己负责业务中的慢 SQL 情况，完成发现、定位、优化的过程，进行一次 SQL 优化的实践。

2. 读一本关系型数据库的应用、原理或内核解读的图书。

第 11 章

NoSQL 数据库

NoSQL（Not Only SQL）是区别于关系型数据库的数据库系统的统称。随着互联网向普通用户的普及，人们渐渐发现关系型数据库并不能完全解决高并发、大数据量、复杂业务的挑战，因此开发者开始寻求 KV 存储（Memcache，Redis、LevelDB）、文档型数据库（MongoDB）、列存储（HBase）等类型的 NoSQL 数据库。在 PHP 开发中，用得最多的 NoSQL 数据库是 KV 存储，而以 Memcache 和 Redis 为代表。本章重点讲解 KV 存储的知识及相关应用。

11.1 Memcache

11.1.1 内存管理

Memcache 的内存管理机制称为 SLAB 机制。SLAB 机制是将内存空间的每个页（page）预分配为不同大小的块（chunk）。每页的大小为 1MB。这也是 value 最大为 1MB 的原因。块的大小按照增长因子逐渐增大。增长因子初始值为 1.25，之后逐渐增大，最大值为 2。如下的命令可以查看块的分配。

```
$ memcached -vv
slab class   1: chunk size       96 perslab  10922
slab class   2: chunk size      120 perslab   8738
slab class   3: chunk size      152 perslab   6898
slab class   4: chunk size      192 perslab   5461
slab class   5: chunk size      240 perslab   4369
slab class   6: chunk size      304 perslab   3449
slab class   7: chunk size      384 perslab   2730
slab class   8: chunk size      480 perslab   2184
slab class   9: chunk size      600 perslab   1747
slab class  10: chunk size      752 perslab   1394
```

比方说一个 value 占 90 字节，存储时会选择能够容纳且最小的块，在上例中会选择 96 字节的块。

这说明 SLAB 机制会有一定程度的内存浪费。以空间换时间，是一个计算机领域里常见的博弈，在适合的场景里是一个不错的选择。

题目描述：Memcache 内部的数据结构如何？

解答：key 值按照 hashtab 存储，处理冲突的方式是链表。

11.1.2 一致性哈希

Memcache 没有实现服务端的集群策略，需要客户端来实现集群。

最常见的方式是取模运算。假设有 N 台 Memcache 结点，取 key 的最后一个字母的 ASCII 码 X，分配的策略如下：

```
i = X % N(0<=i<=N-1)
```

这样，key 映射到其中一台机器上。key 的命名随机，可以保证 key 的大体分布是均匀的。

但这种方式的缺陷是当机器数量增减时，计算的 i 会发生变化，不再指向存储 key 的机器，造成命中率大大降低。

一致性哈希就是为解决这个问题而提出的方案。当集群进行动态缩容/扩容时，一致性哈希可以保证只有 k/N（k 为所有 key 的数目）个 key 被重新映射存储位置（remap）。

一致性哈希算法描述如下：

- 将一个环形均匀分成 2^M 个部分，常见的 M 可以取 16、32、64 等，这个环形称为 continuum。
- 将结点进行哈希运算，其结果位于 1 至 2^M−1 之间，根据结果将结点放置在 continuum 上
- 对 key 进行哈希运算，其结果也位于 1 至 2^M−1 之间，将 key 放置在首个大于其值的结点上。
- 我们看如图 11-1 所示的例子。

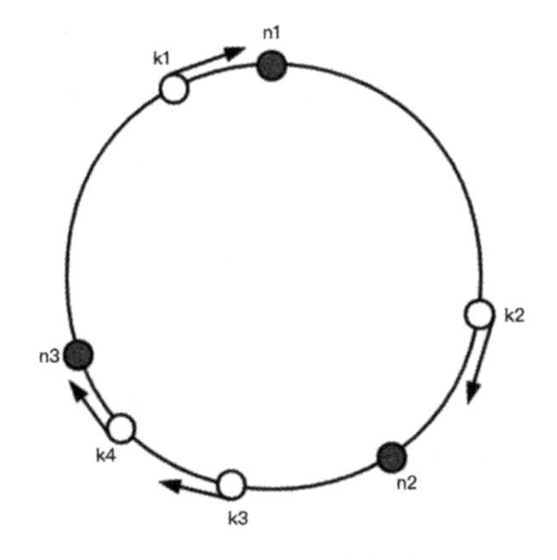

图 11-1 一致性哈希算法示例

假设结点所有 hash 值范围为 0 至 2^16−1。

图中有 3 个结点 n1、n2、n3，同时有 4 个 key，即 k1、k2、k3、k4。

结点哈希之后的值分别为 1000、30000、50000。

k1 的哈希值为 500，则取首个大于 500 的结点，即 k1 命中 n1 结点。

k2 的哈希值为 15000，则取首个大于 15000 的结点，即 k2 命中 n2 结点。

依此类推，每个 key 值都能找到对应的结点。

如果缩容或扩容，将有多少个结点会重新映射呢？

如图 11-2 所示。

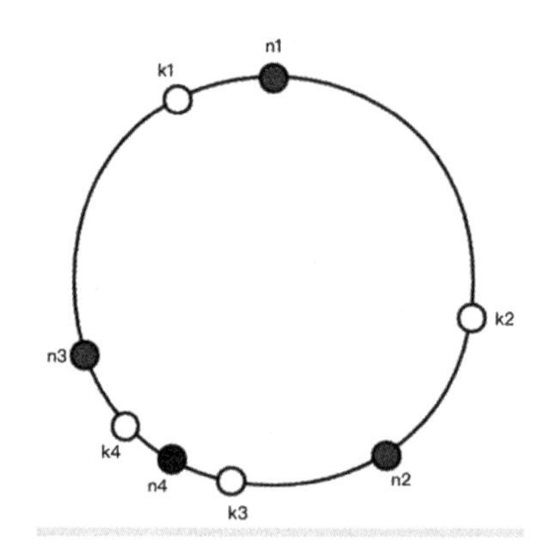

图 11-2　结点的缩容或扩容

由图 11-2 中可以看到，只有 k3 由 n3 迁移到 n4。因此，结点数目越多，缩容或扩容所影响的 key 的比例越小。

11.2　Redis

11.2.1　数据结构

Redis 的常用数据结构有字符串（string）、哈希表（hash）、列表（list）、集合（set）和有序集合（sorted set）。

1. 字符串

字符串是 Redis 最常用的数据结构，实现最基础的 Key-Value 存储。设置数据的命令格式为：

```
SET key value [EX seconds] [PX milliseconds] [NX|XX]
```

常见的应用场景有以下几种：

- 缓存热点数据。例如从数据库读出的数据，如果数据在一段时间内没有进行更新，可以缓存一份在 Redis，加快数据获取速度，缓解数据库的压力。
- 计数器。例如粉丝数目加 1 或减 1，收到消息数目加 1 或减 1。
- 分布式锁。例如实现幂等性接口时，第一次请求接口时，可以设置一个带过期时间的锁（Key）。请求再次到达时，如果锁存在，就不重复操作。

2. 哈希表

哈希表是类似于 Map 的一种数据结构，存储 field 和 value 的映射关系。适用于存储对象、结构化的数据。设置数据的命令格式为：

```
HSET hash field value
```

常见的应用场景有以下几种：

- 对象数据。例如用户有各种属性，性别为男或女，年龄 X 岁，居住地为某地，适合哈希表存储。
- 结构化数据。例如实现购物车功能时，field 存储商品 ID，value 存储购买个数，这种结构对于增加、减少、删除都非常高效。

3. 列表

列表是类似于双向队列的一种数据结构，各个元素之间是一种线性关系。设置数据的命令格式为：

```
LPUSH key value [value …]
RPUSH key value [value …]
```

常见的场景有以下几种：

- 队列。例如秒杀或者春运抢火车票类似的活动中，大量请求在短时间内涌入，系统处理不过来。可以采用列表，按照请求到达时间的顺序来缓存请求，有序地处理请求。
- 列表。例如最新微博列表、邮箱的最新消息列表等。

4. 集合

集合类似于代数中的集合概念，一个集合中元素不会重复，并且支持交集、并集、差集等运算。设置数据的命令格式为：

```
SADD key member [member …]
```

常见的应用场景有以下几种：

- 资源池。例如晚会抽奖，可以将各奖项投入到集合里，随机抽取。
- 关系计算。例如将关注我的用户（粉丝）放到集合里，利用集合运算查找共同好友、二度关系等。

5. 有序集合

有序集合相对于集合，增加了 score 参数，有序集合里的元素按照 score 有序排列。设置数据的命令格式为：

```
ZADD key score member [[score member] [score member] …]
```

常见的应用场景有以下几种：

- 排行榜。例如各类排行榜，按照某个分值进行排序。
- 时间排序的消息。
- 排序。例如对某个实体按照操作数进行排序，例如微博的点赞数、文章的阅读数，按照数目进行排序。

11.2.2 面试题

面试题一

Redis 支持的数据结构有哪些，各自的应用场景是什么？

答案见以上讲解。

可以先讲五种基本的数据结构，最好能结合项目中的具体应用。

（1）字符串是 Redis 最常用的数据结构，实现最基础的 Key-Value 存储。常见的应用场景有缓存热点数据，计数器，分布式锁等。

（2）哈希表是类似于 Map 的一种数据结构，存储 field 和 value 的映射关系。常见的应用场景有对象数据，结构化数据等。

（3）列表是类似于双向队列的一种数据结构，各个元素之间是一种线性关系。常见的应用场景有队列，列表等。

（4）集合类似于代数中的集合概念，一个集合中元素不会重复，并且支持交集、并集、差集等运算。常见的应用场景有资源池，关系计算等。

（5）有序集合相对于集合，增加了 score 参数，有序集合里的元素按照 score 有序排列。常见的应用场景有排行榜，时间排序的消息，排序等。

作为加分项，可以讲下 bitmap、GeoHash、Pub/Sub 等高级数据结构。

面试题二

明星结婚、分手为什么会使服务器宕机？如何解决？

明星结婚、分手是一个热点信息，从技术角度来看，会对系统带来以下变化：

- 活跃用户增多。好奇之心人皆有之。大量沉默用户有可能会被激活，想要“一睹盛况”。这带来了“读请求”的激增。
- 频繁互动。对原博文的评论点赞、大量的转发、对转发内容的评论点赞，犹如“一石激起千层浪”，带来了“写请求”的增长。

总结一下，热点信息带来了短时的读写请求的高峰。

从存储的角度来看，难点在哪里呢？

首先存储系统肯定是集群部署的。一般情况下，我们都假设集群中的各个结点的负载是均衡的。但是热点信息打破了平衡。假设热点信息被存储在 A 集群的 a 结点，那么 A.a 结点的负载可能会短时间内超出平时负载的多倍，很有可能造成 A.a 结点宕机。而 A.a 结点宕机后，集群会将存储数据重新均衡到 A.b 结点，但很快 A.b 结点也撑不住了。以此类推，存储系统会有雪崩的危险。

其次，大量的写操作，可能造成大量 key 被重写，命中率下降等问题。如果有持久化的操作，也会频繁地启动持久化的进程，消耗一定的系统资源。

解决此问题的一般思路如下：

- 负载均衡。存储系统消耗 IO 资源，应用系统消耗 CPU 资源。无论存储系统还是应用系统，都要加强负载均衡，以避免瞬时峰值落在单一结点之上。
- 弹性扩容。平时不需要那么多服务器资源，但发生热点事件时，需要弹性扩容。某次某明星发布恋爱关系时，某公司增加了 1000 台服务器来应对。
- 服务降级。当负载过重时，主动放弃低优先级的服务，优先保证高优先级的业务。
- 预测预警。监控系统发现流量突增时，需要及时关注并查找原因。

其实已有公司有了比较成熟的解决方案，读者可以查找其分享的技术方案。

11.2.3　位图应用

1. 位图的概念

位图（bitmap）是一种数据结构，代表了有限域中的稠集（dense set），每一个元素至少出现一次，没有其他的数据和元素相关联。简单地说，位图采用 bit 为单位记录某种信息，每位有 0 或 1 两种值。位图在索引和数据压缩等方面有广泛应用。Redis 支持位图操作，其命令如表 11-1 所示。

表11-1　Redis 支持位图操作的命令

命　令	格　式	说　明
SETBIT	SETBIT key offset value	设置 offset（偏移量）位置的值为 0 或 1
GETBIT	GETBIT key offset	获取指定偏移量上的位
BITCOUNT	BITCOUNT key [start] [end]	计算给定字符串中被设置为 1 的比特位的数量
BITPOS	BITPOS key bit [start] [end]	返回位图中第一个值为 bit 的二进制位的位置
BITOP	BITOP operation destkey key [key …]	对一个或多个保存二进制位的字符串 key 进行位元操作，并将结果保存到 destkey 上
BITFIELD	BITFIELD key [GET type offset] [SET type offset value] [INCRBY type offset increment] [OVERFLOW WRAP|SAT|FAIL]	BITFIELD 命令可以将一个 Redis 字符串看作是一个由二进制位组成的数组，并对这个数组中储存的长度不同的整数进行访问（被储存的整数无须进行对齐）

2. 计算活跃天数

类似的问题还有打卡类应用中计算累计签到天数、Github 的提交记录等，如图 11-3 所示。

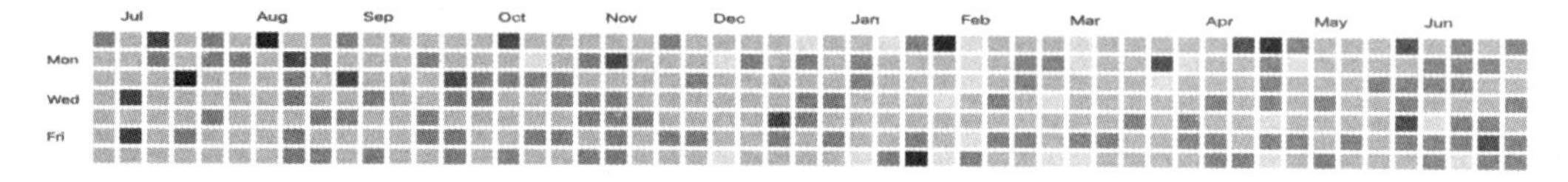

图 11-3　计算活跃天数的例子

我们以 2019 年 6 月份的签到记录为例，offset 为日期相对于 6 月 1 日的天数，从 0 开始计数。当天签到为 1，未签到为 0。如图 11-3 所示，用户在偏移量为 1、5、6、7、8、12、18 的日期有签到记录。

命令记录如下：（源码文件：ch11/bitcount.txt）

```
$ redis-cli
127.0.0.1:6379> SETBIT checklog_1906 1 1
(integer) 0
127.0.0.1:6379> SETBIT checklog_1906 5 1
(integer) 0
127.0.0.1:6379> SETBIT checklog_1906 6 1
(integer) 0
127.0.0.1:6379> SETBIT checklog_1906 7 1
(integer) 0
127.0.0.1:6379> SETBIT checklog_1906 8 1
(integer) 0
127.0.0.1:6379> SETBIT checklog_1906 12 1
(integer) 0
127.0.0.1:6379> SETBIT checklog_1906 18 1
(integer) 0
127.0.0.1:6379> BITCOUNT checklog_1906
(integer) 7
```

最后记录累计签到 7 天。

记录累计签到天数，是否可以采用字符串数据结构呢？每签到一天计数加 1。

答案：可以，但非最优。采用字符串数据结构要额外解决以下两个问题：

- 重复签到的去重问题。用户在某天签到两次，需要额外的信息记录用户是否已经签过到。
- 无法回溯。字符串无法记录用户哪几天签到。

采用位图，自带去重，并且可以根据 offset 回溯用户签到的日期。因此采用位图实现为最佳方案。

3. 面试题：计算最长子序列

在签到日期的问题中，经常遇到“最长连续签到天数”的计算。例如连续签到 3 天，第 4 天未签到，那么计算“最长连续签到天数”时，就要重新计数了。

首先我们将 bitmap 的内容取出，会看到类似于“10001111000100000100000”的 0 和 1 组成的字符串，那么问题可转换为最长连续子序列或最大连续为 1 的个数。

将 bitmap 内容取出时，最初结果为二进制，需要转换为 01 字符串。示例代码如下：

```
$redis = new Redis();
$redis->connect('127.0.0.1', 6379);
$v = $redis->get('checklog_1906');
$v = unpack('H*', $v);//按十六进制解析,$v = 478820;
$v = base_convert($v[1], 16, 2);//将十六进制转换为二进制
```

计算最长子序列的算法如下：

```
$v = '10001111000100000100000';
echo find_longest_seq($v);

//找到最长子序列，$str 为二进制字符串。
function find_longest_seq($str){
    $len = strlen($str);
    $max = $cur = 0;
    for($i = 0;$i<$len;$i++){
        if('1' == $str[$i]){
            $cur++;
        }else{
            $max = max($cur,$max);
            $cur = 0;
        }
    }
    return max($max,$cur);
}
```

上述代码都可以在 ch11/longest_seq.php 文件里看到。

11.2.4　持久化策略

Redis 的持久化有 RDB 和 AOF 两种策略，前者为快照，后者为追加式日志文件。

1. RDB

RDB（Redis DataBase）是某一时刻数据库的数据快照。Redis 可以按照配置的时间间隔，在适当的时刻把数据库状态保存在经过压缩的二进制文件里。默认的配置如下：

```
save 900 1
save 300 10
save 60 10000
```

它定义了三个启动备份 RDB 的条件：

- 在 900 秒内，Redis 服务器至少有 1 次修改操作。
- 在 300 秒内，Redis 服务器至少有 10 次修改操作。
- 在 60 秒内，Redis 服务器至少有 10000 次修改操作。

当任意一个条件满足时，主进程会启动一个 BGSAVE 进程进行备份，不会阻塞到主进程。另外可以用 SAVE 命令主动进行备份，此时主进程会阻塞。

优点：

- RDB 将某时刻的 Redis 服务器的全部状态保存在一个二进制文件里，适合做备份。可以定时对 RDB 文件进行归档，以便在需要的时候回退到不同的版本。
- RDB 在执行持久化时，主进程会 fork 一个子进程进行备份，不会阻塞到主进程。
- Redis 服务器启动时，从 RDB 恢复数据比 AOF 速度快。
- RDB 适合灾备。首先单文件适合在不同服务器之间传输，另外数据恢复较快。

缺点：

- RDB 的数据备份间隔比 AOF 要长，所以容易造成数据的丢失。
- RDB fork 子进程进行数据的持久化时，虽然不阻塞主进程，但是要消耗 CPU 和 IO 资源，在系统繁忙时可能会出现服务中止的情形。这个缺点其实可以避免的。不要在集群的 master 上进行持久化工作，可以在 slave 机器上启动 RDB 备份。

2. AOF

AOF（Append Only File）是追加式日志文件，记录服务器的每条写命令。AOF 文件是普通文本文件。服务器每次执行一个写命令，都会将命令追加到 AOF 文件末尾。需要注意的是，在 Linux 系统中，执行 write 函数将数据从内存写入到磁盘文件时，数据并非立即写到磁盘中，而是暂时放置在内存中一个缓冲区，直到缓冲区满，或者超过时间限制，或者主动调用 fsync 函数时，才将缓冲区的数据真正写入到磁盘文件中。AOF 的持久化策略分为以下三种：

- appendfsync everysec。每秒执行一次 fsync，这是 Redis 的默认配置。这种配置兼顾了速度和安全性，服务器最多丢失 1 秒的数据。
- appendfsync always。每次执行写命令时都执行 fsync。这种配置使得速度最慢，但数据最安全。
- appendfsync no。不主动执行 fsync，交由操作系统自行处理。这种配置使得速度最快，但数据丢失可能最多。

优点：

AOF 比 RDB 更可靠。默认的 fsync 策略是每秒执行一次，服务器最多丢失 1 秒的数据。

AOF 文件为纯追加文件，每次写入都附加在文件末尾，顺序写入磁盘，速度较快。

当 AOF 文件过大时，Redis 会在后台自动重写 AOF 文件。重写操作是安全的，Redis 创建一个新文件来重建当前数据集的最小操作命令集合，同时继续往旧文件里追加日志。当新文件完成之后，Redis 会切换新旧文件，然后开始把数据写到新文件上。

缺点：

对于相同的数据集，AOF 文件的大小一般会比 RDB 文件大。

在 fsync 设置为 always 的策略下，AOF 的速度比 RDB 慢。默认情况下每秒执行一次 fsync 的策略就能获取较高性能。禁用 fsync 可以使性能达到 RDB 的程度，而且可靠性要高。

3. 面试题

题目描述 1：服务器启动时，RDB 和 AOF 的数据恢复顺序是什么样的？

解答：由于 AOF 的更新频率比 RDB 高，所以 Redis 启动时，优先使用 AOF 来还原数据库状态。首先查看服务器是否开启了 AOF 持久化功能，如果开启了，那么优先使用 AOF 来还原数据库状态；其次只有服务器的 AOF 持久化功能处于关闭状态时，才使用 RDB 来还原数据库状态。

题目描述 2：Redis 与 Memcached 的区别与比较。

解答：

① 支持的数据类型。Memcache 仅支持简单的数据类型，即字符串 string；Redis 支持的数据结构包括 string、hash、list、set 和 zset。

② 数据备份。Memcache 不支持数据备份，Redis 支持 master -- slave 模式的数据备份。

③ 持久化。Memcache 的全部数据在内存中，Redis 支持将内存数据持久化到磁盘文件中。

④ 网络模型。Memcache 采用多线程、非阻塞 IO 复用的网络模型，Redis 采用单线程的 IO 复用模型。

⑤ 数据大小。Memcache 的 value 大小最大值为 1MB；Redis 的 String 类型的 value 最大为 512MB。

⑥ 集群。Memcache 自身没有集群功能，依靠客户端实现 Memcache 服务器的分布式管理和使用；Redis 支持集群，同时业内也有一些成功的开源 Redis 集群方案。

我们以表 11-2 总结一下。

表11-2 Memcache和Redis的比较

对比项目	Memcache	Redis
数据库定位	NoSQL 非关系型数据库	Key-Value 缓存系统
数据类型	string	string、hash、list、set 和 zset
附加功能	多线程	Pub/Sub Bitmap GeoHash Lua 脚本支持
进程模式	多线程	单进程
事件库	LibEvent	AeEvent
持久化	不支持	RDB、AOF
集群	依靠客户端	官方方案、开源方案

11.3 集群介绍

在实际工程中，通常以集群形式来使用 Redis，以应对巨大的数据量。本节介绍几种常用的 Redis 集群。

11.3.1 Codis

Codis 使用 Go 语言编写，采用 zookeeper 存储服务器配置。Codis 作为 client 和 Redis Server 之间的代理，它接收 client 的命令，将写请求的数据分片存储到 Redis Server 里，把读请求的数据从 Redis Server 里读出返回给 client。Codis 的水平扩展性较好，只是牺牲了 Pub/Sub、Transactions 等命令。

Codis 是 Wandoujia Infrastructure Team 开发的一个分布式 Redis 服务，用户可以看成是一个无限内存的 Redis 服务，有动态扩/缩容的能力。对偏存储型的业务更实用，如果你需要 Sub/Pub 之类的指令，Codis 是不支持的，要记住 Codis 是一个分布式存储的项目。对于海量的 key，value 不太大（≤1M），随着业务扩展缓存也要随之扩展的业务场景有特效。

Codis 是一个分布式 Redis 解决方案，对于上层的应用来说，连接到 Codis Proxy 和连接原生的 Redis Server 没有显著区别（除了不支持一些命令），上层应用可以像使用单机的 Redis 一样使用，Codis 底层会处理请求的转发，不停机的数据迁移等工作，所有后边的一切事情，对于前面的客户端来说是透明的，可以简单地认为后边连接的是一个内存无限大的 Redis 服务。

Codis 的架构如图 11-4 所示。

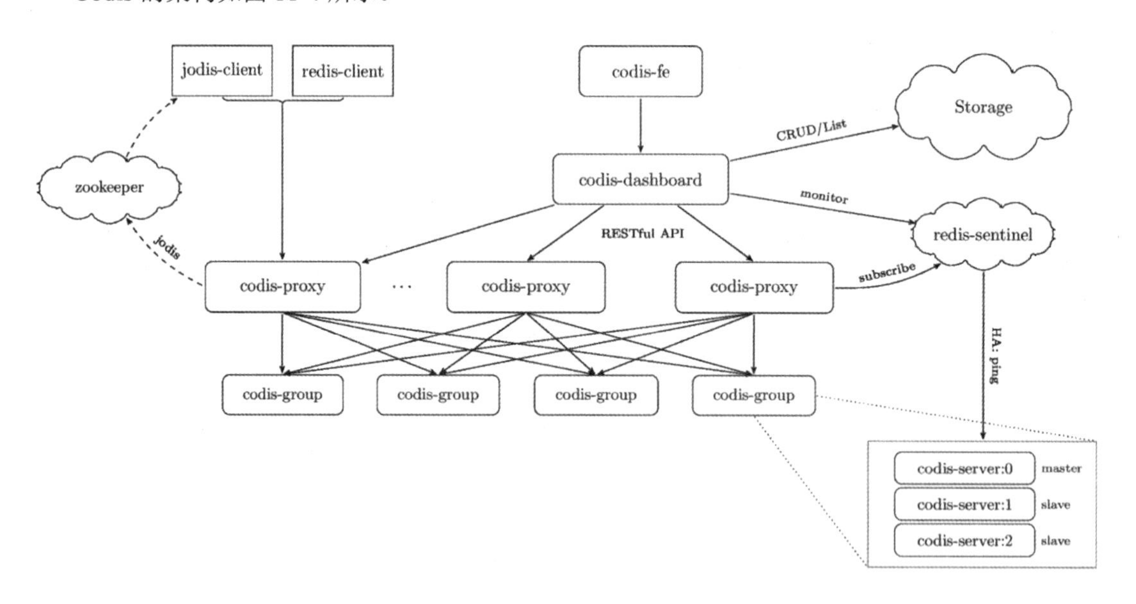

图 11-4 Codis 的架构图

项目地址：https://github.com/CodisLabs/codis

11.3.2　Twemproxy

Twemproxy 是 Twitter 公司开源的一个快速和轻量级的 Redis 集群方案。Twemproxy 支持的特性如下：

- 维持服务器长连接。
- 将后端缓存服务器上的连接计数保持在较低水平。
- 支持请求和响应的管道操作。
- 支持多台服务器的代理工作。
- 同时支持多台服务器池。
- 自动在多台服务器之间分片数据。
- 实现了 Memcached 和 Redis 协议。
- 使用 YAML 文件来简化服务器池的配置。
- 支持一致性 hash。
- 结点故障时可以屏蔽结点。
- 监控端口统计的数据可视化。

项目地址：https://github.com/twitter/twemproxy

11.3.3　Redis Cluster

Redis Cluster 是官方方案，从 3.0 版本正式提供。Redis Cluster 可以自动在多个 Redis 结点之间进行数据分片，同时在一定程度上提高了可用性。当某些结点发生故障或失去连接时，集群仍然可以运行。Redis Cluster 主要完成以下两件事情：

- 自动在各个结点之间分配数据集。
- 当一部分结点发生故障或失去连接时，保证集群的正常运行。

Redis 集群使用数据分片（sharding）而非一致性哈希（consistency hashing）来实现。一个 Redis 集群包含 16384 个哈希槽（hash slot），数据库中的每个键都属于这 16384 个哈希槽的其中一个，集群使用公式 CRC16(key) % 16384 来计算键 key 属于哪个槽，其中 CRC16(key) 语句用于计算键 key 的 CRC16 校验和。

三种集群方案的比较如表 11-3 所示。

表11-3　三种集群方案的比较

Item	Codis	Twemproxy	Redis Cluster
不重启集群重新分片	是	否	是
管道	是	是	否
多个 key 的 hash tag 操作	是	是	是
重新分片时的多个 key 操作	是	-	否
Redis 客户端支持情况	所有客户端都支持	所有客户端都支持	所有客户端都需要支持集群协议

11.3.4 面 试 题

题目描述 1：Redis Cluster 的实现原理是什么？

解答：无论哪种 Redis 集群，都要解决两个非常现实的问题：

（1）业务持续增长带来的扩容问题；

（2）保证业务稳定的容错、快速恢复能力。

Redis Cluster 通过数据分片功能来实现快速的横向扩容。同时 Redis Cluster 使用了哈希槽，Key 的分布使用公式 CRC16(key) % 16384 来确定其所属的位置。

Redis Cluster 支持主从复制和主结点的故障自动转移，当任一结点发生故障时，集群仍然可以对外提供服务。

题目描述 2：为什么 Redis Cluster 采用 16384 个哈希槽？

解答：有用户问到为什么 Redis Cluster 采用 16384 个哈希槽，这是因为 crc16()有 2^16-1=65535 个不同的余数。

Redis 作者 antirez 的回答如下：

正常的心跳包携带一个结点的完整配置，该配置可以用幂等方式替换和更新旧配置。这意味着心跳包包含原始形式的、结点的哈希槽配置，它拥有 16KB 个哈希槽，共占用 2KB 空间，但是如果使用 65KB 个哈希槽，将占用 8KB 空间。

同时，由于 Redis 其他设计上的权衡，Redis Cluster 不太可能扩展到超过 1000 个主结点。所以在最多 1000 个主结点的情况下，16k 是一个合适的范围，可以容纳足够的哈希槽。此外，16KB 也是相对较小的数字，可以很容易地将哈希槽的配置以原始位图的方式进行传输。请注意，在小型集群中位图难以压缩，因为当 N 很小时，位图将有哈希槽数目/N 位，这是位集合的很大一部分。

11.4 本章小结

NoSQL 的应用很广泛，读者在实际工作中，如果条件允许，可以适当引入一些新的 NoSQL 技术。例如通过合理使用 Redis 的各种数据结构，借助 MongoDB 来保存一些结构复杂的 JSON 数据等。

11.5 练 习

1. 阅读 Redis 的源码或研究内核实现。
2. 搭建 Memcache、Redis 集群。

第 12 章

数据结构与算法

计算机的数据是现实世界的一种抽象表示，例如队列对应于排队，树对应于组织架构，图对应于社交关系。数据结构就是从现实世界的抽象的成果，再对抽象的数据结构进行算法研究，以解决现实世界的实际问题。数据结构和算法是面试中的必考题，通过观察一个候选人对数据结构和算法的理解，往往可以判断出候选人的计算机基础知识是否扎实、编程能力是否过关。本章将对常见的数据结构和算法进行讲解。

12.1 栈和队列

12.1.1 栈

栈是一种后进先出（Last In First Out，LIFO）的数据结构，只允许两种操作：

- push，入栈操作，作用是将元素加入到栈顶。
- pop，出栈操作，作用是将栈顶的元素弹出栈。

如图 12-1 所示，电梯就是典型的栈的应用。进入电梯时，大家的顺序是 1、2、3，但走出电梯时，大家的顺序变为 3、2、1。

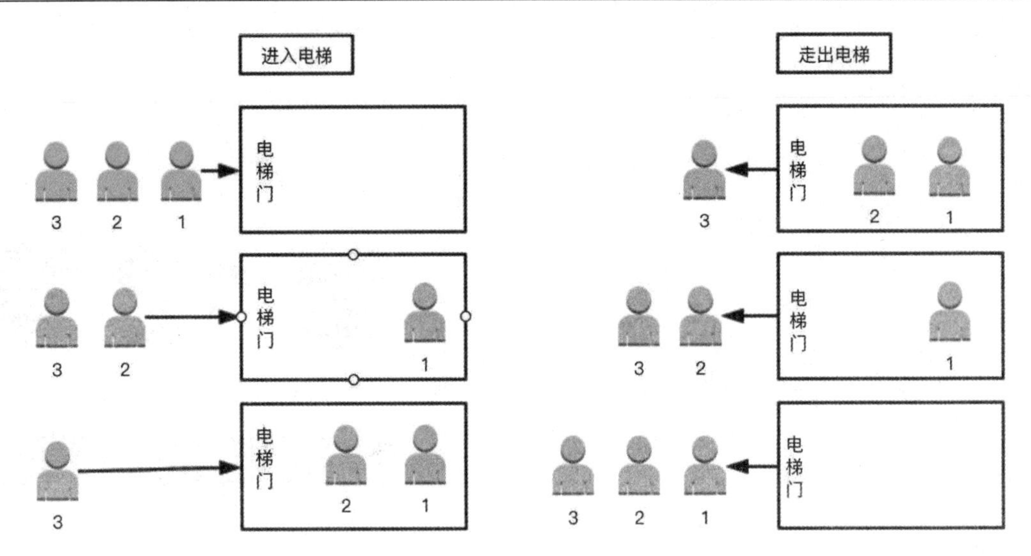

图 12-1 栈的示例

栈的表示如图 12-2 所示。可以进行操作的只有栈顶，入栈和出栈操作都是对栈顶元素进行的。

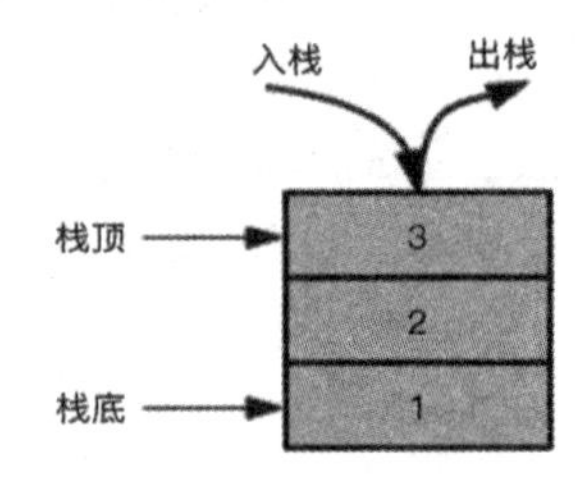

图 12-2 栈的工作原理

栈的应用很广，这里我们以两个面试题为例学习栈的用途。

12.1.2 栈的面试题

题目描述 1：如何将十进制的数字转换为二进制（或任意进制）。

解答：转换方法如下：

① 把需要转换的数字作为被除数，除以 2，得到商和余数。

② 将商继续除以 2，直到商为 0，保存所有余数。

③ 将所有余数倒序排列就是转换结果。

例如 5 转换为二进制的计算过程如表 12-1 所示。

表12-1 5转换为二进制的计算过程

被 除 数	计算过程	商	余 数
5	5/2	2	1
2	2/2	1	0
1	1/2	0	1

最后将余数倒序排列就是 101。

可以看到，最后的结果与计算的步骤是颠倒的，这正好可以利用栈来实现。

程序实现代码如下：（源码文件：ch12/base_convert.php）

```
1  <?php
2  echo my_base_convert(5,2);
3  function my_base_convert($number,$tobase = 2){
4   $stack = [];//保存所有余数
5   while($number){
6       $remainder = $number % $tobase;//余数
7       array_push($stack,$remainder);//余数入栈
8       $number = (int)($number / $tobase);//继续相除
9   }
10  $result = '';
11  while($stack){
12      $result .= array_pop($stack);//倒序出栈
13  }
14  return $result;
15 }
```

第 3 行我们定义一个名为 my_base_convert 的函数，$number 表示需要进行转换的数字，$tobase 表示转换的进制，默认为二进制。

第 5 至 9 行进行计算，并将每个步骤计算的余数入栈。

第 11 至 13 行，将栈的所有元素倒序出栈，得到的结果就是转换后的结果。

题目描述 2：给定一个由大括号、中括号、小括号组成的表达式，计算括号是否匹配。例如{[()]}是匹配的，[{(])}是不匹配的。

解答：给定一个表达式，当我们遇到左括号{ [(时，并不能判断是否与之前的匹配，只能存储起来。当遇到右括号时，此时需要判断前一个符号是否与之相匹配，如{}、[]、()。

程序实现代码如下：（源码文件：ch12/brackets_match.php）

```
1  <?php
2  $str = '{[(1+2)*2]*3}';
3  var_dump(brackets_match($str));
4  function brackets_match($str){
5   $stack = [];
6   $left = ['{','[','('];//存放左括号
7   $right = ['}',']',')'];//存放右括号
8   for ($i=0; $i < strlen($str); $i++) { //对字符串的每个字符进行遍历
9       if(in_array($str[$i],$left)){//如果当前字符属于左括号，只需入栈，不进行判断
10          array_push($stack,$str[$i]);
11      }else if(in_array($str[$i], $right)){//如果当前字符属于右括号，需要判断
12          $pre = array_pop($stack);//取出最后一个入栈的字符
13          // 使用 switch 来对比遇到的字符
14          switch ($str[$i]) {
15              case '}':
```

```
16                  $expected = '{';
17                  break;
18              case ']':
19                  $expected = '[';
20                  break;
21              case ')':
22                  $expected = '(';
23                  break;
24              default:
25                  $expected = '';
26                  break;
27          }
28          if($pre != $expected) return false;
29      }
30  }
31  return empty($stack) ? true : false;
32  }
```

第 4 行定义了名为 brackets_match 的函数，来检测表达式里的括号是否完全匹配。

第 5 行定义了一个栈，用来存放识别到的括号。

第 6 至 7 行定义了左括号和右括号，注意相同坐标的两个字符是相互匹配的。

第 8 至 30 行处理整个字符串的每个字符。

第 9 行判断如果当前字符属于左括号，只需入栈，不进行判断。

第 11 行如果当前字符属于右括号，需要进入判断流程。

第 12 行取出栈顶的元素。

第 13 至 27 行，按照匹配规则，找到期望的结果。例如当前字符为}，则期待前一个字符为{。这里遗留一个思考题，此处算法可以简化，读者请自行考虑实现方法。

第 28 行，将栈顶元素和期望字符进行比较，如果相同则匹配成功。

第 31 行，判断栈是否为空，为空表示所有的括号都已经匹配成功了。这里提另一个思考题：如果不判断栈是否为空是否可以？能否举出反例？

需要注意的是，这个题目有一种流行但错误的解法，这里描述一下。

将左括号赋值为负数，右括号赋值为对应的正数，如表 12-2 所示。

表12-2 左右括号的赋值

左 括 号	赋 值	右 括 号	赋 值
(	-1	)	1
[	-2	]	2
{	-3	}	3

对一个表达式而言，将所有的括号加起来，如果和为 0，则表示括号匹配。

其实和为 0 是括号匹配的必要条件，而非充分条件。即所有括号匹配的表达式，和一定为 0。但是和为 0 的表达式，不一定满足括号匹配。这里举两个反例：

（1）括号数目相等但位置错乱。表达式[(])的和为(−2)+(−1)+2+1=0，但该表达式并不匹配。

（2）括号数目不相等。表达式{])的和为 3+(−2)+(−1)=0，但该表达式也不匹配。

12.1.3 队 列

队列是一种先进先出（First In First Out，FIFO）的数据结构。标准的队列允许两种操作：

- 入队列（enqueue），在队尾新增元素。
- 出队列（dequeue），在对头取出元素。

队列的表示如图 12-3 所示。

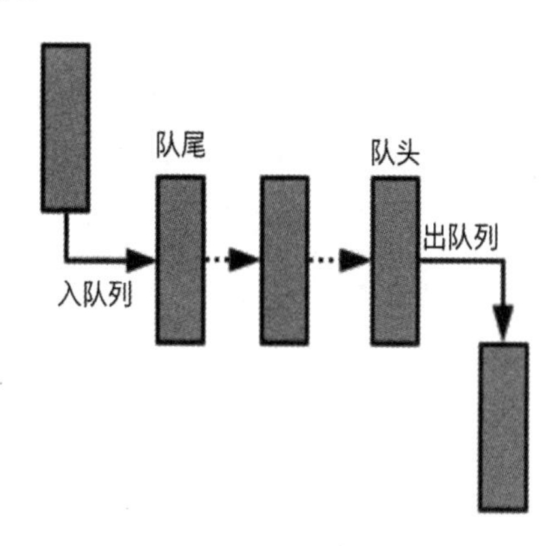

图 12-3　队列的原理

队列的作用很多，这里举几个例子：

1. 消息队列（Message Queue，MQ）

在一些复杂操作中，通常不需要将所有动作同步处理，一些非必要动作可以提交到消息队列来异步处理。例如提交订单之后需要给用户的邮件或手机发通知告知订单提交成功，这个动作允许一定的延迟，可以提交给消息队列来处理。

2. 缓冲区（buffer）

谷歌工程师 Jeff Dean 在一篇文章中写道：读取内存需要 100ns 左右的时间，但读取硬盘 1MB 数据大约需要 30ms 的时间，差别 30 万倍。为了提高 IO 的吞吐量，操作系统及主流编程语言提供了缓冲区的概念。需要写入硬盘的数据，通常不会立即写入，而是在内存中分配一块区域作为缓冲区，当缓冲区满时才往硬盘写入。这也是队列的一个典型应用。

3. Redis 列表

Redis 的列表是一个队列，它的常用场景是保存顺序进入并且需要顺序处理的数据。例如电商常用的“秒杀”活动，因为并发量较大，需要将请求存入队列中挨个处理。

4. 网络请求排队

读者有过在 12306 买火车票的经历吧。到放票的时刻，大家都发送抢票的网络请求，但售票系统会将所有的请求，按照到达时间进行排队，先到先得。这也是队列的应用。

PHP 的数组并不是一个“标准”的队列，它不但允许在队尾入队列、在队头出队列，还允许“插队”（在队头入队列）和“掉队”（在队尾出队列），如表 12-3 所示。

表12-3 PHP 队列相关函数

函 数 名	作 用
array_shift	将数组开头的单元移出数组
array_unshift	在数组开头插入一个或多个单元
array_push	将一个或多个单元压入数组的末尾（入栈）
array_pop	弹出数组最后一个单元（出栈）

12.2 链 表

12.2.1 链表的概念

链表是一种线性的数据结构。链表的每个结点都有数据域和指针域，数据域存储值，指针域存储前一个或后一个结点。链表的优点是不必事先分配空间，也不必保持空间连续，缺点是遍历时需要查找地址，可能造成多次寻址；另外，链表不能随机存取，只能通过遍历找到相应结点之后再处理。链表的常见用途是处理哈希冲突时，以链表维持冲突的键值列表。

链表分为单链表和双向链表。单链表只有 next 指针，只能沿着一个方向进行遍历。双向链表有 prior 和 next 指针，可以向前或向后遍历。

单链表的结点的数据结构可以表示如下：（源码文件：ch12/link_node.php）

```
class LinkNode{
   private $value = null;
   private $next = null;
}
```

双向链表的结点的数据结构可以表示如下：（源码文件：ch12/double_link_node.php）

```
class DoubleLinkNode{
    private $value = null;
   private $next = null;
          private $prior = null;
}
```

12.2.2 面 试 题

题目描述 1：描述双向链表插入一个结点的过程。例如在图 12-4 所示的 p 和 q 结点之间插入一个结点 r。

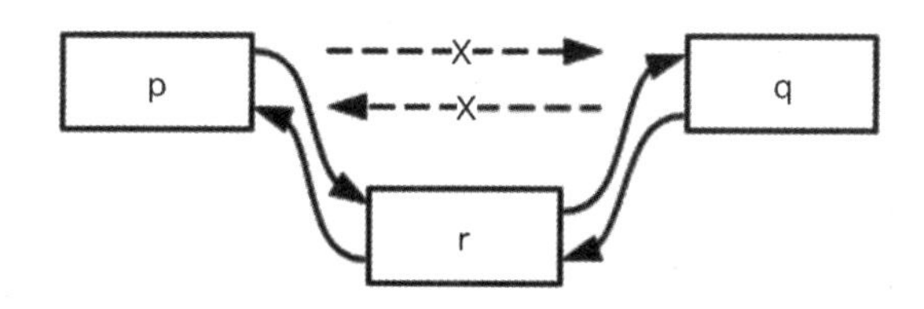

图 12-4　链表插入结点的情形

解答：在双向链表中插入一个结点的过程大概分为 4 步，如表 12-4 所示。

表12-4　链表插入元素的过程

步　骤	解　释
r->prior = p	r 的前驱指向 p
r->next = p->next	r 的后驱指向 q
p->next->prior = r	q 的前驱指向 r
p->next = r	p 的后驱指向 r

这里的关键是保持操作过程中 q 能够被找到，所以第 2 步和第 3 步不能颠倒。

题目描述 2：描述在双向链表中删除一个结点的过程。例如删除如图 12-5 所示的 r 结点。

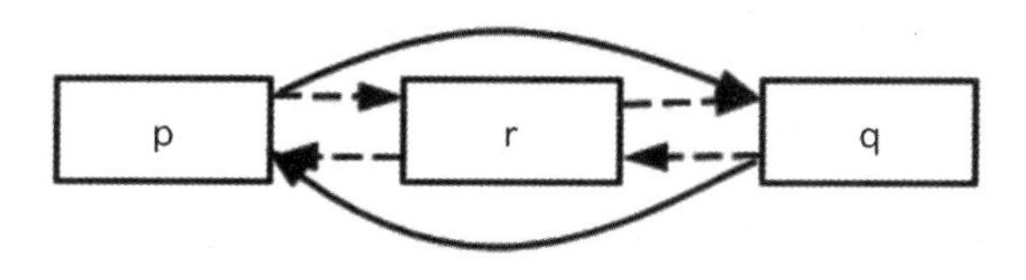

图 12-5　双向链表插入结点

解答：在双向链表中删除一个结点的过程大概分为 3 步，如表 12-5 所示。

表12-5　双向链表插入结点

步　骤	解　释
r->prior->next = r->next	将 p 的后驱指向 q
r->next->prior = r->next	将 q 的前驱指向 p
free(r)	释放 r 占用的空间

题目描述 3：给定一个单链表，找到位于中间的结点。

解答：解决方法是快慢指针，慢指针一次走 1 步，快指针一次走 2 步。当快指针到达结尾的时候，慢指针刚好到中点。类似的题目还有判断链表有无环，思路类似。

程序实现代码如下：（源码文件：ch12/find_middle_element.php）

```
//如果链表的长度为奇数，则返回中间元素。如果长度为偶数，返回中间之前的元素
function find_middle_element($linkNode){
    $slow = $linkNode;
    $fast = $linkNode;
    while ($fast != null && $fast->getNext() != null) {
```

```
            $fast = $fast->getNext()->getNext();
            if(!$fast){
             break;
            }
            $slow = $slow->getNext();
        }
        return $slow;

    }
```

12.3 树的定义及分类

12.3.1 树的定义

树这种数据结构在现实中有很多参照，如国家的行政区域划分、企业的组织架构、图书的目录结构等。树的定义如下：

树（Trie 或 Tree）是 n（n≥0）个结点的有限集合。n=0 时称为空树。在任意一棵树中：

（1）有且只有一个根（Root）结点。

（2）当 n>1 时，根结点之外的结点可分为 m（M>0）个互不相交的有限集合 T1、T2……Tm，其中每一个集合本身又是一棵树，并且称为根的子树（SubTree）。

树的应用很广泛，如查找搜索、文件系统、数据库、编译器等。

12.3.2 树的分类

1. 二叉树

二叉树是树的一种特殊结构，其特点是每个结点最多有两棵子树：左子树和右子树。以下我们介绍几种特殊的二叉树，如斜树、满二叉树、完全二叉树、二叉查找树、平衡二叉树等。

2. 斜树

所有的结点都只有左子树，或者所有的结点都只有右子树，这样的二叉树称为斜树。斜树其实是二叉树退化为链表的形式，如图 12-6 所示。

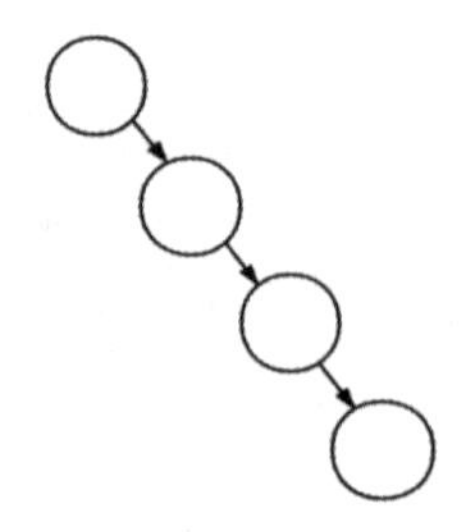

图 12-6 斜树

3. 满二叉树

如果一棵二叉树的所有分支结点都存在左子树和右子树，并且所有的叶子结点都在同一层，这样的二叉树称为满二叉树。满二叉树具有以下特点：

- 分支结点的度一定为 2。
- 叶子结点只出现在最下一层。

如图 12-7 就是满二叉树的例子。

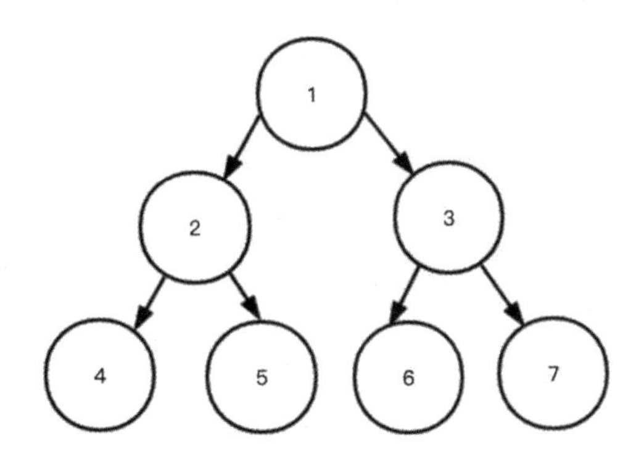

图 12-7　满二叉树

4. 完全二叉树

对于一棵具有 n 个结点的二叉树按层次进行编号，如果编号为 i（1≤i≤n）的结点与同样深度的满二叉树中编号为 i 的结点在二叉树中位置完全相同，则这棵二叉树称为完全二叉树。完全二叉树具有以下特点：

- 叶子结点只出现在最下两层。
- 最下层的叶子结点集中在左边连续位置上。
- 如果一个结点只有一个孩子，那么一定是左孩子。

如图 12-8 所示就是完全二叉树的例子。

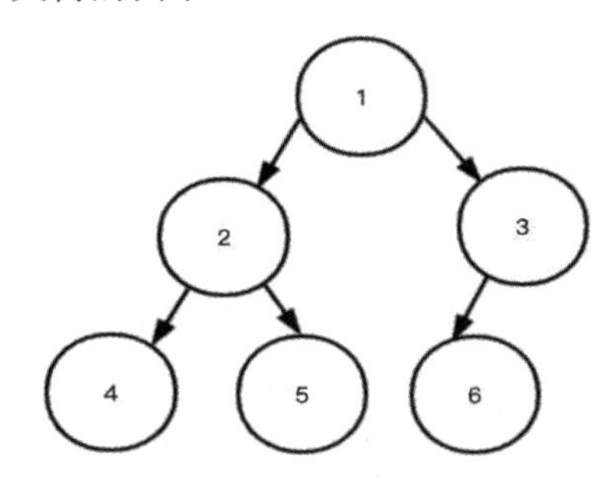

图 12-8　完全二叉树

5. 二叉查找树

我们知道，给定一个有序数组，可以使用二分查找法来查找某个元素。二叉查找树（又叫二叉排序树）就是为了维护有序数据而提出的概念。它具有以下特点：

- 如果左子树不为空，则左子树所有结点的值都小于它的根结点的值。
- 如果右子树不为空，则右子树所有结点的值都大于或等于它的根结点的值。
- 每个结点的左右子树也分别为二叉排序树。
- 二叉查找树中序遍历的结果是从小到大的有序数据。

6. 平衡二叉树

构造二叉查找树时，如果元素插入的顺序是有序的，那么二叉查找树会退化成斜树，查找的效率最差（时间复杂度为 O(n)）。

如图 12-9 所示，对数组{1,2,3,4}依次建立二叉查找树，如果没有任何干预的话，会形成如图 12-9 左图的形式。

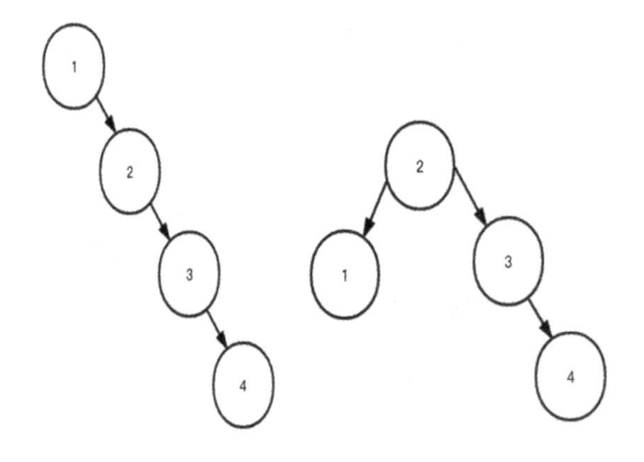

图 12-9　二叉树的退化

为了防止二叉查找树退化为斜树，引入了平衡二叉树的概念。由于平衡二叉树是由数学家 Adelse-Velskil 和 Landis 在 1962 年提出的，因此根据科学家的英文名也称为 AVL 树。平衡二叉树具有以下特点：

- 可以是空树。
- 如果非空树，任何一个结点的左子树和右子树都是平衡二叉树，并且高度之差的绝对值不超过 1。

7. B 树

二叉查找树能够实现折半查找，但存在的一个问题是，元素数目较多时树的层数会很深。假设一棵二叉查找树的结点数目为 N，则平均查找次数为 log2(N)。如果能够增大每层的结点数目，则平均查找次数将会降低。

B 树（B-树）是多路平衡查找树，实质上是二叉查找树的一种扩展，而二叉排序树是二阶 B 树。B 树的阶数表示一个结点最大的孩子结点数目，一般用字母 m 表示阶数。当 m = 2 时，就是上面讲到的二叉查找树。

一棵 m 阶的 B 树定义如下：

- 每个结点最多有 m-1 个关键字。
- 根结点最少可以只有 1 个关键字。
- 非根结点至少有 Math.ceil(m/2)-1 个关键字。
- 每个结点中的关键字都按照从小到大的顺序排列，每个关键字的左子树中的所有关键字都小于它，而右子树中的所有关键字都大于它。
- 所有叶子结点都位于同一层，或者说根结点到每个叶子结点的长度都相同。

如图 12-10 是一棵 B 树的示例。

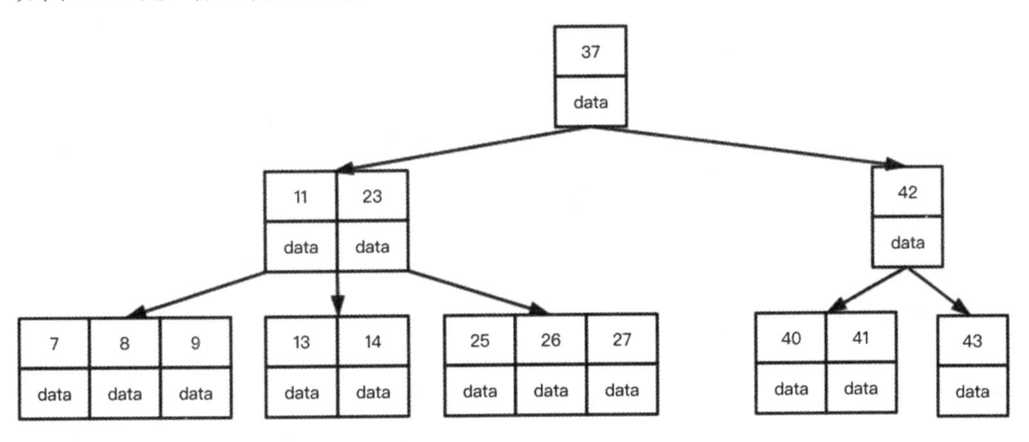

图 12-10　B 树

B 树的优点有如下几个：

- B 树的键是有序的，方便顺序遍历。
- B 树使用分层索引，使得磁盘读取次数最小化。
- B 树使用部分完整的块来加速插入和删除的操作。
- B 树使用递归算法保持索引平衡。
- B 树通过确保内部结点至少半满来最大限度地减少浪费。
- B 树可以处理任意数量的插入和删除。

8. B+树

B 树可以很好地实现等值查询，即查找某个特定的值。但实际应用中，还有一些范围查询的场景，例如一年中温度大于 30 度的天数，周围距离小于 10 公里的商场等。这种场景如果采用 B 树实现，必须用中序遍历的方法按顺序进行扫描，将会出现回溯上层结点的情况。这表现在硬盘上，将会出现不停地进行磁盘寻址的情况。

B+树由 B 树改造而成，只是新增了下述一些特性：

（1）B+树包含两种类型的结点：内部结点（也称索引结点）和叶子结点。内部结点不保存数据，只保存索引。所有的数据（或记录）都保存在叶子结点中。

（2）m 阶 B+树的内部结点最多存储 m-1 个索引，叶子结点最多存储 m-1 条记录。

（3）内部结点中的 key 是按照从小到大的顺序排列的。对于内部结点中的一个 key，左子树中的 key 都小于它，右子树中的 key 都大于等于它。叶子结点中的记录也按照 key 的大小排列。

（4）叶子结点存储着相邻叶子结点的指针，叶子结点本身依关键字的大小自小而大顺序链接。

如图 12-11 是一棵 B+树的示例。

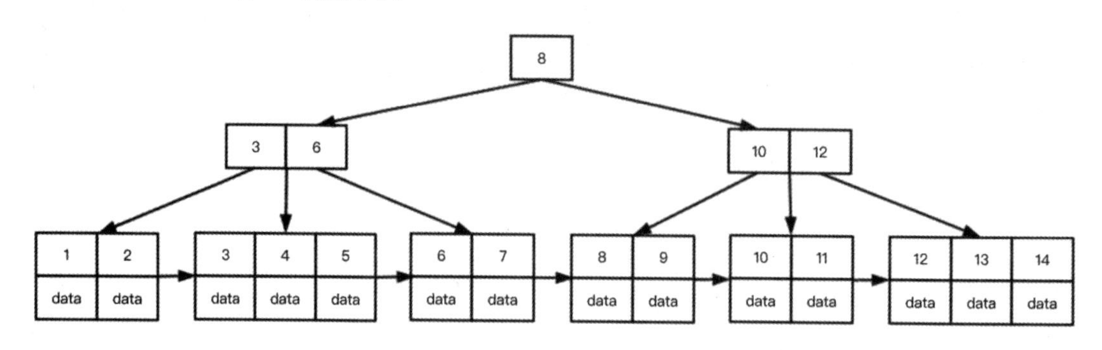

图 12-11 B+树

B+树的优点有如下几个：

- 支持范围查询。B+树的范围查询，由于叶子结点之间存在指针，所以只需扫描叶子结点即可。
- B+ 树的内部结点不存储具体数据，因此其内部结点相对于 B 树来说，占用存储空间更小。如果把一个内部结点的所有索引集中存放在同一个磁盘块中，那么可以将相邻数据一次性读入内存中，减少了磁盘 IO 的次数。
- B+ 树的查询效率稳定。所有数据都保存在叶子结点上，因此查找必须走一条从根结点到叶子结点的路，而由根结点到叶子结点的路径长度是相同的。因此 B+ 树的查询效率能保持稳定。

12.3.3 树的遍历

二叉树的遍历方法有先序、中序、后序、层序，每种方法都有递归和非递归的实现方式。其中先序、中序、后序属于深度优先遍历，层序属于广度优先遍历。

为了叙述方便，我们首先定义二叉树的结点类：

```
class Node{
    public $value;//结点的值
    public $left = null;//左子树
    public $right = null;//右子树

    public function __construct($value){
        $this->value = $value;
    }
}
```

然后创建一个类似于如图 12-12 所示状态的二叉树。

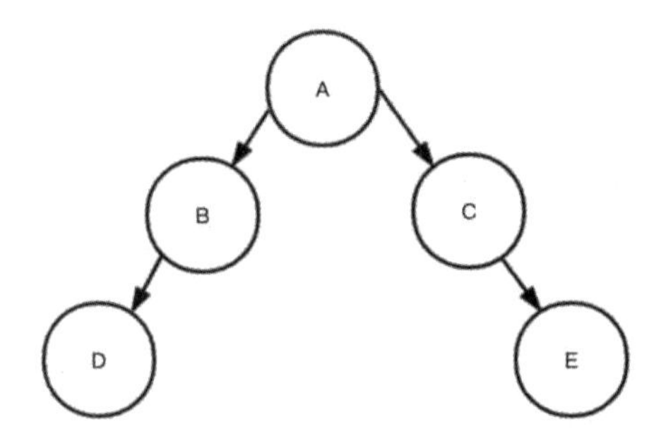

图 12-12　创建的二叉树

我们对创建的二叉树进行各种遍历。（以下代码都可以在 ch12/traversing_tree.php 文件中找到。）

1. 先序遍历

对任一子树，先访问根结点，然后遍历其左子树，最后遍历其右子树。即以根结点->左子树->右子树的顺序进行遍历。

用递归方法的实现如下：

```
//先序遍历-递归方法
function pre_order_recursive($root){
    if(null != $root){
        echo $root->value;//处理根结点
        if(null != $root->left){//处理左子树
            pre_order_recursive($root->left);
        }
        if(null != $root->right){//处理右子树
            pre_order_recursive($root->right);
        }
    }
}
```

用非递归实现时，采用栈来辅助存储结点。由于栈是先进后出、后进先出的，所以在压栈时，要先处理右子树，再处理左子树。

```
//先序遍历-非递归方法
function pre_order($root){
    $stack = [];//用栈暂存结点
    if(null == $root){//空树时直接返回
        return;
    }else{
        array_push($stack,$root);//非空树时，将根结点压栈
    }
    while($stack){
        $node = array_pop($stack);//处理根结点
        echo $node->value;
```

```
            if(null != $node->right){//最后处理右子树，则先将右子树压栈
                array_push($stack,$node->right);
            }
            if(null != $node->left){//先处理左子树，则后将左子树压栈
                array_push($stack,$node->left);
            }
        }
    }
```

2. 中序遍历

对任一子树，先遍历其左子树，然后访问根结点，最后遍历其右子树。即以左子树->根结点->右子树的顺序进行遍历。

用递归方法的实现如下：

```
//中序遍历-递归方法
function in_order_recursive($root){
    if(null != $root){
        if(null != $root->left){//处理左子树
            in_order_recursive($root->left);
        }
        echo $root->value;//处理根结点
        if(null != $root->right){//处理右子树
            in_order_recursive($root->right);
        }
    }
}
```

用非递归的方法实现如下：

```
//中序遍历-非递归方法
function in_order($root){
    $stack = [];//用栈暂存结点
    if(null == $root){//空树时直接返回
        return;
    }else{
        $node = $root;//取根结点作为当前处理结点
    }
    while($stack || null != $node){//栈不为空或当前结点不为空时，循环处理
        while(null != $node){//循环将左子树全部压栈
            array_push($stack,$node);
            $node = $node->left;
        }
        $node = array_pop($stack);//先弹出左孩子，进行处理
        echo $node->value;
        $node = $node->right;//再处理右子树
    }
}
```

3. 后序遍历

对任一子树，先遍历其左子树，然后遍历其右子树，最后访问根结点。即以左子树->右子树->根结点的顺序进行遍历。

用递归方法的实现如下：

```
//后序遍历-递归方法
function post_order_recursive($root){
    if(null != $root){
        if(null != $root->left){//处理左子树
            post_order_recursive($root->left);
        }
        if(null != $root->right){//处理右子树
            post_order_recursive($root->right);
        }
        echo $root->value;//处理根结点
    }
}
```

用非递归的方法实现时，首先会访问到根结点，然后才能访问到左子树和右子树。这样得到的结果是倒序的，所以需要一个暂存最终结果的辅助栈，将得到的结果再进行倒序，即得到正确的顺序。

```
//后序遍历-非递归方法
function post_order($root){
    $stack = [];//暂存结点的辅助栈
    $ret_stack = [];//暂存最终结果的辅助栈
    if(null == $root){//空树时直接返回
        return;
    }else{
        array_push($stack,$root);//非空树时，将根结点压栈
    }
    while($stack){
        $node = array_pop($stack);
        array_push($ret_stack,$node);//将结点压入最终结果栈
        if(null != $node->left){//处理左子树
            array_push($stack,$node->left);
        }
        if(null != $node->right){//处理右子树
            array_push($stack,$node->right);
        }
    }
    while($ret_stack){//将最终结果栈的数据倒序输出
        $node = array_pop($ret_stack);
        echo $node->value;
    }
}
```

4. 层序遍历

层序遍历（又称层次遍历）是指从上往下对每一层依次访问，在每一层中，从左往右（也可以从右往左）访问结点，访问完一层就进入下一层，直到没有结点可访问为止。

用递归方法的实现如下：

```
//层序遍历-递归方法
function level_order_recursive($root){
    $height = get_height($root);//获取树的高度
    if(null == $root || $height < 1){//树为空时直接返回
         return;
    }
    for($i = 1;$i<=$height;$i++){
       print_given_level($root,$i);//打印出各层的数据
    }
}

//获取树的高度
function get_height($root){
    if(null == $root){//空树的高度为 0
       return 0;
    }
    if(null == $root->left && null == $root->right){//只有一个结点时，高度为 1
       return 1;
    }
    $left_depth = get_height($root->left);//左子树的高度
    $right_depth = get_height($root->right);//右子树的高度
    return max($left_depth,$right_depth) + 1;//树的高度=左右子树的最大高度+1（1
为根结点占据的高度）
}

//打印出指定层级的结点
function print_given_level($root,$level){
    if(null == $root){//树为空时直接返回
       return;
    }
    if(1 == $level){//高度为 1 时，说明没有左右子树，此时输出结点值
       echo $root->value;
    }
    print_given_level($root->left,$level - 1);//处理左子树
    print_given_level($root->right,$level - 1);//处理右子树
}
```

非递归实现时，由于要按照访问每个结点的顺序，依次处理它们的左右子树，所以用队列记录访问的顺序，先进先出、后进后出。代码实现如下：

```
//层序遍历-非递归方法
```

```
function level_order($root){
    $queue = [];//暂存结点的辅助队列
    if(null == $root){//空树时直接返回
        return;
    }else{
        array_unshift($queue,$root);//非空树时，将根结点入队列头部
    }
    while($queue){
        $node = array_pop($queue);//将队尾结点弹出
        echo $node->value;
        if($node->left){//将左子树入队列头部
            array_unshift($queue, $node->left);
        }
        if($node->right){//将右子树入队列头部
            array_unshift($queue, $node->right);
        }
    }

}
```

12.3.4　二叉树面试知识点总结

有关二叉树的面试主要涉及以下知识点：

（1）二叉树的先序、中序、后序、层序遍历。

（2）二叉树的高度（详见 ch12/traversing_tree.php 文件中的 get_height 方法）。

（3）二叉树的应用（无限层级的组织架构，如公司的职级、图书目录、行政划分等）。

12.4　树的应用——字典树

12.4.1　字典树的原理

树的应用很多，这里选取几种常见的应用加以讲解。

文本或字符串是顺序结构的数据实体，在处理时，一般情况下其时间复杂度为 O(N)（N 为文本的长度）。为了提高处理文本的效率，可以引进字典树的数据结构。字典树，又称单词查找树，它具有如下特点：

- 根结点不包含字符，除根结点之外的每一个子结点都包含一个字符。
- 从根结点到某一结点的路径上经过的字符连接起来，就是该结点对应的字符串。
- 每个结点的所有子结点上的字符都不相同。

如图 12-13 所示就是一棵字典树。

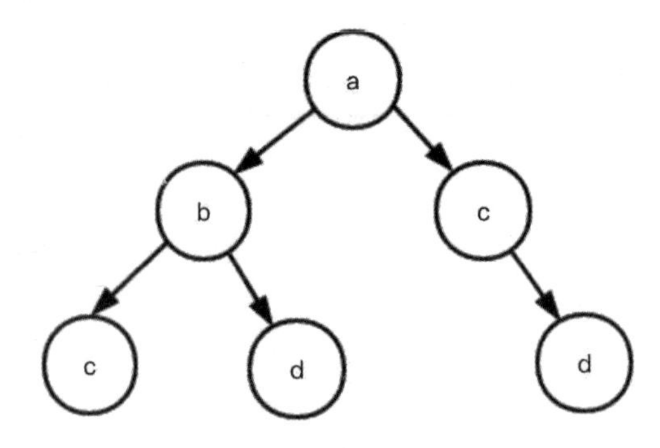

图 12-13　字典树

字典树将字符串的公共前缀进行提取，以减少存储时的空间占用，并且能够减少查询时的开销。字典树的应用有如下几种：

（1）给定一篇文章，构建其词汇表。

（2）查看某个单词是否在词汇表里存在（违禁词查询、文档搜索）。

（3）查找以前缀字符串开头的单词（用于联想输入提示，例如输入 a，输出 above、abandon 等单词）。

我们先定义一个字典树的类。程序实现代码如下：（源码文件：ch12/dict_trie.class.php）

```
<?php
class TrieNode{
    public $num;//根结点到该结点路径组成的字符串出现的次数
    public $children;//孩子结点
    public $is_end;//是否为叶子结点
     public $value;//结点的值

    public function __construct(){
        $this->num = 1;
        $this->children = [];
        $this->is_end = false;
    }
}

class Trie{
    public $root;
    public function __construct(){
        $this->root = new TrieNode();
     }

    //插入单词，构建字典树
    public function insert($word){
        if(empty($word))return;
        $node = $this->root;
        $len = strlen($word);
```

```
        for($i =0;$i<$len; $i++){
            $letter = $word[$i];
            if(null == $node->children[$letter]){
                $new_node=new TrieNode();
                $new_node->value = $letter;
                $node->children[$letter] = $new_node;
            }else{
                $node->children[$letter]->num++;
            }
            $node = $node->children[$letter];
        }
        $node->is_end = true;
    }

    //先序遍历整棵树
    public function pre_order($node){
        if(null != $node){
            echo $node->value,' ';
            foreach ($node->children as $child) {
                $this->pre_order($child);
            }
        }
    }

    //给定特定前缀，返回所有匹配的单词的数目，用于联想单词
    public function count_prefix($prefix){
        if(empty($prefix))return -1;
        $node = $this->root;
        $len= strlen($prefix);
        for($i =0;$i<$len; $i++){
            $letter = $prefix[$i];
            if(null == $node->children[$letter]){
                return 0;
            }else{
                $node = $node->children[$letter];
            }
        }
        return $node->num;
    }

    //给定特定前缀，返回所有匹配的单词，用于联想单词
    public function related_words($prefix){
        if(empty($prefix))return [];
        $node = $this->root;
        $len= strlen($prefix);
        for($i =0;$i<$len; $i++){
```

```
            $letter = $prefix[$i];
            if(null == $node->children[$letter]){
                return null;
            }else{
                $node = $node->children[$letter];
            }
        }
        $words = [];
        $this->get_prefix_words($node,$prefix,$words);
        return $words;
    }

    //获取所有不重复的单词
    public function get_distinct_words(){
        $words = [];
        $this->get_prefix_words($this->root,'',$words);
        return $words;
    }

    //获取特定前缀的单词
    public function get_prefix_words($node,$prefix,&$words){
        if(!$node->is_end){
            foreach($node->children as $child){
                $this->get_prefix_words($child,$prefix.$child->value,$words);
            }
            return;
        }
        $words[] = $prefix;
    }

    //某个单词是否存在
    public function exist($str){
        if(empty($str))return false;
        $node = $this->root;
        $len= strlen($str);
        for($i =0;$i<$len; $i++){
            $letter = $str[$i];
            if(null == $node->children[$letter]){
                return false;
            }else{
                $node = $node->children[$letter];
            }
        }
        return $node->is_end;
    }
```

```
    //计算特定结点之后的所有不重复单词的数目
    public function count_distinct_words($node,&$count){
        if(null != $node){
            if($node->is_end){
                $count++;
                return;
            }
            foreach ($node->children as $child) {
                $this->count_distinct_words($child,$count);
            }
        }
    }
}
```

12.4.2 字典树的应用

（1）给定一篇文章，构建其词汇表。

（2）查看某个单词是否在词汇表里存在（违禁词查询、文档搜索）。

程序实现代码如下：

```
<?php
function extract_poem($str){
    //过滤掉标点符号
    $punctuations = [',',';','.','!',':'];
    $replaces = ['','','','',''];
    $str = str_replace($punctuations, $replaces, $str);
    //分割为单词
    $words = preg_split("/[\s,]+/", $str);
    //全部转化为小写
    $words = array_map(function($w){return strtolower($w);},$words);
    return $words;
}

include './dict_trie.class.php';
$trie = new Trie();
//<The Road Not Taken>(by Robert Frost)
$poem = <<<EOT
TWO roads diverged in a yellow wood,
And sorry I could not travel both
And be one traveler, long I stood
And looked down one as far as I could
To where it bent in the undergrowth;
Then took the other, as just as fair,
And having perhaps the better claim
Because it was grassy and wanted wear;
Though as for that, the passing there
Had worn them really about the same,
And both that morning equally lay
```

```
In leaves no step had trodden black.
Oh, I kept the first for another day!
Yet knowing how way leads on to way
I doubted if I should ever come back.
I shall be telling this with a sigh
Somewhere ages and ages hence:
Two roads diverged in a wood, and I,
I took the one less traveled by,
And that has made all the difference.
EOT;
$words = extract_poem($poem);
foreach ($words as $word) {
    $trie->insert($word);
}
$words = $trie->get_distinct_words();
var_dump($words);
$is_exist = $trie->exist('roads');
var_dump($is_exist);
```

查找以前缀字符串开头的单词（用于联想输入提示，例如输入 a，输出 above、abandon 等单词），如图 12-14 所示。

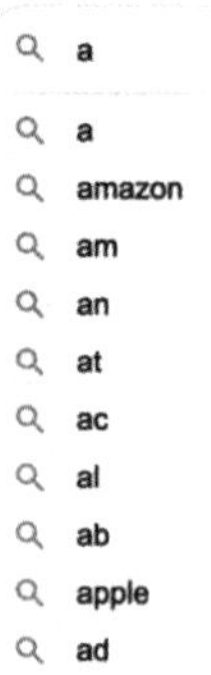

a

a
amazon
am
an
at
ac
al
ab
apple
ad

图 12-14　以前缀 a 开头的单词

程序实现代码如下：

```
<?php
include './dict_trie.class.php';
$trie = new Trie();
$cet4_txt = './cet_4.txt';
$handle = fopen($cet4_txt, "r");
if ($handle) {
   while (($line = fgets($handle)) !== false) {
       $word = strtolower(trim($line));
       $trie->insert($word);
   }
   fclose($handle);
} else {
   exit('File Not Exist');
```

```
}
$words = $trie->related_words('ph');//查找与 ph 前缀相关的单词
var_dump($words);
```

12.5　排　序

排序是一种常见的行为，例如学生按成绩（按数值的大小）排名、字典按照拼音顺序（按自然语言顺序）排列、名字按姓氏笔画（按自定义规则）排列。排序算法的定义就是对一个序列的元素，按照特定的规则计算出先后次序并重新组合。

我们将排序相关的术语列在下面。

- 内部排序：所有排序操作都在内存中完成。
- 外部排序：如果需要排序的数据太大而无法一次性地载入内存，那么需要将数据放置在磁盘中，通过磁盘和内存的数据传输完成排序。

本节讨论的算法是内部排序，规则是按数值的大小排序。

关于内部排序方法有几十种之多，我们无法一一详述，本节讨论几种常见的排序算法。

12.5.1　选择排序

选择排序是一种很直观的排序方法，每次排序都从未排序的序列中找出最小的元素，然后把找到的最小元素，从序列的起始位置开始往后排列。

例如对数组 $arr = [1,3,5,2,4]进行排序，如图 12-15 所示。

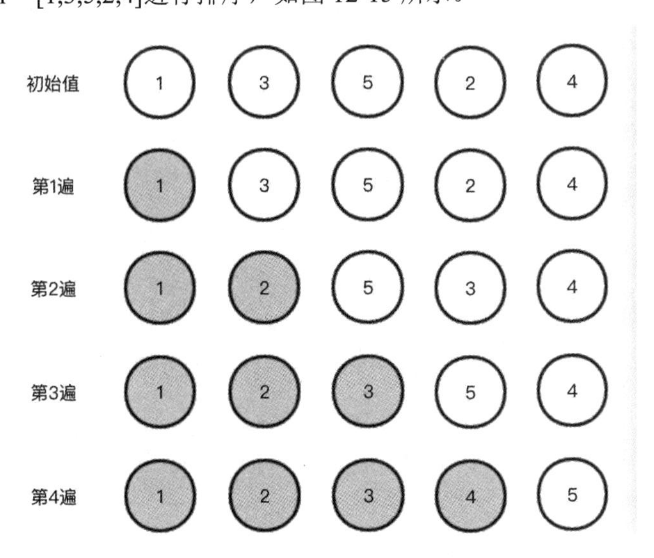

图 12-15　数组 $arr = [1,3,5,2,4] 排序算法

算法的演示如下：

第 1 遍时，剩下的序列中，最小的元素为 1，将 1 放在下标为 0 的位置。

第 2 遍时，剩下的序列中，最小的元素为 2，将 2 放在下标为 1 的位置。
第 3 遍时，剩下的序列中，最小的元素为 3，将 3 放在下标为 2 的位置。
第 4 遍时，剩下的序列中，最小的元素为 4，将 4 放在下标为 3 的位置。

至此，排序完成。

实现代码如下：（源码文件：ch12/sort/selection_sort.php）

```
function selection_sort(&$arr){
    $len = count($arr);
    for($i = 0;$i < $len;$i++){
        $min = $i;
        for($j = $i+1;$j<$len;$j++){//取出剩余序列中的最小值
            if($arr[$j] < $arr[$min]){
                $min = $j;
            }
        }

        if($arr[$i]>$arr[$min]){//将 i 位置的元素与最小值交换，即把最小值放到最终位置
            $tmp = $arr[$i];
            $arr[$i] = $arr[$min];
            $arr[$min] = $tmp;
        }
    }
}
```

12.5.2 冒泡排序

从最终排序结果来看，排序后的整个序列都是有序的，这种有序结果的一个充分必要条件是：对任意元素，如果前面有元素，则前一个元素小于它；如果后面有元素，则后一个元素大于等于它。

冒泡排序就是基于这种思想，重复比较相邻的元素，如果前一个元素大于后一个元素，说明次序错误，需要更正。如此反复运行，直到所有的元素都有序为止。

我们仍然以数组[1,3,5,2,4]元素排序为例，如图 12-16 所示。

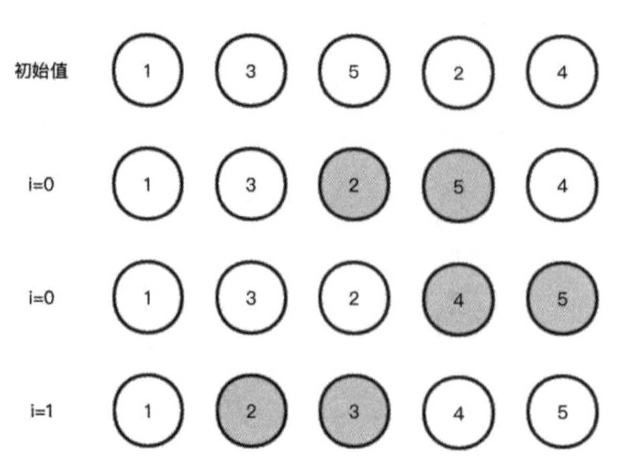

图 12-16　冒泡排序的算法

第 1 遍时，i=0，要保证 1 之后的数字都满足相邻有序。此时要进行两次交换：5 和 2，5 和 4。交换之后的结果为 1、3、2、4、5。

第 2 遍时，i=1，要保证 3 之后的数字都满足相邻有序。此时会交换 3 和 2 的位置。交换之后变为有序，算法退出。

实现代码如下：（源码文件：ch12/sort/bubble_sort.php）

```
function bubble_sort(&$arr){
    $len = count($arr);
    $swap = false;//标记本次循环有无错误次序的元素需要交换位置
    for($i = 0;$i < $len;$i++){
        for($j = 0;$j < $len - $i - 1;$j++){
            if($arr[$j] > $arr[$j+1]){//为错误次序的元素交换位置
                $tmp = $arr[$j];
                $arr[$j] = $arr[$j+1];
                $arr[$j+1] = $tmp;
                $swap = true;
            }

        }
        if(!$swap){//本次无元素要交换位置，说明所有元素都有序，可以退出了
            break;
        }
    }
}
```

12.5.3　插入排序

插入排序逐步构造有序序列，将未排序的数据，依次从后向前插入到有序序列的相应位置。仍以数组[1,3,5,2,4]排序为例，如图 12-17 所示。

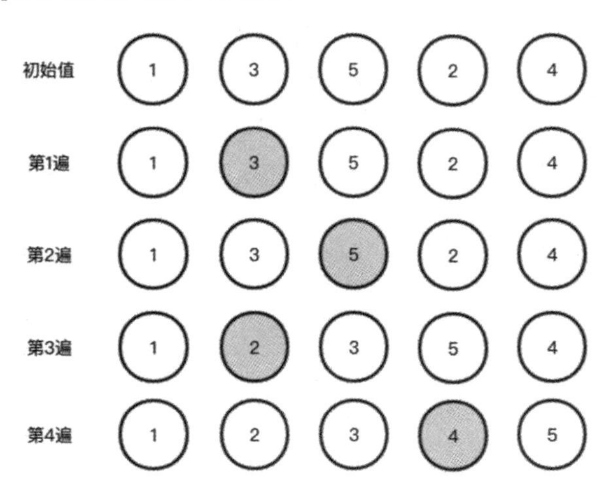

图 12-17　插入排序的算法演示

算法演示如下：

初始状态下，认为第 1 个元素是已排好序的。

第 1 遍时，将 3 放到相应位置，紧跟在 1 后面。此时 1、3 可以认为有序序列。
第 2 遍时，将 5 插入到 1、3 序列里，形成新的序列为 1、3、5。
第 3 遍时，将 2 插入到 1、3、5 序列里，形成新的序列为 1、2、3、5。
第 4 遍时，将 4 插入到 1、2、3、5 序列里，形成新的序列为 1、2、3、4、5。

至此，排序完成。
代码实现如下：（源码文件：ch12/sort/insertion_sort.php）

```
function insertion_sort(&$arr){
    $len = count($arr);
    for($i=1;$i<$len;$i++){//$i 从下标 1 开始，说明假定下标 0 的元素为有序序列
        $tmp = $arr[$i];
        $j = $i-1;

        while($j >= 0 && $arr[$j] > $tmp){//为下标为 $i 的元素，从后往前找相应位置
            $arr[$j+1] = $arr[$j];
            $j = $j - 1;
        }
        $arr[$j+1] = $tmp;//将下标为 $i 的元素，放在相应位置
    }
}
```

12.5.4 堆 排 序

前文我们讲解了完全二叉树，完全二叉树具有以下特点：

- 叶子结点只出现在最下两层。
- 最下层的叶子结点集中在左边连续位置上。
- 如果一个结点只有一个孩子，那么一定是左孩子。

堆的数据结构类似于完全二叉树，其特点是：每个结点的值都大于或等于左右孩子的值，称为大顶堆；或者每个结点的值都小于或等于左右孩子的值，称为小顶堆，如图 12-18 所示。

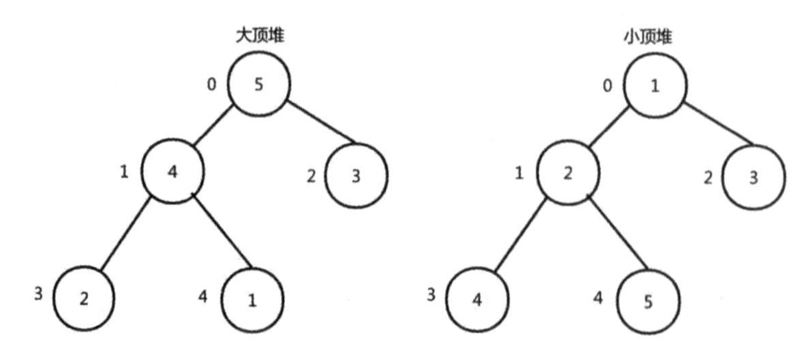

图 12-18 大小顶堆

我们将堆的元素按层次进行编号，则可以将堆和数组对应起来，如图 12-19 所示。

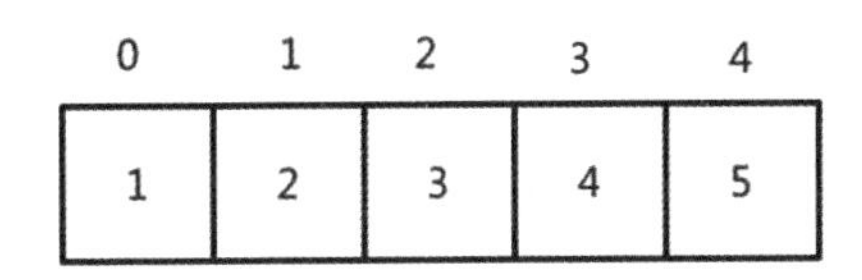

图 12-19　堆和数组对照关系

堆排序的步骤如下：

步骤01 初始化堆，构建大顶堆。

步骤02 从最末元素开始向上，依次与最首元素进行交换，并将交换后的进行堆化处理。

其思想是，构建大顶堆，那么最首元素肯定是最大值，我们取出最大值放置在尾部；然后再将剩下的元素重复以上步骤，不断找出剩余元素的最大值。打个比喻，水果店老板为了招揽生意，每次都把最长的香蕉放到香蕉堆的最上面，以吸引顾客。结果附近的猴子发现了，每次都吃堆上最长的香蕉。水果店老板重新从剩下的香蕉里拿出最长的一根放在最上面。猴子又来偷吃，直到所有的香蕉都被吃完。这样猴子吃香蕉的顺序，一定是有序的。

我们以数组[1,3,5,2,4]为例演示算法的执行过程。

（1）初始化堆，构建大顶堆，如图 12-20 所示。

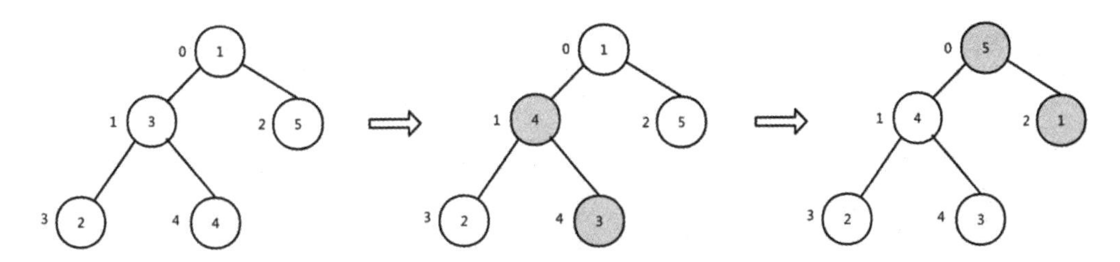

图 12-20　构建大顶堆

对任何一个结点 i 来说，其左子结点序号为 2×i+1，其右子结点序号为 2×i+2。我们要求任意一个结点 i，其值都要大于等于其左右子结点。

初始数组为[1,3,5,2,4]，不满足条件的结点为 4 和 3，交换 4 和 3 并堆化处理。

这时结点 5 和 1 不满足条件，则交换并堆出处理，最终数组转变为[5,4,1,2,3]。

（2）将最末元素 3 和最首元素 5 进行交换，如图 12-21 所示。

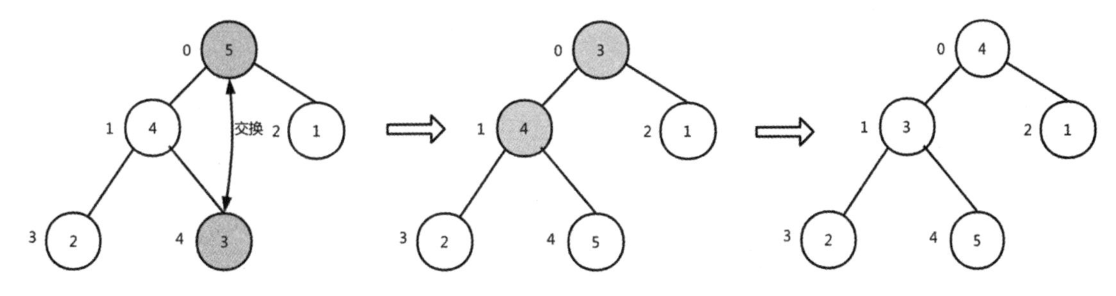

图 12-21　将最末元素 3 和最首元素 5 交换

此时最大元素 5 调整到最末位置。

（3）将倒数第 2 元素 2 和最首元素 4 进行交换，如图 12-22 所示。

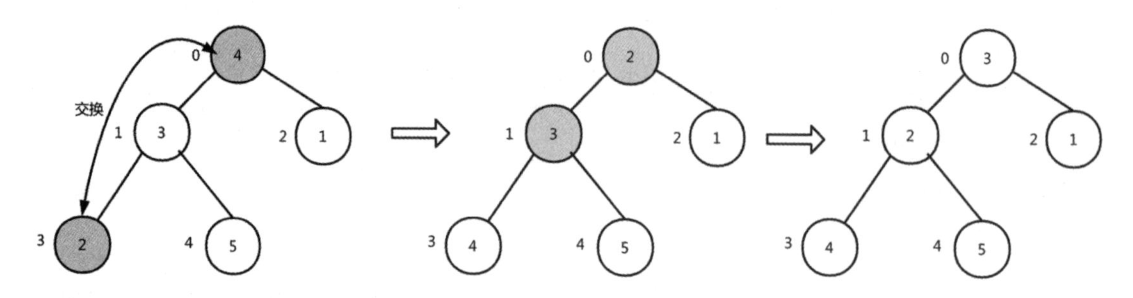

图 12-22 将倒数第 2 元素 2 和最首元素 4 交换

（4）将倒数第 3 元素 1 和最首元素 3 进行交换，如图 12-23 所示。

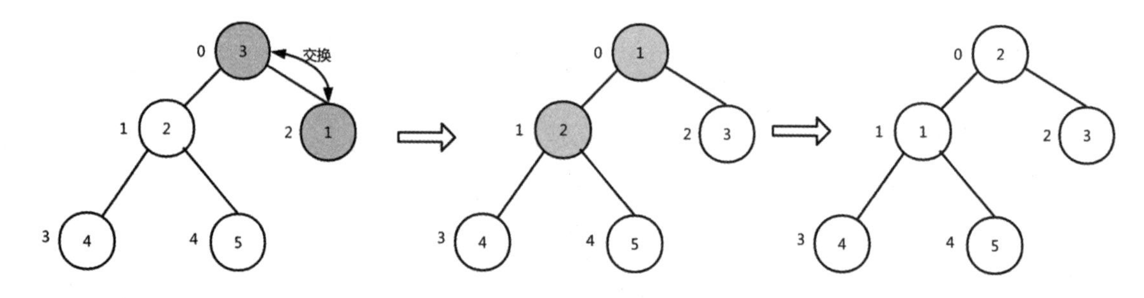

图 12-23 将倒数第 3 元素 1 和最首元素 3 交换

（5）将第 2 个元素与最首元素 2 进行交换，如图 12-24 所示。

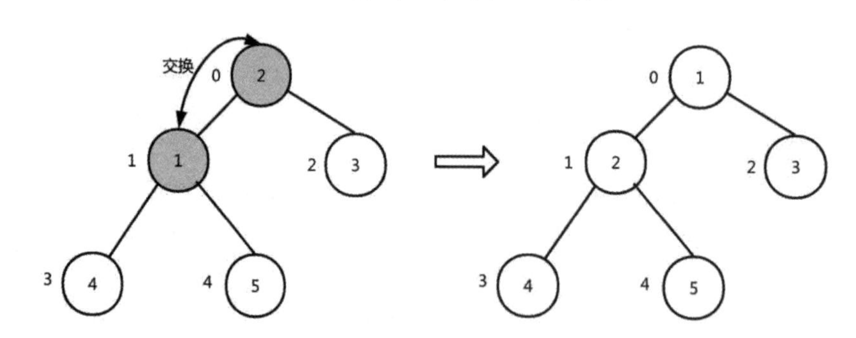

图 12-24 将第 2 个元素与最首元素 2 交换

此时我们发现数组已经排好序了。

程序实现代码如下：（源码文件：ch12/sort/heap_sort.php）

```
<?php
// 堆排序
function heap_sort(&$arr){
    $len = count($arr);
    //初始化堆，将数组转变为大顶堆
    for($i = (int)($len/2 - 1);$i >= 0;$i--){
```

```
            heapify($arr,$len,$i);
        }

        //从最末元素开始，依次和最首元素进行交换
        for($i = $len-1;$i >= 0;$i--){
            $tmp = $arr[0];
            $arr[0] = $arr[$i];
            $arr[$i] = $tmp;

            heapify($arr,$i,0);
        }
    }
    // 以$i 为根结点，将 $arr 数组进行堆化处理，$n 为数组长度
    function heapify(&$arr,$n,$i) {
        $root = $i;
        $left = 2*$i + 1;//左结点
        $right = 2*$i + 2;//右结点
        if($left < $n && $arr[$left] > $arr[$root]){//如果左子结点大于根结点，则将左
子结点变为根结点
            $root = $left;
        }
        if($right < $n && $arr[$right] > $arr[$root]){//如果右子结点大于根结点，则将
右子结点变为根结点
            $root = $right;
        }
        if($root != $i){//如果 root 发生了变化，则表示 root 进行过转换，需要递归调用直到堆
无变化
            $tmp = $arr[$i];
            $arr[$i] = $arr[$root];
            $arr[$root] = $tmp;

            heapify($arr,$n,$root);//递归调用
        }
    }

    $arr = [1,3,5,2,4];
    heap_sort($arr);
    var_dump($arr);
```

12.5.5　快速排序

快速排序的工作原理是任选一个元素作为基准，把序列分割成两个子序列，其中一部分的元素都小于基准，另一部分的元素都大于等于基准。

选取基准有三种方法：

（1）选取第 1 个元素作为基准。

（2）选择最后 1 个元素作为基准。

（3）随机选取 1 个元素作为基准。

这里我们采用第 2 种方法。

分割子序列的方法称为分区操作（partition）。这是分治法的应用，即不断地将序列进行分割，直到所有序列有序。

这里仍然以数组[1,3,5,2,4,]为例，如图 12-25 所示。

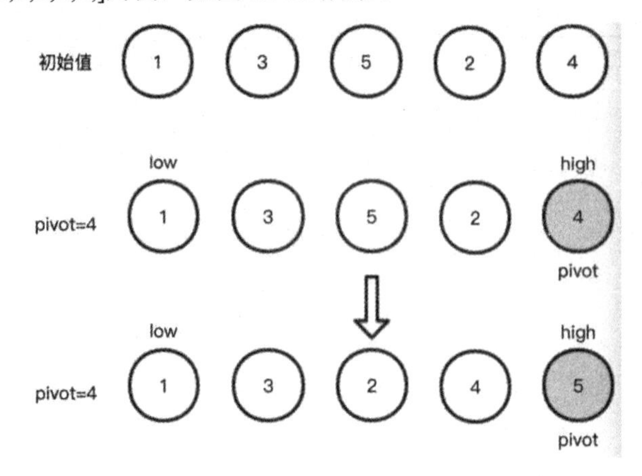

图 12-25　快速排序的算法演示

算法演示过程如下：

首先选择最后 1 个元素（4）作为基准，将序列分为 1、3、2 和 5 两个子序列。下一步基准移到第 3 个元素（2），如图 12-26 所示。

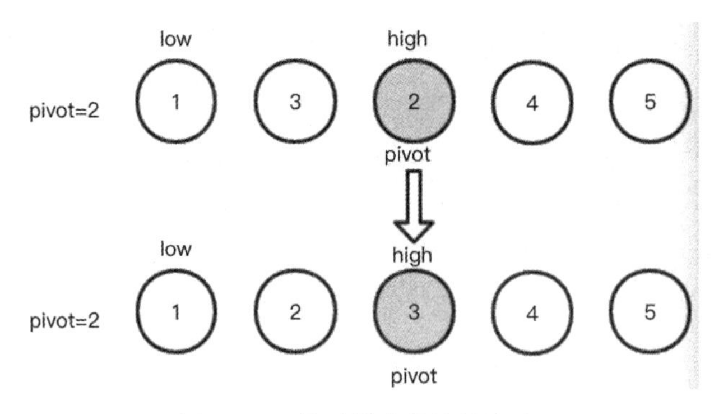

图 12-26　快速排序算法的演示

这时基准为 2，再次将 1、3、2 的序列分为 1 和 3 两个子序列。此时已完成排序。

程序实现代码如下：（源码文件：ch12/sort/quick_sort.php）

```
// 快速排序
function quick_sort(&$arr,$low,$high){
    if($low < $high){
        $pi = partition($arr,$low,$high);//分区
        quick_sort($arr,$low,$pi-1);//递归调用，处理从 $low 到$pi-1 的子序列
        quick_sort($arr,$pi+1,$high);//递归调用，处理从$pi-1 到$high 的子序列
    }
}
// 分区操作
function partition(&$arr,$low,$high){
    $pivot = $arr[$high];//选择最后 1 个元素作为基准
    $i = $low -1;
    for($j=$low;$j<=$high-1;$j++){//将 $low 到 $high 的序列，以$pivot 为基准，分
```

```
为两部分
            if($arr[$j] <= $pivot){
                $i++;
                list($arr[$i],$arr[$j]) = [$arr[$j],$arr[$i]];//交换$i 和$j 的元素
            }
        }
        list($arr[$i+1],$arr[$high]) = [$arr[$high],$arr[$i+1]];//交换 $i+1 和
$high 的元素
        return $i+1;
    }
```

12.5.6　归并排序

归并排序也是分治法。可以设想以下这样的场景：

① 老师要统计分数排名，就将试卷一分为二，分给班长和学习委员，他们负责将分配的试卷进行排名。

② 班长和学习委员拿到试卷后，再向下分给各组组长。组长对分配的试卷进行排名。

③ 组长再将试卷分给若干对同桌同学（假设每桌坐 2 位同学）。

④ 同桌同学可以很快地完成 2 个数字的排序，然后交给组长进行合并。

⑤ 组长将各同桌同学的排序结果进行合并，然后提交给班长和学习委员。

⑥ 班长和学习委员将组长提交的排序结果进行合并，然后提交给老师。

⑦ 老师将班长和学习委员提交的排序结果进行合并，就得到了全班的排序结果。

⑧ 归并排序就是把长度为 N 的序列，分为两个长度为 N/2 的子序列；再对子序列进行归并排序；将两个排好序的子序列合并为新的有序序列。

算法演示如图 12-27 所示。

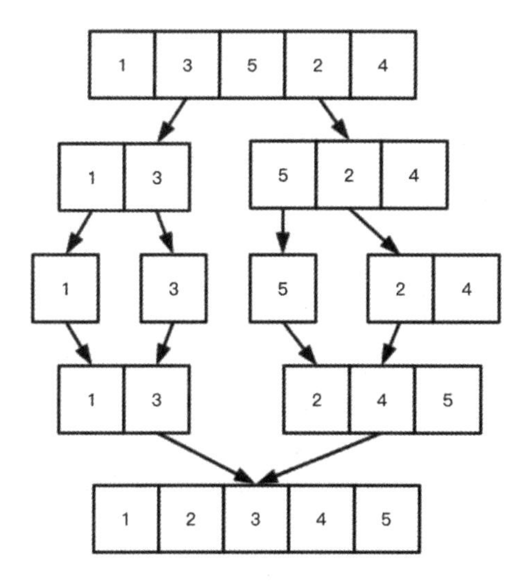

图 12-27　归并排序的算法演示

实现代码如下：（源码文件：ch12/sort/merge_sort.php）

```
function merge_sort(&$arr){
    $size = count($arr);//$arr 的数组长度
    if(count($arr) < 2){//如果数组中最多只有一个元素，则分隔已完成
        return;
    }
    $middle = (int)($size / 2);//取中点
    $left_size = $middle - 0;//左边部分子数组的长度
    $right_size = $size - $middle;//右边部分子数组的长度
    $left_arr=$right_arr=[];//暂存左边和右边子数组

    for($i=0;$i<$left_size;$i++){//取出左边子数组
        $left_arr[$i] = $arr[$i];
    }
    for($j=0;$j<$right_size;$j++){//取出右边子数组
        $right_arr[$j] = $arr[$j+$middle];
    }
    merge_sort($left_arr);//递归调用，分隔左子树
    merge_sort($right_arr);//递归调用，分隔右子树
    merge($arr,$left_arr,$left_size,$right_arr,$right_size);//将左右有序数组进
行排序

 }
 //$arr 存放最终结果的数组；$left_arr 为左边数组；$left_size 为左边数组的长度；
$right_arr 为右边数组；$right_size 为右边数组的长度
 function merge(&$arr,$left_arr,$left_size,$right_arr,$right_size){
    $li = $ri = 0;//$li 用于遍历左边数组；$ri 用于遍历右边数组
    $i = 0;//$i 为最终结果数组的下标指针
    while ($li < $left_size && $ri < $right_size) {//将 $left_arr 和 $right_arr
里较小的值放到 $arr 里
        if($left_arr[$li] <= $right_arr[$ri]){
            $arr[$i++] = $left_arr[$li++];
        }else{
            $arr[$i++] = $right_arr[$ri++];
        }
    }

    while($li < $left_size){//将 $left_arr 剩余元素放到 $arr 里
        $arr[$i++] = $left_arr[$li++];
    }
    while($ri < $right_size){//将 $right_arr 剩余元素放到 $arr 里
        $arr[$i++] = $right_arr[$ri++];
    }
 }
```

12.5.7 桶 排 序

设想一种场景：

举行钓鱼比赛，最后需要按照鱼的重量进行排名。假设鱼的重量随机分布在 1 斤到 10 斤之间。为了最后排名的方便，事先准备 1 至 10 号共 10 个桶，1 号桶用于存放 1 斤多的鱼，2 号桶用于存放 2 斤多的鱼，依次类推。每钓到 1 条鱼，就根据其重量放到相应的桶里。如果 1 个桶里有多条鱼，可以用若干个小桶，顺序存放。到比赛结束进行排名时，只需按照 1 至 10 号的顺序，将各桶里的鱼进行排序即可。

算法演示如图 12-28 所示。

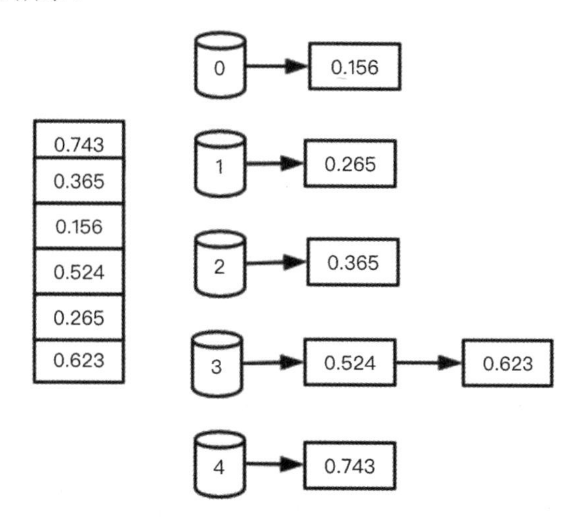

图 12-28　桶排序的算法演示

实现代码如下：（源码文件：ch12/sort/bucket_sort.php）

```
function bucket_sort(&$arr){
    $len = count($arr);
    $buckets = [];
    $maxBucketsLen = 1;
    foreach($arr as $v){
        $bucketIndex = (int)($len * $v);//bucketIndex 表示放到几号桶里
        if($bucketIndex > $maxBucketsLen){
            $maxBucketsLen = $bucketIndex;
        }
        $buckets[$bucketIndex][] = $v;//把整数部分相同的元素放到相同的桶里
    }
    var_dump($buckets);
    for($i = 0;$i < $len;$i++){//每个 bucket 里的元素用插入排序排好顺序
        insertion_sort($buckets[$i]);
    }
    $index = 0;
    for($i = 0;$i<=$maxBucketsLen;$i++){//合并每个桶里的元素
        if(empty($buckets[$i]))continue;
        for($j = 0;$j<count($buckets[$i]);$j++){
            $arr[$index++] = $buckets[$i][$j];
        }
    }
}
//插入排序，用于辅助桶排序
function insertion_sort(&$arr){
```

```
    $len = count($arr);
    for($i=1;$i<$len;$i++){
        $tmp = $arr[$i];
        $j = $i-1;

        while($j >= 0 && $arr[$j] > $tmp){
            $arr[$j+1] = $arr[$j];
            $j = $j - 1;
        }
        $arr[$j+1] = $tmp;
    }
}
```

12.5.8 常见排序算法总结

我们在讨论排序算法的性能和使用场景时，需要了解几个重要概念，阐述如下：

- 稳定性：如果两个相同的值排序前后顺序不变，就是稳定的，反之不稳定。例如 a=b，如果排序前 a 在 b 前面，排序后 a 仍然在 b 前面，则排序算法是稳定的。
- 时间复杂度：当数组元素总数 N 变化时，操作次数呈现出的变化规律。
- 空间复杂度：当数组元素总数 N 变化时，存储空间呈现出的变化规律。
- 原地算法：原地算法（in-place）指不需要额外辅助的数据结构，只允许少量的辅助变量。与之相反的概念是非原地算法（not-in-place，out-place）。

我们用表 12-6 总结一下常见的排序算法。

表12-6 常见排序算法总结

排序算法	时间复杂度			空间复杂度	排序方式	稳定性
	平均	最好	最坏			
选择排序	$O(N^2)$	$O(N^2)$	$O(N^2)$	O(1)	In-place	不稳定
冒泡排序	$O(N^2)$	O(N)	$O(N^2)$	O(1)	In-place	稳定
插入排序	$O(N^2)$	O(N)	$O(N^2)$	O(1)	In-place	稳定
堆排序	O(NlogN)	O(NlogN)	O(NlogN)	O(1)	In-place	不稳定
快速排序	O(NlogN)	O(NlogN)	$O(N^2)$	O(logN)	In-place	不稳定
归并排序	O(NlogN)	O(NlogN)	O(NlogN)	O(N)	Out-place	稳定
桶排序	O(n + k)	O(n + k)		O(n + k)	Out-place	稳定

12.6 分 治 法

12.6.1 分治法的概念

分治法是指把一个复杂的问题分成两个或更多个相同或相似的子问题，直到最后的子问题可以简单地直接求解，原问题的解即子问题的解的合并。分治源于成语“分而治之”，也是现实社会解决问题的一种方式，例如国家的行政划分、公司的组织结构、社会的各项分工，分解到每个人只要完成自己的职责，就能保证整个集体事务的正常进行。

分治法有很多的应用，如折半查找、快速排序及归并排序等排序算法、傅立叶变换以及快速傅立叶变换等。在分布式领域，卡内基梅隆大学研究的 reCAPTCHA 系统，将 20 年的《纽约时报》（New York Times）的扫描存档分解为无数小片，将其中无法被光学文字识别技术（Optical Character Recognition，缩写为 OCR）正确识别的文字，作为验证码显示在网友的页面上。每个网友只需填写一下，积少成多，汇集大家的力量，完成了此项工程。

分治法解决问题有以下三个步骤：

步骤01 分解。将原问题分解为若干个规模较小，相对独立，与原问题形式相同的子问题。
步骤02 解决。若子问题规模较小且易于解决时，则直接解。否则，递归地解决各子问题。
步骤03 合并。将各子问题的解合并为原问题的解。

下面我们将学习使用分治法解答几个面试题。

12.6.2　分治法的面试题

面试题一

题目描述：有 100 瓶液体，其中有 1 瓶是毒药。毒药是致命的，小白鼠吃一点就会在一周后死亡。如果给一周的时间，至少需要多少只小白鼠才能知道哪一瓶是毒药？

解答：首先我们先了解数学上的解法。将瓶子进行编号，即 1 到 100，将其转换为二进制。将小白鼠也进行编号，即 1 到 7。每只小白鼠吃相应位置为 1 的瓶子里的液体。这样在一周后，就能推导出那瓶为毒药了，参考图 12-29 所示。

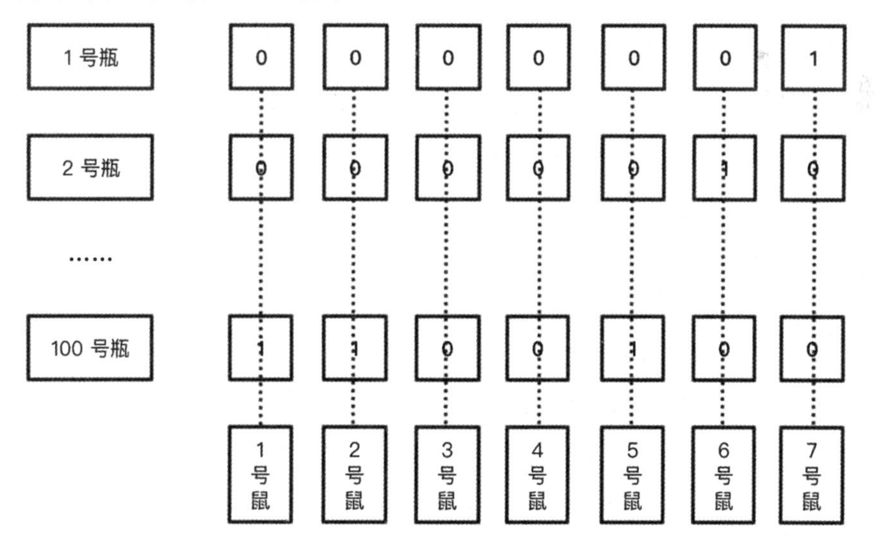

图 12-29　数学解法（1）

例如 1、3、5 号小白鼠死亡，则表示为如图 12-30 所示。

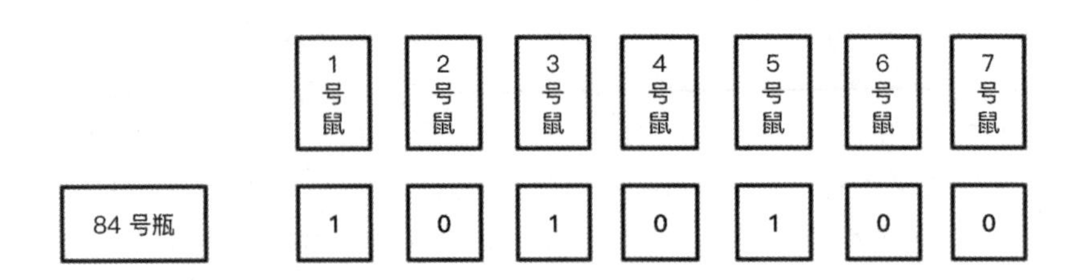

图 12-30 数学解法（2）

可以推断，1010100 转换为 10 进制为 84，说明有毒药的瓶子是 84 号。

那么如何判断需要多少只小白鼠呢？假设瓶子数目为 N，x 为小白鼠的数量，则 x 为 N 以 2 为底的对数，然后向上取整。公式如下：

$$x = \mathrm{ceil}(\log_2 N)$$

程序实现时，我们采用分治法。先考虑最简单的情况，当有 1 或 2 个瓶子时，需要 1 个白鼠就够了。随便喝 1 个瓶子的液体，死亡就是毒药，没死就无毒药。当有 3 个或以上瓶子时，需要进行分治，直到问题简化为剩余 1 或 2 个瓶子。

完整代码实现如下：（源码文件：ch12/check_poison.php）

```
<?php
$bottleNum = 100;
$miceNum = getMiceNum($bottleNum);
echo "Needed Mice Num is At Least ",$miceNum,"\n";

//获取小白鼠的数目
function getMiceNum($bottleNum){
    $miceNum = 0;
    while(true == solution($bottleNum,$miceNum));
    return $miceNum;
}

//处理逻辑
//当没有瓶子时，不需要再分治
//当有 1 或 2 个瓶子时，需要 1 个白鼠就够了。随便喝 1 个瓶子的液体，死亡就是毒药，没死就
无毒药
//当有 3 个或以上瓶子时，需要进行分治
//返回 false，表示不需要再分治；返回 true，表示需要再分治
function  solution(&$bottleNum,&$miceNum){
    if($bottleNum <= 0){
        return false;
    }else if ($bottleNum <= 2){
        $miceNum ++;
        return false;
    }else{
        $bottleNum = $bottleNum / 2;
        $miceNum ++;
```

```
        return true;
    }
}
```

面试题二

题目描述：汉诺塔问题也是一个很经典的分治法的应用，如图 12-31 所示。从左到右有 A、B、C 三根柱子，其中 A 柱子上面有从小到大的 N 个圆盘，现要求将 A 柱子上的圆盘移到 C 柱子上去，期间只有一个原则：一次只能移动一个盘子且大盘子不能在小盘子上面，求移动的步骤和移动的次数。

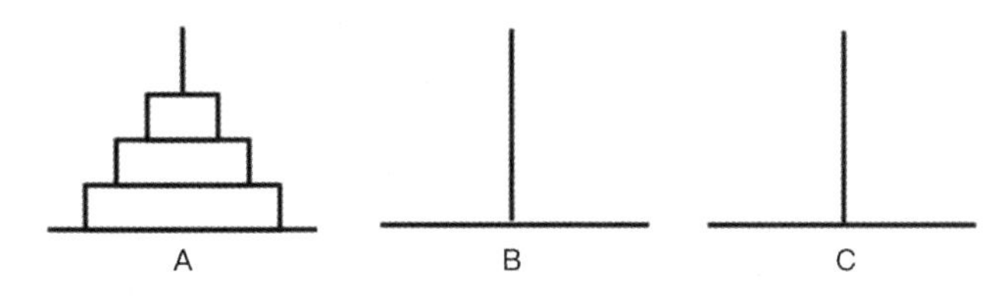

图 12-31　汉诺塔示例

解答：移动的次数为 2^N-1。这个次数使得汉诺塔是个非常复杂的问题，也使该问题充满了神秘色彩。

传说越南河内某间寺院有三根银棒，上串 64 个金盘。寺院里的僧侣依照一个古老的预言，以上述规则移动这些盘子；预言说当这些盘子移动完毕，世界就会灭亡。

根据上面的公式僧侣们需要 2^64-1 步才能完成这个任务；若他们每秒可完成一个盘子的移动，就需要 5849 亿年才能完成。整个宇宙现在也不过 137 亿年。

解决此问题，我们可从最简单的情况入手（假设盘子从小到大分别编号为 1、2、3……N）：

A 柱子只有 1 个盘子，只需将盘子从 A 移动到 C。

A 柱子只有 2 个盘子（1 号盘子和 2 号盘子），需要 3 步：

把 1 号盘子从 A 柱子放到 B 柱子上。

把 2 号盘子从 A 柱子放到 C 柱子上。

将 1 号盘子从 B 柱子放到 C 柱子上。

可以分治为如下问题：

把 N-1 号盘子从 A 放到 B，B 作为中转。

将 N 号盘子从 A 放到 C，完成 N 号盘子的摆放。

将 N-1 号盘子从 B 放到 C，完成 N-1 号盘子的摆放。

完整代码如下：（源码文件：ch12/hannoi.php）

```
$N = 3;//盘子的数目
$count = 0;//移动的总次数
hannoi($N,'A','B','C');
echo "Total Move: ",$count,"\n";
//汉诺塔问题，$N 为盘子的个数，将盘子从 $from 移动到 $to，以 $buffer 为辅助
function hannoi($N,$from,$buffer,$to){
    global $count;
```

```
        if($N == 0)return;
        hannoi($N-1,$from,$to,$buffer);//先将剩余 N-1 个盘子从 from 移动到 buffer，作
为中转
        echo "Move disk {$N} from {$from} to {$to}\n";//再将第 N 个盘子从 from 移动
到 to
        $count ++;
        hannoi($N-1,$buffer,$from,$to);//最后将剩余 N-1 个盘子从 buffer 移动到 to
    }
```

12.7 动态规划

12.7.1 斐波那契数列的动态规划解法

在解释动态规划法之前，我们先看一个计算斐波那契数列的例子。斐波那契数列由 0 和 1 开始，之后的数都是前两个数之和，例如：

```
 0, 1, 1, 2, 3, 5, 8, 13,……
```

在数学上，可以采用递归的方式来定义斐波那契数列。

```
f(0) = 0
f(1) = 1
f(N) = f(N-1) + f(N-2) (N>=2)
```

程序实现如下：（源码文件：ch12/fibonacci.php）

```
//斐波那契数列的递归解法
function fibonacci_recursion($n){
if($n <= 0){
return 0;
}else if($n == 1){
return 1;
}else{
return fibonacci_recursion($n - 1) + fibonacci_recursion($n - 2);
}
}
```

我们将计算 f(4)的过程分解一下：

```
f(4)=f(3)+f(2)
f(3)=f(2)+f(1)
     f(2)=f(1)+f(0)
     f(1)=1
     f(0)=0
f(2)=f(1)+f(0)
     f(1)=1
     f(0)=0
```

```
f(4)=3
```

可以看到，计算的过程中，f(2)被重复计算了 2 次。

这个计算方法不断地重复计算已经计算过的结果，很浪费时间，可以采用优化的方法——就是存储中间结果。我们再看动态规划的解法。

```
//斐波那契数列的动态规划解法
function fibonacci_dynamic($n){
$records[0] = 0;
$records[1] = 1;
if($n > 1){
for($i = 2;$i<=$n;$i++){
$records[$i] = $records[$i-1] + $records[$i-2];
}

}
return $records[$n];
}
```

显然，动态规划解法，将中间结果存储起来，减少了计算量。

我们将动态规划法的一般思路总结如下：

（1）将问题分解为子问题。

（2）每个子问题仅解决一次，从而减少计算量。一旦某个给定子问题的解已经算出，则将其存储起来。

（3）下次需要同一个子问题的解时，直接查表。

这种做法属于空间换时间，在重复子问题的数目关于输入的规模呈指数增长时特别有用。

12.7.2　动态规划方法的两个经典问题

动态规划方法有两个经典问题：背包问题和最长公共子序列。详细讲解如下。

1. 背包问题

背包问题是在资源有限的情况下，实现收益最大化的一类问题。经典的场景是探险家偶然进入一片宝藏，每一件宝贝都是独一无二的，具有自己的价值和重量。对于探险家而言，对每件宝贝都只有选择或不选择两个选项。由于背包容量有限，只能选择某几样宝贝。此类问题归属于动态规划。

直观来看，这是一个如何选择的问题。对一个物品 i 来说，是拿还是不拿，这是一个问题。0/1 背包问题的公式如下：

$$f[i,v]=\begin{cases}f[i-1,v],v<V_i\\ \max\{f[i-1,v],f[i-1,v-V_i]+P_i\},V_i\\ 0,iv=0\end{cases}$$

其中 i 为物品，v 为收益。

选择 i 的收益是物品 i 的价值。

为了选择 i，背包容量减少为背包容量-物品 i 的重量，此时的收益是能装的物品的价值。

不选择 i 的收益是上一次选完物品后总的价值。即当作没看见 i。

假设背包有 10 个空间，共有 5 个物品供选择，物品的属性列举如表 12-7 所示。

表12-7 物品属性

物品序号	name	value	weight
0	a	1	2
1	b	3	3
2	c	5	4
3	d	9	7
4	e	6	5

为了直观地演示解决方法，我们绘制了图 X。图中，1 到 10 为背包的空间大小，白色背景的数字为做了某种选择之后的收益。

- 当背包大小为 0 时，装不下任何物品，肯定收益为 0，表格中省略了此种情况。
- 当背包大小为 1 时，这里的 5 个物品都装不下，收益也为 0。
- 当背包大小为 2 时，可以装下物品 a，收益为 1。
- 当背包大小为 3 时，在 a 列，可以选择装下物品 a，收益为 1；在 b 列时，由于选择物品 b 的收益为 3，要大于选择物品 a 的收益，所以会选择物品 b，收益为 3。

依次类推，绘制完整个表格。最终右下角黑斜体的 12 即最大的收益。

另外的一个问题是，寻宝者选了哪些物品，使最后收益最大呢？

可以从右下角向左上角回溯所有的数据，合格的数据具有两个特点：

- 物品的重量小于背包剩余空间。
- 选择某个物品的收益减去不选择某个物品的收益，等于物品的价值。

我们将选择的过程列在下面：

初始时，背包空间为 10。

（1）在 e 行，如果选择物品 e，那么剩余空间为 10−5=5，而第 5 列（去掉 e 行的 6）并没有其他数字 x 使得 6+x=12，因此最优解没有选择物品 e。

（2）接着向上看 d 行，如果选择物品 d，那么剩余空间为 10-7=3。在第 3 列（去掉 e 行的 3 和 d 行的 3），存在数字 x，使得 9+x=12，x=3。因此最优解里包含了物品 d。此时背包剩余空间为 3。

（3）接着向上看 c 行，c 占用空间为 4，而剩余空间仅为 3，根本装不下。因此最优解没有选择物品 c。

（4）接着向上看 b 行，b 占用空间为 3，剩余空间为 3，能够装下。如果选择物品 b，剩余空间为 0。第 0 列所有的值都为 0，而 0+3=3。因此最优解里包含了物品 b。此时背包剩余空间为 0。

（5）选择完成。

如表 12-8 所示。

表12-8 物品选择的结果

name	value	weight	1	2	3	4	5	6	7	8	9	10
a	1	2	0	1	1	2	2	3	3	4	4	5
b	3	3	0	1	3	3	4	6	6	7	9	9
c	5	4	0	1	3	5	5	6	8	10	10	11
d	9	7	0	1	3	5	5	6	9	10	10	12
e	6	5	0	1	3	5	6	6	9	10	11	12

程序实现如下：（源码文件：ch12/package_problem.php）

```
    <?php
    //01 背包问题
    class Package{
        //物品数量
        private $amount = 0;
        //空间大小
        private $room = 0;
        //所有物品的属性
        private $items = [];
        //存放所有可能结果
        private $c = [];

        public function __construct($amount,$room,$items){
            $this->amount = $amount;
            $this->room = $room;
            $this->items = $items;
        }

        //计算所有可能的方案，并返回最大的收益
        public function maxValue(){
            //当不取任何物品时，收益为 0
            for($i=0;$i<=$this->room;$i++){
                $this->c[0][$i] = 0;
            }
            for($i = 1;$i<=$this->amount;$i++){
                for($j = 1;$j<= $this->room;$j++){
                    //选择物品 i 之后的收益
                    $weightSeletI = $this->items[$i-1]['value'] +
$this->c[$i][$j-$this->items[$i-1]['weight']];
                    //不选择物品 i 之后的收益
                    $weightNotSelectI = $this->c[$i-1][$j];
                    //如果背包还能装得下，并且选择物品 i 之后的收益更大，则选择；反之，不选
择物品 i
                    if($this->items[$i-1]['weight'] <= $j && $weightSeletI >
```

```
$weightNotSelectI) {
                        $this->c[$i][$j] = $weightSeletI;
                    } else {
                        $this->c[$i][$j] = $weightNotSelectI;
                    }
                }
            }
            //返回最大收益
            return $this->c[$this->amount][$this->room];
        }

        //选择最优方案
        public function bestChoice(){
            //最终选择的物品
            $selected = [];
            //剩余的空间
            $remainSpace = $this->room;
            for($i=$this->amount;$i>=1;$i--){
                if($remainSpace >= $this->items[$i-1]['weight']){//检查剩余空间能
否装下第 i 个物品
                    if($this->c[$i][$remainSpace] -
$this->c[$i-1][$remainSpace-$this->items[$i-1]['weight']] ==
$this->items[$i-1]['value']){//检查装了哪个物品才能达到最大收益
                        $selected[] = $this->items[$i-1];//选择第 i 个物品（注意下标
从 0 开始）
                        $remainSpace = $remainSpace -
$this->items[$i-1]['weight'];//选择第 i 个物品，那么剩余空间将减去第 i 个物品的重量
                    }
                }
            }
            return $selected;
        }

        //打印出所有的可能选择，用于调试
        public function printAllChoice(){
            for($i = 1;$i<= $this->amount;$i++){
                for($j =1;$j<= $this->room;$j++ ){
                    echo $this->c[$i][$j].' ';
                }
                echo PHP_EOL;
            }
        }
    }

    $items = [
        [
            'name'=>'a',//物品名称标识
            'value'=>1,//物品的价值
            'weight'=>2//物品的重量
        ],
```

```
    [
        'name'=>'b',
        'value'=>3,
        'weight'=>3
    ],
    [
        'name'=>'c',
        'value'=>5,
        'weight'=>4
    ],
    [
        'name'=>'d',
        'value'=>9,
        'weight'=>7
    ],
    [
        'name'=>'e',
        'value'=>6,
        'weight'=>5
    ],
];
$package = new Package(5,10,$items);
$totalValue = $package->maxValue();
echo "Best Value is : ".$totalValue.PHP_EOL;
echo "The Plan is as following: \n";
$selected = $package->bestChoice();
foreach ($selected as $item) {
    echo "item ".$item['name']." is selected\n";
}
//$package->printAllChoice();
```

输出结果如下：

```
Best Value is : 12
The Plan is as following:
item d is selected
item b is selected
```

选择物品 d 和 b 可以达到最大收益 12。

2. 最长公共子序列

最长公共子序列(Longest Common Subsequence)是指两个序列中的公共部分，例如"DABCLEO"和"EDCABCF"，其公共部分为"DABC"。最长公共子序列的应用有 DNA 测序（查找公共序列以推测亲缘关系）、文本查重等。

我们先来看一下递归的解法。

实现代码如下：（源码文件：ch12/lcs_recursion.php）

```
<?php
//最长公共子序列的递归解法
```

```
function lcs_recursion($X, $Y, $lenX, $lenY) {
    if($lenX == 0 || $lenY == 0) {//长度为 0 时，最长公共子序列的长度为 0
     return 0;
    } else if ($X[$lenX - 1] == $Y[$lenY - 1]){//当前字符相等时，最长公共子序列的长度加 1
     return 1 + lcs_recursion($X, $Y, $lenX - 1, $lenY - 1);
    } else {//当前字符不相等时，最长公共子序列的长度取较大值
     return max(lcs_recursion($X, $Y, $lenX, $lenY - 1),
                lcs_recursion($X, $Y, $lenX - 1, $lenY));
    }
}
$X = 'DABCLEO';
$Y = 'EDCABCF';
echo "LCS Length is : ";
echo lcs_recursion($X,$Y,strlen($X),strlen($Y));
```

输出结果如下：

```
LCS Length is : 4
```

我们也可以使用动态规划的方法来解决。对两个序列 X 和 Y，它们的最长公共子序列长度的计算方法如下：

```
seqs[i,j] = 0 i=0 或 j=0
seqs[i,j]=seqs[i-1][j-1] + 1 i>0,j>0,X[i]=Y[j]
seqs[i,j]=max(seqs[i][j-1],seqs[i-1][j]) i>0,j>0,X[i]!=Y[j]
```

假设序列 X 为“DABCLEO”和序列 Y 为“EDCABCF”，我们利用这个公式计算出如表 12-9 所示的表格。表格中，行为序列 X，列为序列 Y，项目为最长公共子序列长度。

表12-9 行序列X和列序列Y的公共子序列长度

序列 X\序列 Y		0	1	2	3	4	5	6
		E	D	C	A	B	C	F
0	D	0	1	1	1	1	1	1
1	A	0	1	1	2	2	2	2
2	B	0	1	1	2	3	3	3
3	C	0	1	2	2	3	4	4
4	L	0	1	2	2	3	4	4
5	E	1	1	2	2	3	4	4
6	O	1	1	2	2	3	4	4

现在要找到最长公共子序列是什么。我们在表格中从右下向左上进行回溯。

长度为 4 时，C 是相同的字符。

长度为 3 时，B 是相同的字符。

长度为 2 时，A 是相同的字符。

长度为 1 时，D 是相同的字符。

将长度从小到大排列，可得出最长公共子序列为“DABC”。

实现代码如下：（源码文件：ch12/lcs_dynamic.php）

```
<?php
class LCS{

    private $X = '';//序列 x
    private $lenX = 0;//序列 x 的长度
    private $Y = '';//序列 y
    private $lenY = 0;//序列 y 的长度
    private $seqs = [];//放置所有的子序列，[lenX+1][lenY+1]，seqs[i][j] 表示
X[0..i-1] 和 Y[0..j-1] 的 LCS 长度

    public function setSeqs($X,$Y){
        $this->X = $X;
        $this->lenX = strlen($X);
        $this->Y = $Y;
        $this->lenY = strlen($Y);
        $this->seqs = [];//重置子序列
    }

    //计算所有的子序列，并返回 $X 和 $Y 的最长公共子序列长度
    public function longestLenth(){
        for ($i = 0; $i <= $this->lenX; $i++)  {
            for ($j = 0; $j <= $this->lenY; $j++) {
                if ($i == 0 || $j == 0){//序列长度为 0，则 lcs 长度为 0
                $this->seqs[$i][$j] = 0;
                } else if ($this->X[$i - 1] == $this->Y[$j - 1]){//当前字符相
同，则 lcs 长度加 1
                $this->seqs[$i][$j] = $this->seqs[$i - 1][$j - 1] + 1;
                } else {//当前字符不同，则取前面长度的较大值
                $this->seqs[$i][$j] = max($this->seqs[$i - 1][$j],
                                $this->seqs[$i][$j - 1]);
                }
            }
        }
        return $this->seqs[$this->lenX][$this->lenY];//X[0..lenX-1] 和
Y[0..lenY-1] 的 LCS 长度
    }

    //获取最长公共子序列
    public function longestSeqs(){
        $i = $this->lenX;
        $j = $this->lenY;
        $index = $this->seqs[$this->lenX][$this->lenY];//lcs 的长度
        $lcs = array_fill(0,$index,null);//最长公共子序列
        while($i > 0 && $j > 0){
            if($this->X[$i - 1] == $this->Y[$j - 1]){//如果当前字符相同，则当前
字符属于 lcs
                $lcs[$index - 1] = $this->X[$i - 1];
```

```
                $i--;
                $j--;
                $index--;
            }else if($this->seqs[$i - 1][$j] > $this->seqs[$i][$j - 1]){//如果当前字符不相同，则继续往前找
                $i--;
            }else{
                $j--;
            }
        }
        return $lcs;
    }

    //打印出所有的可能选择，用于调试
    public function printAllChoice(){
        echo '  ',implode(' ', str_split($this->Y)),"\n";
        //var_dump($this->seqs);
        for($i = 1;$i <= count($this->seqs);$i++){
            echo $this->X[$i-1].' ';
            for($j =1;$j<= count($this->seqs[0]);$j++ ){
                echo $this->seqs[$i][$j].' ';
            }
            echo PHP_EOL;
        }
    }
}
$X = 'DABCLEO';
$Y = 'EDCABCF';
$lcs = new LCS();
$lcs->setSeqs($X,$Y);
echo "LCS Length is : ";
echo $lcs->longestLenth();
$longSeqs = $lcs->longestSeqs();
echo "\nLCS Seqs is : ";
echo implode('',$longSeqs);
echo "\n";
$lcs->printAllChoice();
```

输出结果如下：

```
LCS Length is : 4
LCS Seqs is : DABC
```

12.8 贪心算法

12.8.1 概　念

贪心算法（Greedy Algorithm）是科学研究的一种常用的算法。对于 NP-Hard 问题，例如围棋最佳走法，其算法复杂度非常高，使得计算全局最优解为指数级别。如果应用于实践，要么需要庞大的高性能计算机，要么需要超出预期的执行时间，此时贪心算法会非常有用。贪心算法每次计

算局部最优解，通过不停迭代向目标解前进。贪心算法的退出条件有两个：达到全局最优解，或者不必达到全局最优解，而只需达到可接受的程度。

贪心算法的步骤如下：

步骤01 确定迭代策略。在本节稍后的例子中，迭代策略是首先使用最大面额的硬币。在图论等问题中，有时甚至可以采用随机的方法进行迭代。

步骤02 每次迭代中，计算局部最优解，每次要向全局最优解前进一步。

步骤03 查看是否满足退出条件。如果满足，则退出。

步骤04 将求解结果进行综合和汇总。

一般而言，贪心算法主要应用于机器学习、人工智能等领域，业务工程师很少会遇到使用贪心算法的场景。

12.8.2 面 试 题

题目描述：假设有 5 角、1 角、5 分、2 分、1 分的硬币，每种硬币的数量都不限制，给定一个金额，计算需要硬币最少的找零方法。

解答：根据我们的现实经验，首先应该找最大面值的硬币，直到最后才用 1 分的硬币。这就是贪心算法的一个应用。

我们将步骤分解如下：

- 确定迭代策略。根据硬币的面额，从大到小地使用。
- 每次迭代中，总的找零金额，不断接近总金额。
- 退出条件是总的找零金额，等于总金额。
- 将找零方法汇总。

程序实现代码如下：（源码文件：ch12/give_change.php）

```
$money = 97;//97 分
$ret = give_change($money);
echo "The Best Method for Changing {$money} cents is:\n";
foreach ($ret as $cent => $num) {
    echo "Cent {$cent}, Need {$num}\n";
}
function give_change($money){
    $cents = [50,10,5,2,1];//硬币分为 5 角、1 角、5 分、2 分、1 分。这里要保证从大到小的顺序
    $ret = [];//存放找零结果
    foreach ($cents as $cent) {//优先使用最大的面额
        while($money >= $cent) { //如果当前余额大于硬币面值，则使用
            $ret[$cent]++; //记录找零结果
            $money -= $cent;//将余额减去当前硬币面值
            if(0 == $money)break;//如果已经完成，则退出循环
        }
    }
    return $ret;
}
```

12.8.3 霍夫曼树

霍夫曼树（又译赫夫曼树）是贪婪算法的一种应用。在 ASCII 编码中，每个字符都是由 8 位比特组成，是定长的。但实际上各个字符的使用频率是不同的，例如英语中，E 的使用频率最高，而 Z 的使用频率最低。如果对 E 采用短编码，则编码后整个信息的长度就会达到最低。

构建霍夫曼树的算法描述如下：

（1）给定 N 个权重$\{w_1, w_2, w_3, \cdots, w_n\}$，构成 N 棵二叉树的森林，其中每棵二叉树 Ti 只有一个权重为 Wi 的根结点，其左右子树均为空。

（2）在 F 中选取两棵根结点的权值最小的树作为左右子树构造一棵新的二叉树，且新的二叉树的根结点的权值为其左右子树根结点的权值之和。

（3）在森林 F 中删除这两棵树，同时将新得到的二叉树加入 F 中。

（4）重复步骤 2 和 3，直到 F 只含一棵树为止。

最后构建的树就是霍夫曼树。

例如有几个权值分别为 4、3、8、6，如图 12-32 所示演示了构建一棵霍夫曼树的步骤。

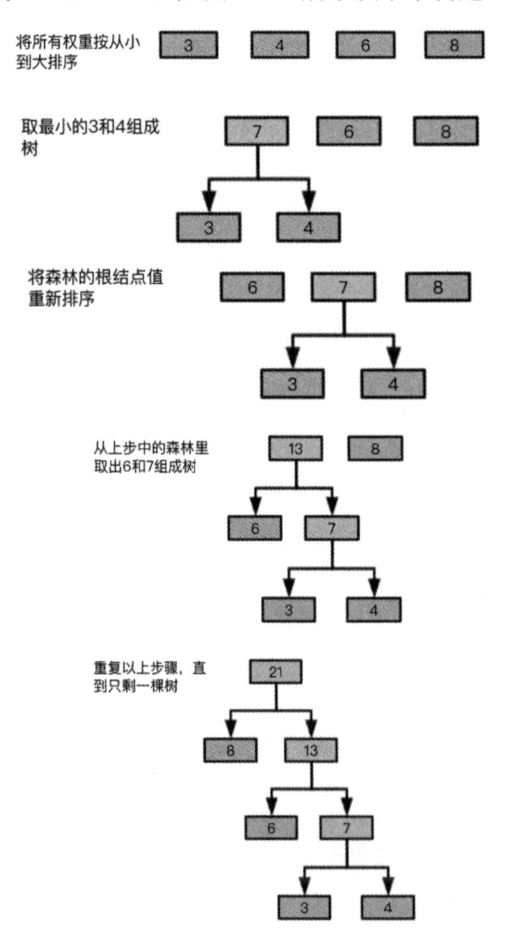

图 12-32　霍夫曼树的构建过程

程序实现代码如下：（源码文件：ch12/haffman.php）

```
<?php
class Node{
    public $key = '';
    public $weight = '';
    public $left = null;
    public $right = null;

    public function __construct($key,$weight,$left,$right){
        $this->key = $key;
        $this->weight = $weight;
        $this->left = $left;
        $this->right = $right;
    }
}
class HaffmanTree{

    private $words = [];

    public function __construct($text){
        $words = count_chars($text,1);
        foreach ($words as $ascii => $count) {
            $words[chr($ascii)]  = $count;
            unset($words[$ascii]);
        }
        $this->words = $words;
    }

    public function build(){
        $nodes = [];
        foreach ($this->words as $word => $count) {
            $nodes[]  = new Node($word,$count,null,null);
        }

        $compareWeightFunc = function ($node1,$node2){
            if($node1->weight == $node2->weight){
                return 0;
            }
            return $node1->weight > $node2->weight ? 1 : -1;
        };

        $size = count($nodes);
        for ($i=0; $i !== $size -1; $i++) {
            uasort($nodes,$compareWeightFunc);
            $node1 = array_shift($nodes);
            $node2 = array_shift($nodes);
```

```
                $nodes[] = new
Node(null,$node1->weight+$node2->weight,$node1,$node2);
            }
            $root = reset($nodes);
            $codes = [];
            $this->buildCodes($root, '', $codes);
            return $codes;
        }

        private function buildCodes($node, $code = '', &$codes) {
              if (null !== $node->key) {
                $codes[$node->key] = $code;
              } else {
                $this->buildCodes($node->left, $code.'0', $codes);
                $this->buildCodes($node->right, $code.'1', $codes);
              }
        }

    }

    $text = 'AACBCAADDBBADDAABB';
    $tree = new HaffmanTree($text);
    $codes = $tree->build();

    var_dump($codes);
```

12.9 本章小结

数据结构和算法是计算机学科的基础课程，最好的学习方法就是刷题加思考。读者可以自己动手来编程，在练习中总结一些规律，这样在面试过程中即使遇到陌生的题目，也能举一反三地进行解答。

12.10 练　习

1. 编程实现本章中的题目。
2. 在 LeetCode 网站解答问题。

第 13 章 PHP 安全知识

开发者经过一定的努力将项目上线之后，真正的考验才刚刚开始。一个线上项目除了给它的目标用户使用外，还暴露在各种寻求特殊利益的人群面前。例如电商网站制定运营规则时要防范羊毛党、社交网站要处理垃圾广告、管理后台要防止越权访问、政企官网要防止网页被篡改等，都会涉及安全问题。因此一个合格的开发者，除了要保证项目功能正常外，还要注意安全开发，尽量避免项目出现安全方面的漏洞。本章将讲解 PHP 开发中经常会发生的漏洞及其防范措施。

13.1 概　述

安全是什么？

安全是衡量标准，而不是特征。没有任何一个系统能够称为绝对安全。

某个项目由高水平的工程师开发，是否绝对安全？否。项目依赖的框架和语言可能有漏洞，例如著名的 Java 框架 Struts 曾出现过几次严重的 RCE（远程代码执行）漏洞，影响了众多知名站点。

项目依赖的框架和语言通过若干次补丁修复没有漏洞了，是否绝对安全？否。项目运行的操作系统可能有漏洞。Linux、Windows Server 等操作系统，也时常暴露出漏洞。

操作系统更新后漏洞修复了，是否绝对安全？否。依赖的服务以及不正确的配置可能引入漏洞。例如 NoSQL 服务 MongoDB 未授权被外网越权访问的问题，已有很多报道。

依赖的服务都正确设置后，是否绝对安全？否。机器运行的硬件是否有问题呢？2018 年英特尔的“CPU”就暴露出“Meltdown”设计漏洞。

服务器端的漏洞全部修复后，是否绝对安全？否。用户的终端和网络是否有问题呢？例如连接各种“免费”WiFi 后资金被盗的案件，时时见诸报端。

进行网络隔离，一切操作都在内网中进行，是否绝对安全？否。入侵计算机系统有一种“社会工程”的方法，就是利用人际关系来获取访问地址、访问权限和密码等重要信息。

综上所述，没有绝对安全的系统。安全问题持续产生，解决方案不断进化，黑客的攻击、安全人员的防守，如同《Tom and Jerry》猫和老鼠的故事，时有反复，各自水平螺旋上升，最终会有更高明的入侵手段，也会有更高安全级别的系统。

安全存在于系统的整个生命周期，设计、实现、测试、发布、维护各个阶段都可能存在漏洞，因此需要参与项目的人员都要注意，涉及资金、重要信息的项目还需要风控部门协助监察。

即便安全漏洞无法完全清除，开发人员也不用过分担心。安全系统的一个衡量标准是，在别人利用漏洞之前，能够预测和防止未来的安全问题。只要开发时注意防范常见的漏洞，并及时修复框架和系统漏洞，就足以将黑客的攻击成本大大提升。

采用某种语言进行开发项目，项目的安全性由两方面决定：语言安全性和安全操作方式。

PHP 早期版本（PHP 4）的某些特性，使得使用 PHP 搭建的系统易于被攻击。PHP 最早用于搭建个人站点，功能实现以容易上手、快速开发为特点，基于此，PHP 的早期版本引入了 Register Globals、Allow_URL_Fopen 等来简化开发，但也导致了严重的问题。

随着 PHP 语言的进化，PHP 语言安全性的问题已经得到解决，PHP 被越来越多的系统用来处理敏感数据。国内外一些互联网企业，如 FaceBook、BAT 大厂、小米、京东等都在使用 PHP 搭建各种大型系统，这也对开发者提出了更高的要求：

- 需要安全的设计来搭建安全的系统。
- 不允许未授权的访问。
- 不允许未期望的输入。

常见的漏洞类型有输入校验、XSS、SQL 注入、CSRF、SSRF、短信轰炸、接口盗刷等，以下我们将详细讲述。

13.2 输入校验

关于用户输入的校验主要有以下几种情况：

- 客户端与服务器之间传输过程中内容丢失或增加。常见的情况是用户抓包获取传输协议，然后自行构造请求，例如通过各种脚本来抢秒杀的商品。
- 中间过程攻击。当用户请求的中间过程遭到劫持，会造成用户的登录凭证被暴露，攻击者便会利用获取的凭证进行获利。例如连接各种“免费”WiFi 盗取资金。
- 用户以意想不到的方式修改。用户出于好奇或恶意，输入不合格的内容，例如在原本需要输入数字的地方进行 SQL 注入。
- 故意企图获得未经授权的访问或使应用程序崩溃。登录者采用穷举等方式，试图找出管理员的账号和密码，来登录未经授权的管理后台。

以上都是应用系统经常会遇到的不可靠或不可信信息，因此对用户输入数据必须进行校验。

13.2.1 Register Globals

顾名思义，Register Globals 就是指注册为全局变量，这个特性曾经是 PHP 极易受到的攻击。

当 Register Globals＝on，即开启这个特性之后，所有输入参数都会直接转变为变量，如下所示：

```
?foo=bar  >>  $foo = "bar";
```

这样很容易带来安全性问题。Register Globals 主要有以下三个危害：

- 无法确定输入来源。
- cookie 里的输入参数会覆盖 GET。
- 无初始化的变量被注入。

我们来看一个攻击实例。在浏览器里访问 register_globals.php?is_admin=1 时，会注入 $is_admin=1 的变量，从而绕过身份验证，使得非管理员也能登录管理后台。

注意以下脚本只能在 PHP 5.3 及以下版本中运行。

（源码文件：ch13/register_globals.php）

```
<?php
// 当用户合法的时候，赋值 $is_admin = true
if (check_admin()) {
    $is_admin = true;
}
/* 由于并没有事先把 $is_admin 初始化为 false， 当 register_globals 打开时，可能通过
GET register_globals.php?is_admin=1 来定义该变量值。所以任何人都可以绕过身份验证
*/
if ($is_admin) {
    //进入管理后台
}
function check_admin(){
    //判断是否为管理员
}
```

由于上述缺陷，Register Globals 已经在 PHP 5.3.0 中被废弃，在 PHP 5.4.0 中被移除。

13.2.2 $_REQUEST

$_REQUEST 是 HTTP Request 变量，汇总了$_GET、$_POST、$_COOKIE 等数据。由于 $_REQUEST 合并了多个输入源，容易造成变量冲突。

例如，下述代码在 Get 和 Cookie 里都定义了 id 字段，就会导致数据相互覆盖的问题：

```
echo $_GET['id']; // 1
echo $_COOKIE['id']; // 2
echo $_REQUEST['id']; // 2
```

变量的相互覆盖顺序可以用以下命令查询：

```
$ php -r 'phpinfo();' | grep variables_order
variables_order => EGPCS => EGPCS
```

大写字母代表的含义如表 13-1 所示。

表13-1　变量代表含义

字母缩写	英文变量	说　明
E	$_ENV	环境变量
G	$_GET	Get 参数
P	$_POST	Post 参数
C	$_COOKIE	Cookie
S	$_SERVER	服务器和执行环境信息

13.2.3　$_SERVER

$_SERVER 虽然由 Web 服务器的数据产生，但依然不可信。常见的问题有以下三种：

（1）用户自行添加 header 信息

```
Host: <script> ...
```

（2）部分参数包含用户输入信息

```
REQUEST_URI, PATH_INFO, QUERY_STRING
```

（3）可伪造

匿名代理下的 IP 地址伪造。

13.2.4　数字校验

为确保所有传递给 PHP（GET/POST/COOKIE）的数据都是字符串，所以在使用数字之前，一定要进行数字校验。

```
//整型
$id = (int) $_GET['id'];
//浮点型
$price = (float) $_GET['price'];
```

使用数字校验要注意两点：

- 注意数据表示的范围，防止溢出。
- 注意正负数的区别。某外卖平台曾爆出一个漏洞，正常情况下扣钱时需传入一个正数（例如 5 元），表示需要用户支付 5 元；但实际传入了一个负数-5，反而变成了给用户充值 5 元。

13.2.5　字符串校验

字符串校验可以采用正则表达式等方式，但 PHP 也提供了一些便捷的判断规则，即利用 ctype 系列函数来校验字符串，如表 13-2 所示。

表13-2　PHP 校验函数

函　数	校验范围	说　明
ctype_alnum	A-Za-z0-9	字母与数字
ctype_alpha	A-Za-z	字母
ctype_digit	0-9	数字
ctype_lower	a-z	小写字母
ctype_upper	A-Z	大写字母
ctype_space	"\n\r\t "	换行符、制表符、空格

13.2.6　路径校验

在 PHP 应用中，如果用到了输入参数作为路径，一定要校验路径的合法性。

我们来看以下的攻击示例，由于没有把路径限制到 webroot，导致攻击者可以读取到密码信息。

（源码文件：ch13/path.php）

```
<?php
//http://localhost/path.php?path=../../etc/passwd
$fp = fopen("/home/dir/{$_GET['path']}", "r");
```

这时在浏览器里访问 http://localhost/path.php?path=../../etc/passwd 时就能打开密码信息，非常危险。

路径校验的方法有以下两种。

1. 路径校验方法

使用 basename 返回路径中的文件名部分，将路径限制到 webroot 之内。

（源码文件：ch13/path_fix_1.php）

```
<?php
//获取文件名
$_GET['path'] = basename($_GET['path']);
// 检查文件是否存在
$file = "/home/dir/{$_GET['path']}";
if (file_exists($file)) {
    $fp = fopen($file, 'r');
}
```

这种方式修复了漏洞，但也有缺点，即对外暴露了真实文件名。

2. 路径校验方法

一种比较完美的修复方案是，对外用 md5、sha1 等加密算法隐藏文件名，对内设置文件名白单。如下面的示例文件，用户实际下载的是 downloads/1.txt 的文件，而看到的是一个 md5 字符串，避免了将真实文件名暴露出来。

（源码文件：ch13/path_fix_2.php）

```
<?php
// 将所有可用文件设置白名单
$white_list = array();
foreach(glob("downloads/*.txt") as $v) {
       $white_list[md5($v)] = $v;
}
if (isset($white_list[$_GET['path']]))
       $fp = fopen($white_list[$_GET['path']], "r");

//http://localhost/path_fix_2.php?path=c4ca4238a0b923820dcc509a6f75849b
```

13.3 XSS 攻击

XSS（Cross Site Scripting，中文称为跨站脚本）是指攻击者将 HTML 代码注入到页面中，而开发者未对其代码做校验，从而在页面中显示了攻击者注入的元素。

XSS 的危害如下：

- 页面功能异常，可能引起用户误解或尴尬。
- Session 接管。
- 盗窃密码。
- 用户行踪被第三方监控。

我们演示一下 XSS 漏洞是如何产生的，程序示例如下：（源码文件：ch13/xss_demo.php）

```
<?php
    $comment = $_POST['comment'];
?>


<form method="post">
    <lable>Please Input Your Comment</lable>
    <input type="text" name="comment" value="<?php echo $comment;?>" />

    <input type="submit"/>
</form>
<p>This is What You Say:</p>
<blockquote style="background-color: #F5F5DC "><?php echo
$comment;?></blockquote>
```

我们在页面上输入正常的文字，然后提交，会得到希望的结果，如图 13-1 所示。

图 13-1　程序示例结果

但我们在输入框里输入 Javascript 脚本，就会执行该段脚本，出现一个内容为“xss”的对话框，如图 13-2 所示。请注意，Chrome 浏览器会检查 XSS 内容，因此请用其他浏览器进行测试。

```
<script>alert('xss')</script>
```

图 13-2　“xss”的对话框

阻止 XSS 攻击可以用表 13-3 所示的三种方法过滤输入，可以根据需要选择不同的过滤函数。

表13-3　过滤XSS 的函数

函　数	过滤内容
htmlspecialchars()	Encodes ',", <, >, &
htmlentities()	转换一切 HTML 标签为实体
strip_tags()	去掉全部或部分 HTML 标签

对应于上例，只需将 $comment 赋值语句变为以下任意语句即可：

```
$comment = strip_tags($_POST['comment']);
$comment = htmlentities($_POST['comment']);
$comment = htmlspecialchars($_POST['comment']);
```

13.3.1　属性过滤

有时为了给用户更多的自由，例如一些博客的评论，允许使用部分无关紧要类似<b> <p>之类的标签，如果使用不当，也会造成 XSS 过滤。

类似于<b> <p>的实体，术语为标签，而标签还拥有属性的概念。如果使用 strip_tags 时放过一些标签，则有可能引入漏洞。

我们看一个攻击示例。

程序代码如下：（源码文件：ch13/tag_xss.php）

```
1 <?php
2 $comment = strip_tags($_POST['comment'], '<b><p><i><u>');
```

```
3  ?>
4  <b style="font-size: 1000px">
5  BIG WORDS COVERS FULL SCREEN!
6  </b>
7
8  <u onmouseup="alert('xss is allowed');">
9  Click Here
10  </u>
11
12  <p style="background: url(http://ad.com/tracker.gif)">
13  Track Users
14  </p>
```

第 2 行，程序放行了一些标签。

第 4 至 6 行，用户将字体放大为 1000 像素，覆盖了整个屏幕，影响了页面原来的视觉效果和功能。

第 8 至 10 行，绑定了鼠标动作，弹出了非法弹窗。

第 12 至 14 行则引入了某广告公司的追踪图片，用于收集用户的行为。

因此，属性过滤也应该引起重视。如果确定要放行某些标签，务必要对其属性进行过滤。

13.3.2 JSON 与 XSS

使用 Restful API 时，数据多以 JSON 格式进行交互，这种情况也可能造成 xss 漏洞。这里列举两个与 JSON 相关的 XSS 例子。

1. 模板数据的使用

我们在使用 smarty、mustache 等模板时，经常用以下的形式把数据输出给 Javascript：

```
<script>
    var data = <?php echo $data ?>;
</script>
```

如果未对$data 做过滤，将$data 的值注入为以下形式：

```
$data = "1;alert('xss');";
```

那么 HTML 的内容就变成如下所示：

```
<script>
    var data = 1;alert('xss');
</script>
```

这样，就会导致 XSS 漏洞。

完整代码可以在以下代码中找到。（源码文件：ch13/json_xss_1.php）

```
<?php
    $data = "1;alert('xss');";
```

```
?>
<script>
   var data = <?php echo $data ?>;
</script>
```

2. JSON 数据的输出

我们在输出 JSON 数据时，常常采用以下的方式：

```
echo json_encode($data);
exit(0);
```

其实这样是有问题的，因为默认的 Content-Type 是 HTML 格式，如果 $data 里包含 HTML 标签，就会造成页面的混乱和 XSS 漏洞。正确的做法是在文件开头部分增加如下内容：

```
header('Content-Type: application/json; charset=utf-8');
```

完整代码可以在以下代码中找到。（源码文件：ch13/json_xss_2.php）

```
<?php
//将 Content-Type 限制为 JSON 类型来避免 XSS 攻击
header('Content-Type: application/json; charset=utf-8');
$data = [
    'foo' => "<script>alert('xss');</script>"
];
echo json_encode($data);
exit(0);
```

13.4　SQL 注入

SQL 注入（SQL injection）是一种将恶意代码加入请求参数里，导致数据库执行植入的 SQL 语句的攻击方式，其攻击原理是将未经过滤的数据直接传递给数据库。这会引起以下严重的后果：

- 允许任意的 SQL 语句执行。
- 数据被删除。
- 数据被修改。
- 拒绝服务攻击。
- 任意数据插入。

举例来说，根据 id 来查看某用户信息的实现代码如下：

```
$id = $_GET['id'];
$sql = "SELECT * FROM users WHERE id = {$id}";
$result = mysql_query($sql);
```

程序期待用户会传入 id=1 类似的参数，但如果恶意用户传入的 id 不是整数，而是 SQL 语句，如下所示：

```
id=1;DROP TABLE users;
```

那么执行的 SQL 将造成用户数据表被删除：

```
SELECT * FROM users WHERE id = 1;
DROP TABLE users;//再见了用户表
```

经常有新闻报道某些知名互联网公司的数据库被泄漏（又叫“脱库”）。这会给公司的声誉和业务带来严重影响，不可掉以轻心。SQL 注入漏洞的产生原因大部分是由于疏忽所致，其实质就是将未经过滤的数据、直接传递给数据库。

预防和解决 SQL 注入漏洞的几种方法如下：

- 进行输入过滤。不要相信用户的输入，要校验数据是否符合预期。
- 限制权限。结合应用给不同的数据库用户分配满足需求的最小的权限集合。注意永远不要使用 root 去连接数据库。
- SQL Escaping。将用户提交的数据进行转义之后再使用。
- 使用 PDO。

13.4.1 SQL Escaping

数据库提供了 escape 函数，其可将用户提交的数据进行转义，不同数据库对应的 escape 函数如表 13-4 所示。

表13-4 escape函数

数 据 库	escape 函数
MySQL	mysqli_escape_string() mysqli_real_escape_string()
PostgreSQL	pg_escape_string() pg_escape_bytea()
SQLite	sqlite_escape_string()

程序示例如下：（源码文件：ch13/sql_escape.php）

```
$mysqli = new mysqli("localhost", "user_rw", "password", "user_db");
$id = $mysqli->real_escape_string($_GET['id']);
$name = $mysqli->real_escape_string($_GET['name']);
$mysqli->query("INSERT INTO user (id,name) VALUES({$id}, '{$name}')");
```

但 escape 不是万能的，这是因为 escape 的范围受到了局限，如下所示：

```
NUL (ASCII 0), \n, \r, \, ', ", and Control-Z
```

我们看一个例子，即便使用了 escape，仍被注入了恶意代码。

访问如下网址：

http://localhost/sql_escape_bad_case.php?id=0;DROP%20TABLE%20users

（源码文件：ch13/sql_escape_bad_case.php）

```
// $id 传入 0;DROP TABLE users
$id = $mysqli->real_escape_string ($_GET['id']);
$mysqli-> query("SELECT * FROM users WHERE id={$id}");
// user 表被删除！
```

因此，escape 需要与输入校验同时使用，以避免出现安全问题。

13.4.2　PDO 的安全机制

PDO 的预处理语句（Prepared Statements）是 PDO 最受欢迎的特性，它具有以下两个特点：

- 安全机制。参数自动加引号，防止发生 SQL 注入。
- 重复执行优化：一次预处理，多次运行。

1. 安全机制

首先来看一下 PDO 是如何实现安全机制的。

使用 PDO 可以为应用程序提供最后一层防护，即使某些参数未被过滤或 escape，也能防止发生 SQL 注入。看下面的例子，未对 GET 参数做过滤，直接传递给 SQL 里执行。由于使用了预处理语句，实际执行的语句如下：

```
SELECT * FROM users where id = '1;DROP TABLE users' ;
```

虽然不是预期的结果，但由于 id 被引号包括了，危险 SQL 不会执行，因此该程序并不会留下 SQL 注入的漏洞。

程序示例如下：（源码文件：ch13/pdo_escape.php）

```
$pdo = new PDO('mysql:host=localhost;dbname=test', $user, $pass);
$stmt = $pdo->prepare("SELECT * FROM users where id = :id");
$stmt->bindParam(':id', $_GET['id']);
$stmt->execute();
$result = $stmt->fetchAll();
```

2. 重复执行优化

PDO 的另外一个优点是重复执行优化。

处理一个业务通常不是一条 SQL 语句就可以完成的，在使用不同参数执行多次的场景下，预处理语句可以一次预处理，多次运行，避免重复的分析、编译、优化过程，从而提高了效率。

程序示例如下：（源码文件：ch13/pdo_stmt.php）

```
$stmt = $pdo->prepare("INSERT INTO users (id, name) VALUES (:id, :name)");
$stmt->bindParam(':id', $id);
$stmt->bindParam(':name', $name);

// 新建名称为 david 的用户
$id = 1;
$name = 'david';
$stmt->execute();
```

```
// 新建名称为 tom 的用户
$id = 2;
$name = 'tom';
$stmt->execute();
```

13.5 CSRF 攻击

CSRF（Cross Site Request Forgery，跨站请求伪造）是指攻击者通过技术手段欺骗用户的浏览器去访问一个自己曾经认证过的网站并执行一些操作。CSRF 攻击的原理如图 13-3 所示。

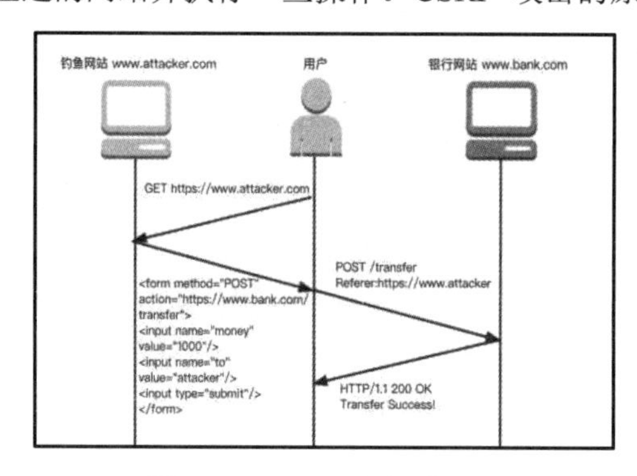

图 13-3　CSRF 攻击原理图

（1）用户访问钓鱼网站 www.attacker.com。

（2）用户看到钓鱼网站有个表单（例如提交评论），于是提交了。用户误以为自己在提交评论，实质上是向银行网站 www.bank.com 发起转账请求。

（3）由于用户的浏览器里有银行网站的登录及认证状态，所以银行网站收到请求后，误认为用户真正在操作转账请求，于是将钱转给攻击者。

CSRF 攻击中，攻击者无须破获受害者的账号密码等信息，就可以完成各种破坏性动作，这使得很多 CSRF 类型的漏洞不易被发现，成为 0day 漏洞。

CSRF 的防御有 Referer 校验、token 校验和请求参数限制等方法，以下我们分别进行详述。

1. Referer 校验

Referer 是当前请求的来源页面，对应于$_SERVER['HTTP_REFERER']。例如我们在 PHP 首页打开下载页链接，那么下载页的 Referer 就是 http://php.net/，如图 13-4 所示。

```
▾ Request Headers    view source
  Accept: text/html,application/xhtml+xml,application/xml;q=0.9,image/webp,i
  mage/apng,*/*;q=0.8
  Accept-Encoding: gzip, deflate
  Accept-Language: zh-CN,zh;q=0.9,en;q=0.8
  Cache-Control: no-cache
  Connection: keep-alive
  Cookie: LAST_LANG=en; COUNTRY=NA%2C185.85.3.142; LAST_NEWS=1550293552
  Host: www.php.net
  Pragma: no-cache
  Referer: http://php.net/
  Upgrade-Insecure-Requests: 1
  User-Agent: Mozilla/5.0 (Macintosh; Intel Mac OS X 10_12_5) AppleWebKit/53
  7.36 (KHTML, like Gecko) Chrome/68.0.3440.106 Safari/537.36
```

图 13-4　Referer 的下载页

使用 Referer 校验，可以减少部分 CSRF 攻击。例如图 13-3 的攻击案例，对银行转账的接口来说，正常的 Referer 应该来自 www.bank.com，即

```
Referer: https://www.bank.com/
```

而非法的 Referer 则来自 www.attacker.com，如下所示：

```
Referer: https://www.attacker.com/
```

因此只要判断 Referer 包含的域名在白名单里，就可以过滤掉大部分 CSRF 攻击。

另外，介绍一下“温和 Referer 校验”的概念。

由于 Referer 来自于客户端，而且可以更改，因此并非完全可信。当在浏览器的地址栏主动输入地址进行访问时，由于没有任何上游页面，因此此时并没有 Referer 信息。图 13-3 的攻击案例，如果 Referer 不仅包括 www.bank.com，而且允许为空，则称为温和 Referer 校验。

```
Referer: https://www.bank.com/
Referer:
```

是否应该允许温和 Referer 校验呢？答案是不允许。因为除了浏览器里主动输入地址外，还有多种方式构造空 Referer 信息的请求。例如以下几种方式：

```
ftp://www.attacker.com/index.html
javascript:"<script> /* CSRF */ </script>"
data:text/html,<script> /* CSRF */ </script>
```

因此需要禁止温和 Referer 校验。

2. token 校验

token 校验是指在提交请求时附加隐藏参数，服务端校验隐藏参数是否来自合法的途径。

```
<input type=hidden value=23a3af0b>
```

token 校验有以下几种方式：

（1）利用用户 ID 做 Hash

假如用户 ID 为 1，使用 md5 作为 hash 函数，md5(1) = c4ca4238a0b923820dcc509a6f75849b，

这样服务器使用相同的方法来校验，即可知道请求是否合法。

但这种方法也有缺点，一旦攻击者知晓了 hash 函数，就可以伪造合法请求了。为了加强防护，可以将用户 ID 加盐值：

```
hash(id+salt)
```

（2）利用 Session ID

用户登录后，通常服务器会给用户分配一个独一无二的 Session 信息，这样就可以使用 Session ID 来作为校验值。

这种方法的缺点是将 Session ID 显示在 HTML 里，一旦页面出现 XSS 漏洞，攻击者就可以获取到 Session ID，造成 Session 劫持。

（3）利用 Session 相关的随机字符串

方法 2 的缺点是将真实的 Session ID 显示在 HTML 里，因此可以改进。可以为每个 Session ID 生成随机字符串，对外暴露随机字符串，这样就规避了 Session 劫持的问题。

这种方法的代价是需要记录 Session ID 与随机字符串的关联关系。

（4）利用 Session 无关的随机字符串

例如，子域名、网络攻击。

（5）利用率 Session ID HMAC（Keyed-Hashing for Message Authentication）

这种校验不需要记录相关状态。

3. 请求参数限制

（1）同域请求

Ajax 请求通常不能跨域，例如某个页面的域名是 www.example.com，那么该页面里发起的 Ajax 请求的 URL 域名必须为 www.example.com，否则将会被浏览器拦截。

可以将 HTTP HEADER 的 XMLHttpRequest 设置为 Origin，以防止白名单之外的域名。

（2）数据格式限制

可以根据客户端与服务器端的数据交换方式，规定服务器接受的数据格式，例如：

```
// 服务器接受的数据格式
Accept: text/html, application/xhtml+xml, application/xml;
Accept: application/json
```

（3）更改数据的请求采用 POST

更改数据的请求指不具备幂等性的请求，例如增加实体、删除实体、修改实体等操作，每操作一次，实体的状态都不同。这些请求应该使用 POST 请求。采用 GET 请求时，所有的参数都可以放到 URL 里，这时只要访问 URL 即可完成攻击。采用 POST 请求时，用户必须单击表单，而用户会有一定的警惕性，从而降低漏洞的危害。

某社交网站曾发现一个病毒式传播的漏洞。一个发表评论的接口采用了 GET 请求方式，攻击者用该接口构造了一个广告评论，一旦用户单击，就会在自己的空间里生成一条广告评论，造成大量的垃圾信息。采用 POST 请求后，用户单击 URL 并不会生效，就可以修复该漏洞。

13.6 SSRF 攻击

SSRF（Server-side Request Forgery，服务端请求伪造攻击）是一种攻击者构造的由服务器端发起请求的一种漏洞，通常情况下，内网的资源如日志服务、Redis、MongoDB、搜索服务等，都由防火墙进行防护而外网无法访问。但 SSRF 漏洞提供了一种方式，可让服务器代替攻击者对内网发起访问，从而获取内网的一些资源，如图 13-5 所示。

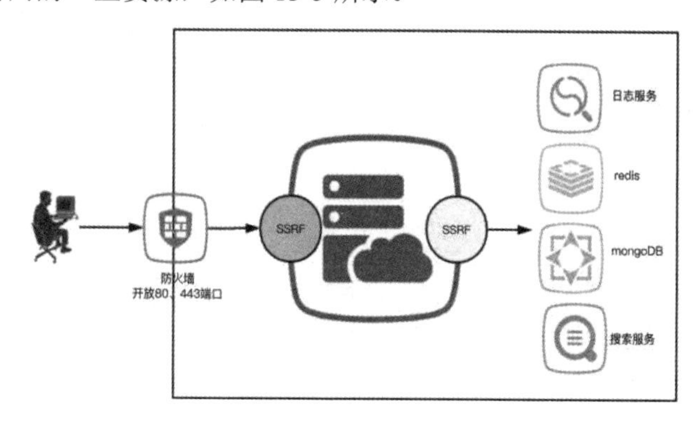

图 13-5 SSRF 攻击原理图

我们来看一个 SSRF 的演示文件，提交一个 URL 作为参数，服务器读取该 URL 的内容，然后输出到终端。程序示例如下：（源码文件：ch13/ssrf.php）

```
<?php
$content = file_get_contents($_GET['url']);
echo $content;
```

正常情况下，我们期望用户输入的 URL 是一个图片、文本或接口形式的，类似于如下：

```
http://www.weixinbook.net/icon.png
https://www.weixinbook.net/api.php
http://www.weixinbook.net/robot.txt
```

但如果有恶意用户提交了如下形式的内容：

```
http://localhost/ch13/ssrf.php?url=file:///etc/passwd
```

这时服务器会读取本机的密码信息并输出，如图 13-6 所示。这是非常危险的。

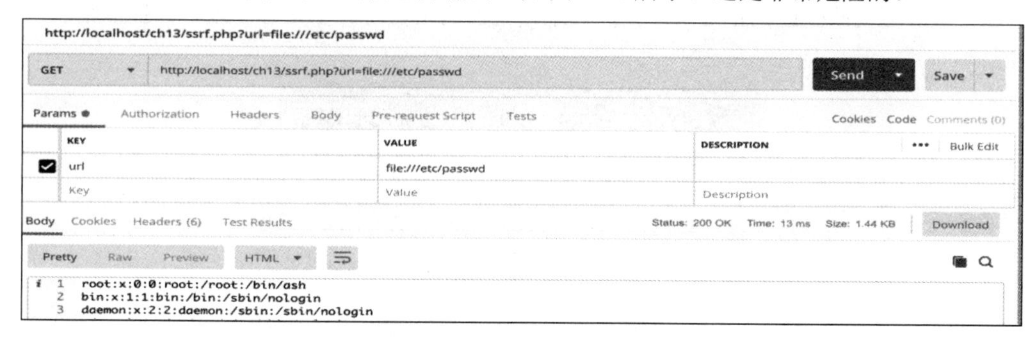

图 13-6 服务器会读取本机的密码信息并输出

SSRF 常见的危害有如下几种：

- 可以对外网、服务器所在内网、本地进行端口扫描，获取一些服务的 banner 信息。
- 攻击运行在内网或本地的应用程序（比如溢出）。
- 对内网 Web 应用进行指纹识别，通过访问默认文件实现。
- 攻击内外网的 Web 应用，主要是使用 get 参数就可以实现的攻击（比如 struts2 等）。
- 利用 file 协议读取本地文件等。

SSRF 产生的根源在于服务器访问用户提交的 URL 进行处理之前，而未对 URL 做来源校验。阻止 SSRF 的方法有以下几种。

1. 禁用非必要协议

仅限 http、https，不支持 file 和 ftp 等。

2. 限制来源

设置域名和 IP 白名单，只要用户提交的数据不在白名单内一律不接收。

3. 请求内容格式限制

请求图片时检测返回文件类型是否为图片。

4. 内网 IP 黑名单

不需要访问某些内网资源时直接屏蔽。

13.7 短信轰炸

随着实名制政策的推广，多数网站或 App 都支持了短信登录。短信登录的一般流程如下：

（1）用户输入手机号码。
（2）系统给该手机号下发验证码。
（3）用户输入验证码。
（4）服务端判断验证码正确时，允许登录；验证码错误时，不允许登录，并提示错误，如图 13-7 所示。

图 13-7 验证码登录

这个流程是有缺陷的，因为在第 2 步系统选择无条件地相信用户，因此一些恶意软件会搜集一大批发送短信接口，来对特定的手机号码进行短信轰炸，如图 13-8 所示。

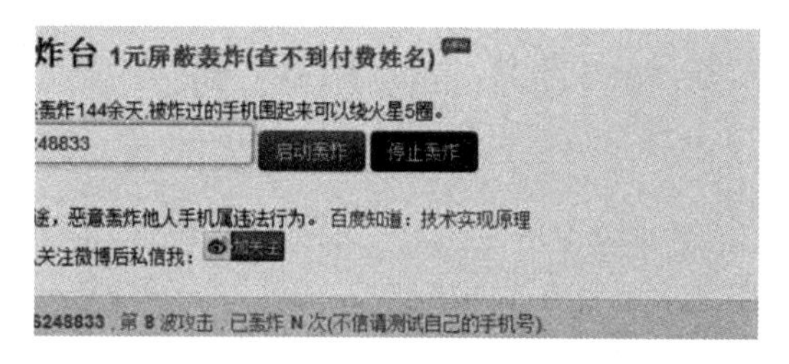

图 13-8　短信轰炸软件

如图 13-9 所示是短信轰炸软件对手机攻击的列表。

图 13-9　被轰炸的手机号码的短信列表

短信轰炸的危害如下：

（1）浪费短信费用。

（2）被轰炸的用户会到通信商处投诉，导致短信通道被关停，影响正常业务。

防范短信轰炸是相对困难的工作，因为发送验证码的功能通常未登录用户也可使用，而且请求来源不易追踪。

常用的解决办法如下：

- 限制 User Agent。
- 限制用户每日发送总数，可以按手机号、IP 双重限制。
- 增加 token 校验。
- 增加验证码。

通过以上方法，短信轰炸的问题一般会得到解决。正如一个寓言故事所讲：有两个人在森林里遇到了老虎，其中一人拼命往前跑，另一人索性不跑了。不跑的人问跑的人：你明知跑不赢老虎，为啥还跑呢？跑的人答道：我当然跑不赢老虎，我只要跑过你就行。老虎吃你吃饱了，就不会吃我了。增加了以上防范措施之后，攻击者的攻击成本将大大提升，那么他会放弃破解你的接口，转向其他软件的防守薄弱的接口。

13.8 接口防刷

有时攻击者获取接口信息并非完全为了破坏，更有可能是为了获利。如电商的秒杀接口、各种抢单软件、抢票软件等利用的都是服务商的接口，并未引入工程意义上的漏洞，但是它们的存在，破坏了游戏规则和公平性，使得正常使用软件的人可能无法获取服务。另一个危害是刷单软件会频繁地访问接口，使得流量大量增长，给服务器造成巨大压力。某刷单软件截图如图 13-10 所示。

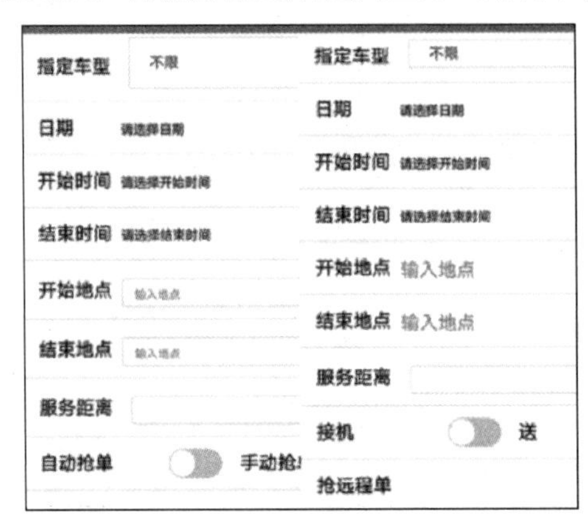

图 13-10　某刷单软件截图

防止接口被刷的几种方法如下：

1. 限制周期时间内访问次数

例如每分钟最多访问 10 次，多余的访问将被拒绝。

这种方法存在瞬时尖峰的问题，如果攻击者分别在上一个周期的临近结束时间和下一个周期的开始时间发起请求，将会突破访问限制。

如图 13-11 所示，我们设置周期为 T，每个周期最多访问数为 N。攻击者分别在 t1 和 t2 时刻同时发起 N 个请求，这是允许的，因为 t1 和 t2 时刻处于不同的周期内。但这时单位时刻内的请求数（即速度）远远大于原来的设定，即

$$v = 2N/(t2 - t1) \gg N/T$$

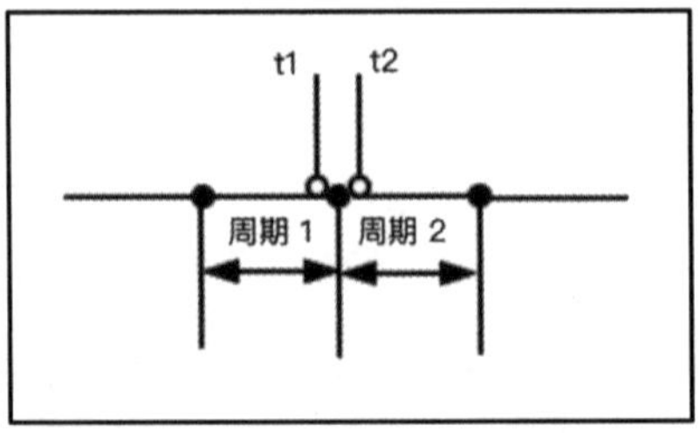

t1 t2 周期 1 周期 2

图 13-11　设置访问周期

产生瞬时尖峰的原因是由于产生访问令牌的速度不是均匀的，使用令牌桶算法可以解决这个问题。

2. 设置访问时间间隔

例如每两次访问的间隔为 10 秒，小于 10 秒的访问将被拒绝。

3. IP 黑名单

对于频繁刷接口的 IP，采用 IP 封禁的方法。

4. 签名认证

对接口进行签名认证，发送请求时带上签名，每个签名只在一次请求中有效，下次请求中失效。

5. Token Bucket

Token Bucket（令牌桶）是一种频率限制的算法，其原理是将令牌放置到一个桶里，而桶有一个入水口，一个出水口。入水口每 1/T 秒产生一个令牌，如果桶里的令牌数已经达到最大值 N，则停止注入；每个请求之前，需要先到出水口申请令牌，如果桶里有令牌，则申请成功，否则会失败，如图 13-12 所示。

令牌桶能否产生瞬时尖峰的问题呢？答案是不会。我们看图 13-13 所示。

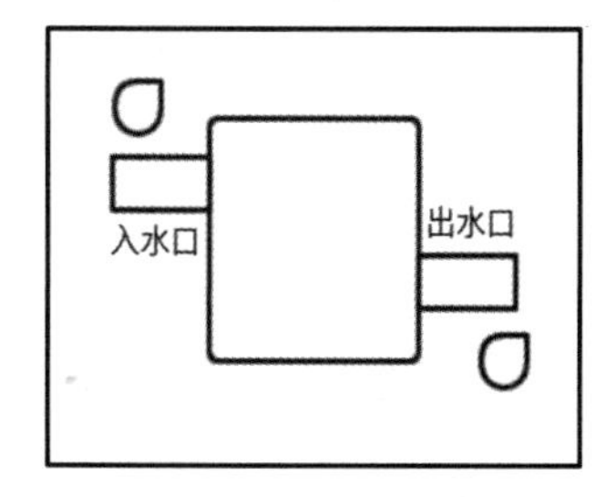

图 13-12　Token Bucket 算法

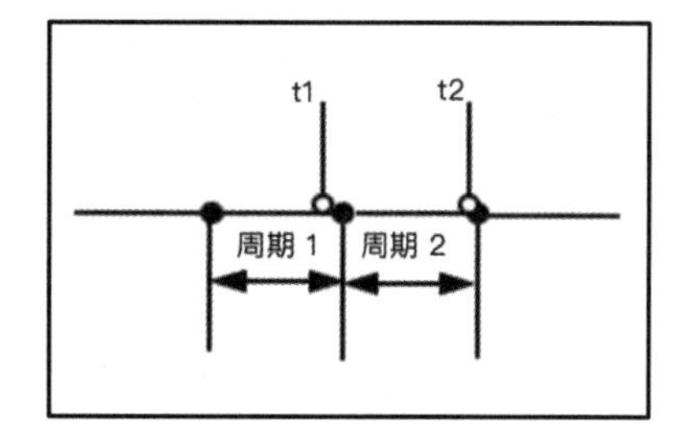

图 13-13　Token Bucket 限制瞬时尖峰的问题

攻击者仍然在 t1 时刻同时发起 N 个请求，这是允许的。但 t1 时刻之后，桶里的令牌数已经减少为 0，经过周期 T 之后（即 t2 时刻）才能恢复为 N。这时如果要发送 N 个请求，攻击者必须等待周期 T，这时发送速度的公式如下：

$$t2 - t1 = T$$

$$v = \frac{N}{t2 - t1} <= N/T$$

因此，令牌桶算法解决了瞬时尖峰的问题。

13.9　本章小结

本章讲解了输入校验、XSS 攻击、SQL 注入、CSRF 攻击、SSRF 攻击、短信轰炸、接口盗刷等漏洞产生的原因以及应对策略。读者应该掌握以上常见漏洞的知识，并在工作实践中检查和使用，这样才能在面试中回答出相关的问题。

13.10 练　习

本章重点讨论了与 PHP 开发相关的漏洞，一些通用的漏洞及攻击手段未被涉及，读者需要额外的学习：

1. 调研拒绝服务（DDos）攻击的手段及防范方法。
2. 调研 URL 跳转漏洞实现钓鱼网址的漏洞及防范方法。
3. 调研越权、信息泄露等涉及信息安全的漏洞及防范方法。
4. 调研远程代码执行类型的漏洞及防范方法。

第 14 章

常见面试题

程序员工作的实质是用技术解决业务问题。现实生活中的业务问题五花八门，这也要求程序员掌握各种必须的能力，如计算机科学的基础知识、工作中经常用到的工具和技巧、实践过程中总结出来的模式等。本章将以专题形式讲解一些常见的面试题，范围覆盖计算机网络、操作系统、设计模式、Nginx、PHP-FPM、Linux、高并发、Restful API、日志处理等方面。

14.1 计算机网络相关面试题

本节主要介绍计算机网络相关面试题经常会问到的基础概念。如 OSI 和 TCP/IP 协议、IP 地址分类、HTTP 状态码等内容。

14.1.1 网络 7 层协议

OSI 的 7 层协议和 TCP/IP 的 4 层协议的对比如图 14-1 所示。

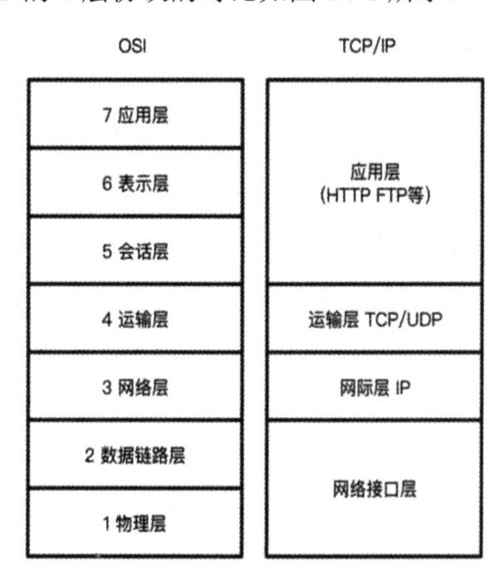

图 14-1 OSI 的 7 层协议和 TCP/IP 的 4 层协议的对比

TCP/IP 协议是互联网的事实协议，我们对各层的含义和作用做一个介绍。

应用层是处理网络中主机上的应用进程之间的通信协议的抽象层，作用是通过应用进程间的通信协议来完成特定网络应用。常见的应用层协议有支持 www 的 HTTP 超文本传输协议，文件传输 FTP 协议、DNS 域名系统等。

运输层是负责两个主机上进程的数据传输服务的抽象层。运输层主要支持以下两种协议：

- 传输控制协议 TCP（Transmisson Control Protocol），提供面向连接的、可靠的数据传输服务。传输方式为字节流。
- 用户数据协议 UDP（User Datagram Protocol），提供无连接的，尽最大努力的数据传输服务（不保证数据传输的可靠性）。传输方式为报文。

网际层是负责两个主机之间通信服务的抽象层，作用是通过选择合适的路由途径，将数据报从源主机发送到目的主机。

网络接口层负责底层的数据传输，将数据以比特流的形式，在计算机之间传输，并尽可能屏蔽掉具体传输介质和物理设备的差异。

14.1.2 IP 地址分类

IP v4 的地址由 32 位组成，通常用“点分十进制”表示成（x.x.x.x）的形式，其中 x 的取值为 0 到 255 之间的十进制整数。

IP 地址空间分为 A、B、C、D、E 5 类，如表 14-1 所示。

表14-1 IP地址的分类

分 类	前 缀	地址范围	网 络	主 机
A 类	0	1.0.0.0 至 127.255.255.255	8 位	24 位
B 类	10	128.0.0.0 至 191.255.255.255	16 位	16 位
C 类	110	192.0.0.0 至 223.255.255.255	24 位	8 位
D 类	1110	224.0.0.0 至 239.255.255.255	多播地址	
E 类	11110	240.0.0.0 至 247.255.255.255	供今后使用的预留地址	

事实上，这些分类很少在实际中使用，因为这些地址所能承载的主机数目是固定的，例如一个 B 类地址能承载的最大主机数为 65534，而 C 类地址能承载的最大主机数为 254。假设有个企业需要 1000 台主机接入，那么分配一个 B 类地址会严重浪费，而分配 4 个 C 类地址又会在路由表里增加 4 个记录。所以现在一般采用 CIDR 的分类方法。

IP 地址的分类方法为无类域间路由（Classless Inter-Domain Routing，CIDR）。具体方法是将每个 IP 地址分成两部分：网络地址和主机地址。同一物理网络上的所有主机都使用同一个网络地址，用做对外的区分；网络内的主机使用主机地址，用于对内区分不同的主机。

为什么要对 IP 地址进行分类呢？这主要是出于几下原因：

- 对 IP 地址的分配进行有效的管理。这与现实生活的车辆摇号类似：不是把所有号段投放出来供大家选择，而是每隔一段时间放出某个号段，例如 AHS500~AHS599。大家只能在这个号段里随机选择。

- 减少路由表的记录数目。例如CIDR将世界的7大洲划分为4个地区，每个地区预分配一段连续的C类地址，欧洲为194.0.0.0至195.255.255.255、北美为198.0.0.0至199.255.255.255、中南美洲为200.0.0.0至201.255.255.255、亚太为202.0.0.0至203.255.255.255。当从欧洲向亚太发送数据时，只需判断前8位为202或203即可转发到亚太，再由亚太地区的路由器进行进一步处理。这样，一条路由器记录就可以将目的地为亚太和目的地为其他地区的数据分开，大大减少了路由表的记录数目。

14.1.3 HTTP状态码

HTTP的状态码可以按首位数字划分为以下记录：

- 1xx：请求正在处理中，属于信息响应。
- 2xx：请求成功，属于成功响应。
- 3xx：属于重定向。
- 4xx：非法请求，属于客户端错误。
- 5xx：服务器无法处理请求，属于服务器错误。

常见的HTTP状态码如表14-2所示。

表14-2 HTTP状态码

状态码	含义	说明
200	OK	请求成功
301	Moved Permanently	永久重定向
302	Found	临时重定向
304	Not Modified	缓存未修改
400	Bad Request	请求语法或参数错误
401	Unauthorized	需要用户验证身份
402	Payment Required	需要用户完成支付，暂时未使用
403	Forbidden	请求被拒绝，常见于禁止访问目录
404	Not Found	找不到页面
405	Method Not Allowed	请求方法不支持。假设服务器只允许GET请求，客户端发送POST请求时会返回此错误
408	Request Timeout	请求超时。客户端没有在服务器预备等待的时间内完成一个请求的发送
500	Internal Server Error	服务器错误，常见原因是语法错误
501	Not Implemented	服务器不支持当前请求所需要的某个功能
502	Bad Gateway	作为网关或者代理工作的服务器尝试执行请求时，从上游服务器接收到无效的响应。Nginx下，一般是upstream服务器配置错误，例如PHP-FPM端口号配错了
503	Service Unavailable	由于临时的服务器维护或者过载，服务器当前无法处理请求。这个状况是暂时的，并且将在一段时间以后恢复。Nginx下，一般是并发太高

（续表）

状 态 码	含 义	说 明
504	Gateway Timeout	作为网关或者代理工作的服务器尝试执行请求时，未能及时从上游服务器（URI 标识出的服务器，例如 HTTP、FTP、LDAP）或者辅助服务器（例如 DNS）收到响应。Nginx 下，一般是 upstream 执行超时，如 MySQL 挂了

需要注意的是，在对使用 Nginx 的系统做压测时，常见返回 499 错误。该错误并非 RFC 2616 的标准状态码，而是 Nginx 扩展的状态码。499 错误含义为“client has closed connection”，表示服务器端处理的时间过长，客户端认为服务器不可能完成了，主动断开链接。本质属于客户端错误。形象地说，客户端等得“不耐烦”了，决定不等了。

14.1.4 POST 和 GET 的区别

POST 和 GET 之间的区别如表 14-3 所示。

表14-3 POST和GET的区别

项 目	GET	POST
功能	获取服务器上的资源	将资源提交到服务器上
接口设计	一般要保持幂等，多次请求返回内容一样	多次提交会改变服务器上的资源
请求参数形式	附加在 URL 之后	放置在 HTTP 的请求体中
安全性	参数以明文出现在 URL 上，敏感信息容易泄露	请求参数在请求体中，不易出现 CSRF 漏洞
请求大小	受 URL 长度的限制	无大小限制

14.1.5 TCP 与 UDP 的区别

TCP（Transmission Control Protocol）和 UDP（User Datagram Protocol）协议属于传输层协议，它们之间的区别如表 14-4 所示。

表14-4 TCP与UDP的区别

项 目	TCP	UDP
是否面向连接	面向连接	无连接
传输可靠性	可靠	尽最大努力交付，但不保证可靠交付
通信模式	只支持点对点通信	支持一对一、一对多、多对一、多对多的通信模式
传输速率	慢	快
所需资源	多	少
传输形式	字节流	报文
拥塞控制机制	有	无
首部字节	首部包含 20 个字节，开销较大	首部包含 8 个字节，开销较小
应用场景	要求通信数据可靠	要求通信速度快

14.1.6　TCP 三次握手

TCP 建立连接的过程，通常称为“三次握手”，其目的是建立可靠的通信信道，对客户端和服务端来说，能够成功地实现数据的发送与接收，建立“双工”的通信通道。三次握手最主要的目的就是双方确认自己与对方的发送与接收是正常的。

三次握手的示意图如图 14-2 所示。

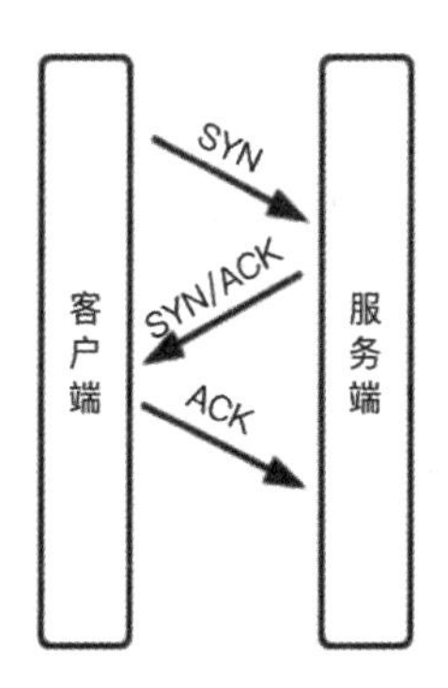

图 14-2　TCP 三次握手的示意图

建立连接主要是为达到以下 4 个目的：

- 客户端知道自己发送正常、接收正常。
- 服务端知道自己发送正常、接收正常。
- 客户端知道对方发送正常、接收正常。
- 服务端知道对方发送正常、接收正常。

我们来看一下三次握手是如何完成的。

第 1 次握手：客户端将标志位 SYN 置为 1，随机产生一个值 seq=J，并将该数据包发送给服务端，客户端进入 SYN_SENT 状态，等待服务端确认。此过程可确认：服务端知道对方发送正常。

第二次握手：服务端收到数据包后由标志位 SYN=1 知道客户端请求建立连接，服务端将标志位 SYN 和 ACK 都置为 1，ack=J+1，随机产生一个值 seq=K，并将该数据包发送给客户端以确认连接请求，服务端进入 SYN_RCVD 状态。此过程可确认：客户端知道自己发送正常、接收正常，客户端知道对方发送正常、接收正常；服务端知道自己接收正常，对方发送正常。

第三次握手：客户端收到确认后，检查 ack 是否为 J+1，ACK 是否为 1，如果正确则将标志位 ACK 置为 1，ack=K+1，并将该数据包发送给服务端，服务端检查 ack 是否为 K+1，ACK 是否为 1，如果正确则连接建立成功，客户端和服务端进入 ESTABLISHED 状态，完成三次握手，随后客户端与服务端之间可以开始传输数据了。此过程可确认：服务端知道自己发送正常，对方接收正常。

三次握手建立完连接的过程中，4 个目的都达到了。这个逻辑有点绕，我们再补充一些额外知识。

共有知识是每个人都知道的知识。公共知识是大家都知道每个人都知道的知识。童话故事《皇帝的新装》里，开始每个人都知道皇帝没穿衣服，但每个人都不知道别人是否知道这个事实，这时的知识就是共有知识。后来小孩说到“皇帝没穿衣服”，大家意识到，除了自己外，别人也知道皇帝没穿衣服，这时的知识就变成了公共知识。公共知识除了知识本身，还包含了每一个人都知道所有人掌握了该知识的附加条件。想要详细了解这部分知识的读者，可以搜索李永乐老师关于“皇帝的新装”和“红眼睛蓝眼睛”的讲解视频。

TCP 建立连接的过程，除了要知道自己发送接收正常之外，还要知道对方是不是知道自己发送接收正常，即把共有知识变成通信双方的公共知识。

14.1.7 Session 和 Cookie 的区别

它们之间的区别如表 14-5 所示。

表14-5 Session和Cookie的区别

项 目	Cookie	Session
存储位置	保存在客户端	保存在服务端，下发 sessionid 到客户端进行关联
有效期	由客户端控制	由服务端控制
性能	每次提交时，都会将有效 Cookies 提交到服务器，会增加网络请求的开销	生成 Session 较多时会占用服务器空间
容量	部分浏览器对 Cookie 的大小有限制	无限制
安全性	可伪造	不易伪造

常见的协议及端口号如表 14-6 所示。

表14-6 常见的协议及端口号

协 议	端 口 号	说 明
FTP	21	文件传输协议
Telnet	23	远程登录
SMTP	25	简单邮件传送协议，用于发送邮件
DNS	53	域名解析服务
HTTP	80	超文本传输协议，从 Web 服务器传输超文本到本地浏览器的传送协议
POP3	110	接收邮件
HTTPS	443	安全超文本传输协议

14.1.8 HTTP 和 HTTPS 的区别

HTTP 是超文本传输协议，请求用明文传输；HTTPS 使用 SSL 加密，请求用密文传输。它们之间的区别如表 14-7 所示。

表14-7 HTTP和HTTPS的区别

项 目	HTTP	HTTPS
端口	80	443
资源消耗	无多余消耗	加密解密都会消耗 CPU 和内存
开销	无额外开销	需要证书，可以免费申请或向认证机构购买
安全	易被劫持	安全性高

题目描述：请说明从输入地址到显示页面的过程。

解答：这是一个比较常见的开放性问题，可考察候选人对网络协议、服务器配置、网络请求、浏览器渲染等综合知识的掌握程度。这里给一个参考的解答：

（1）在浏览器的地址栏中输入 URL 后按回车键。

（2）浏览器根据输入的域名，按照 DNS 协议（基于 UDP，超时的话需要浏览器自行重传）向本地的DNS 服务器发送 DNS 解析请求。如果 DNS 服务器本身已经存储这个域名对应的 IP 地址，则将该地址发送给浏览器，否则的话向上级 DNS 服务器发送请求，直到解析出目标主机的 IP 地址。如果浏览器直接输入 IP 地址，则可省去这个过程。

（3）浏览器得到服务器 IP 地址之后，首先通过三次握手建立 TCP 连接，之后向这个 IP 地址发送 HTTP 请求，默认端口为 80 端口，也可以在浏览器中输入服务端的端口号。服务端接收到 HTTP 请求后，根据客户请求将 URL 对应的资源发送给浏览器。

（4）客户端的请求可能是一个单纯的静态页面（HTML），也可能是动态页面（PHP，JSP，ASP 等）。如果是静态页面，Nginx 直接将 URL 对应的文件发送给浏览器；如果是动态页面，Nginx 需要先将动态网页转换成静态页面，这个过程通常由特定的程序完成，我们可以在 Nginx 的配置文件中做相应配置（例如，当遇到 PHP 文件时启动某个位置下的程序，让这个程序解析这个动态页面）。

（5）我们假设用 PHP 解析动态文件。每次客户端做请求时，启动一个 PHP 程序，将动态页面转换成静态页面。很明显当并发量比较高时，效率比较低。如果先启动一些 PHP 进程，需要时直接调用这些进程，效率明显会提高不少。PHP-FPM 就是用来管理这些 PHP 程序的，当 PHP-FPM 程序启动时，它会启动一些 PHP 进程，并监听特定的端口。当 Nginx 需要 PHP 程序解析文件时，通过向 PHP-FPM 开放的端口请求即可实现。

（6）PHP 程序在运行时，可能需要读取 MySQL 数据，此时可以通过 MySQL 服务端提供的服务接口获取到所需数据。

（7）完成第（5）和第（6）步之后，PHP 生成了一个静态页面，之后将这个页面发送给 Nginx，Nginx 转发给浏览器，浏览器收到数据之后，根据 HTML 标准解析 HTML 文件，并显示结果，同时断开 TCP 连接。

上述步骤可用图 14-3 表示。

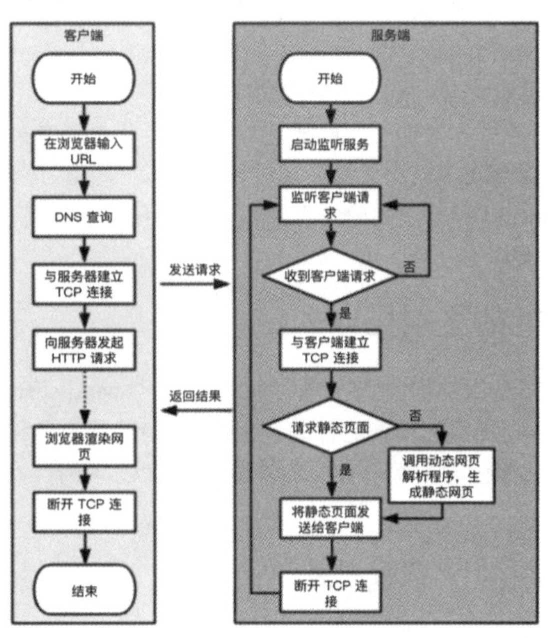

图 14-3 TCP 三次握手示意图

14.2 操作系统相关面试题

本节主要介绍操作系统相关面试题经常会涉及的一些问题，包括并发、进程、虚拟内存等内容。

14.2.1 操作系统的作用是什么

操作系统的作用是控制和管理整个计算机系统的硬件和软件资源，主要功能可以细分为系统资源管理和提供用户与计算机系统之间的接口。系统资源管理又分为如下 4 类：

- 处理机管理：处理机分配都是以进程为单位，所以处理机管理也被看作进程管理。包括进程控制、进程同步、进程通信和进程调度。
- 存储器管理（或者内存管理）：包括内存分配、内存保护、地址映射和内存扩充。
- 设备管理：管理所有外围设备，包括完成用户的 IO 请求、为用户进程分配 IO 设备、提高 IO 设备利用率、提高 IO 速度、方便 IO 的使用。
- 文件管理：管理用户文件和系统文件，方便使用的同时保证文件的安全性。包括：磁盘存储空间管理、目录管理、文件读写管理以及文件共享和保护。

14.2.2 操作系统的特性是什么

主要包括以下几点：

- 并发（concurrence）：同一段时间内多个程序执行。从宏观上看，系统内有多个程序同时进行；从微观上看，任何时刻只有一个程序使用 CPU。
- 共享（sharing）：系统中的资源可以被内存中多个并发执行的进程共同使用。因为资源的属性不同，所以多个进程对资源的共享方式也不同，可以分为互斥共享方式和同时访问方式。打印机属于前者，磁盘文件属于后者。
- 虚拟（virtual）：虚拟技术将一个物理实体映射为若干个逻辑实体。常见的虚拟技术有时分复用（如分时系统）及空分复用（如虚拟内存）。
- 异步（asynchronism）：系统中的进程以“走走停停的”方式执行，且以一种不可预测的速度进行响应并处理。

14.2.3 并发和并行的区别是什么

并发（concurrency）是同一段时间内多个程序执行，并行（parallelism）是多个任务同时执行。举例来说，我们在电脑上一边听音乐一边写代码，电脑执行音乐播放器和编辑器两个进程，但这两个程序并不是同时进行的，每一时刻都只有一个进程占用 CPU。并行的例子是多核 CPU，可以同时执行多个任务。

14.2.4 进程和线程的区别是什么

进程是资源调度和分配的最小单位。线程是 CPU 调度和分配的基本单位。

一个程序至少有一个进程，一个进程至少有一个线程，线程依赖于进程而存在。

进程要保存程序执行的上下文（如打开的文件、映射的端口、环境变量等），因此比线程消耗更多的计算机资源。进程切换消耗的时间也比线程多。

进程在执行过程中拥有独立的内存单元，而多个线程共享进程的内存。

14.2.5 进程的状态有哪些

进程共有 5 种状态：创建、运行、就绪、阻塞、关闭。其中运行、就绪和阻塞三个状态的解释如下：

- 运行状态。进程正在 CPU 上运行。在单 CPU 计算机里，每一时刻最多只有一个进程处于运行状态。
- 就绪状态。进程已处于准备运行的状态，即进程获得了除处理机之外的一切所需资源，一旦得到处理机即可运行。
- 阻塞状态，又称等待状态：进程正在等待某一事件而暂停运行，如等待某资源为可用（不包括处理机）或等待 I/O（输入/输出）事件完成。即使 CPU 空闲，该进程也不能运行。

需要注意的是，就绪状态和等待状态的区别：前者是指进程仅缺少 CPU，只要获得 CPU 资源就可以执行；而阻塞状态是指进程需要其他资源（除了 CPU）或等待某一事件。

三个状态的状态机如图 14-4 所示。

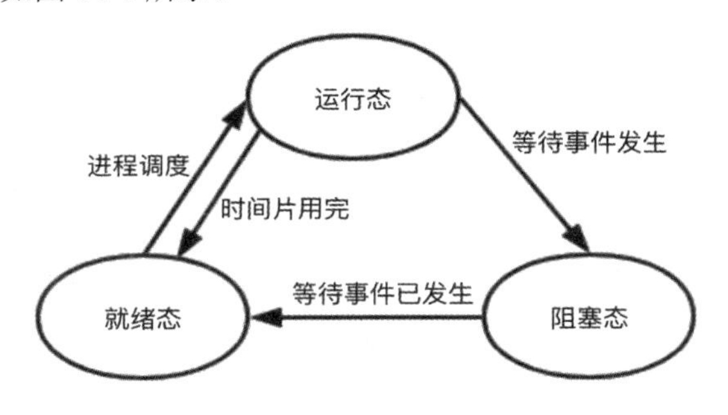

图 14-4 三个状态的状态机

下面说明一下各状态的转换。

- 就绪状态转换为运行状态：处于就绪状态的进程被调度后，获得 CPU 资源，进程由就绪状态转换为运行状态。
- 运行状态转换为就绪状态：处于运行状态的进程在时间片用完后，不得不让出处理机，从而进程由运行状态转换为就绪状态。此外当有更高优先级的进程就绪时，调度程度将正执行的进程转换为就绪状态，让更高优先级的进程执行。
- 运行状态转换为阻塞状态：当进程请求某一资源（如外部设备）的使用和分配或等待某一事件的发生（如 I/O 操作的完成）时，该进程从运行状态转换为阻塞状态。
- 阻塞状态转换为就绪状态：当进程等待的事件到来时，如 I/O 操作结束或中断结束时，中断处理程序必须把相应进程的状态由阻塞状态转换为就绪状态。

14.2.6 常见存储介质的访问速度

谷歌公司的 Jeff Dean 总结了常见的访问速度（http://brenocon.com/dean_perf.html），具体记录于表 14-8 中。

表14-8 常见存储介质的访问速度

存储介质	访问时间
L1 Cache	0.5 ns
L2 Cache	7 ns
内存	100 ns
硬盘寻址	10 ms
从硬盘顺序读取 1MB 数据	30 ms

注：ns 代表纳秒，ms 代表毫秒。

当然，表格中的数据有些老旧。实际上，现在的各存储介质的访问速度已有了很大的提高。伯克利大学的研究者总结了 2019 年常见存储介质的访问速度（读者可以作为参考），如图 14-5 所示。

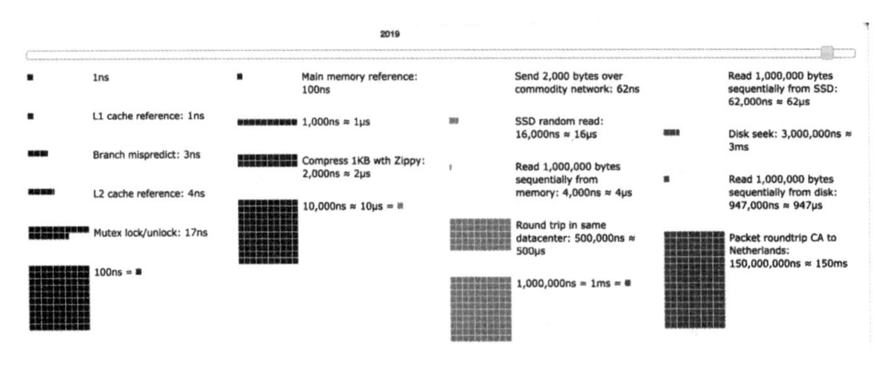

图 14-5 伯克利大学研究者总结的 2019 年常见存储介质的访问速度

详细主页：https://people.eecs.berkeley.edu/~rcs/research/interactive_latency.html。

14.2.7 操作系统管理内存的机制有哪些

操作系统的内存管理方式有三种，即页式存储管理、段式存储管理和段页式存储管理。下面分别介绍这三种管理方法。

1. 页式存储管理

在页式存储管理中，程序的地址分为逻辑地址和物理地址。将程序的逻辑空间划分为固定大小的页面，这些页面称为逻辑页面。程序的逻辑页面的起始编号为 0，称为页号；页内偏移量也从 0 开始，称为页内地址。每个逻辑地址可以用页号 P 和页内地址 D 表示。若给定一个逻辑地址为 L，页面大小为 L，则

页号 P = FLOOR[A/L]，页内地址 D = A MOD L

如图 14-6 所示的例子，每个页面大小为 4K，逻辑地址为 5K 的页面，其页号为 1，页内地址为 1K。

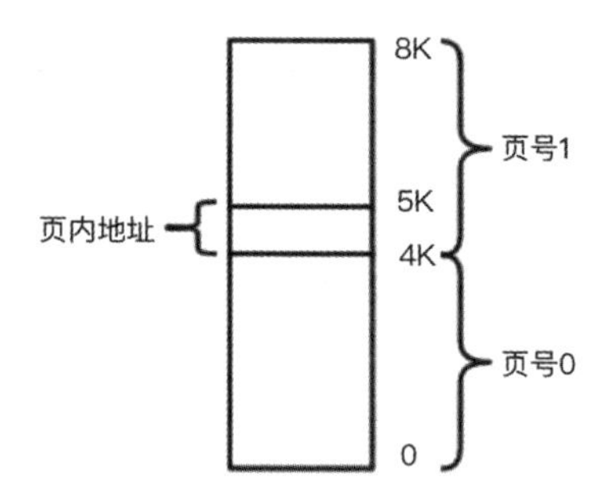

图 14-6 页号、页内地址及其大小的关系

物理内存也被分为固定大小的页。程序加载时，逻辑地址是连续的，每一个逻辑页面对应于每一个物理页面，但物理页面不要求连续，可以离散分离。

逻辑地址和物理地址的关系图如图 14-7 所示。

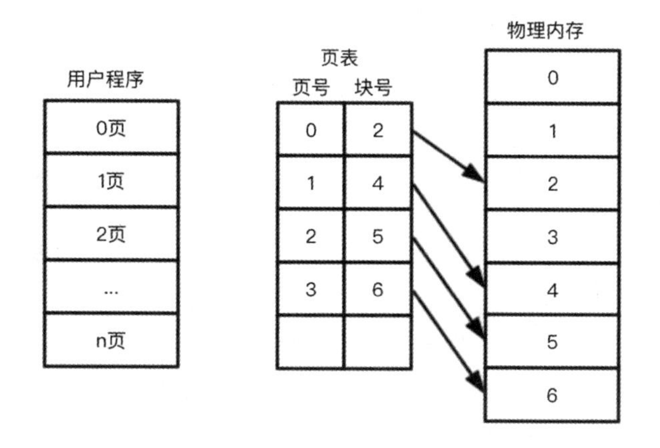

图 14-7 逻辑地址与物理地址的关系

页式存储管理的优点是：因为页的大小固定，所以没有外部碎片；但一个页数据不满时，会产生内部碎片。

2. 段页式存储管理

段式存储管理是一种从用户角度出发设计的内存分配管理方案。在段式存储管理中，程序的地址空间划分为若干段（segment）：

- 代码段，又称为正文段（text segment），包含程序的可执行代码。
- 数据段（data segment），包含程序执行期间使用和修改的数据。
- 堆栈段（stack segment），包含程序可读可写的栈。
- 共享内存段（shared memory segment），用于进程之间共享数据。

段式管理的优点是：因为段大小可变，可以改变段大小来消除内部碎片。但段换入换出时，会产生外部碎片，例如原来 5K 的段替换为 4K 的段，就会浪费 1K 的外部碎片。

如上所述，页式和段式存储管理都有其优点和缺点，可以将两者结合起来，达到扬长避短的目的。现代计算机大多采用段页式存储管理，其管理方法是：

（1）用分段方法将程序的地址空间按逻辑单位分成独立的段，每一段有自己的段名，再把每段分成固定大小的若干页。

（2）每个段内用分页方法来分配和管理物理内存。

14.2.8 什么是虚拟内存，虚拟内存有什么作用

内存是非常宝贵的资源。当进程切换时，操作系统会将长期未使用的内存页数据交换到硬盘空间，这个空间就称为虚拟内存。当 CPU 访问到的数据不在内存页时，会发生缺页中断，此时会发生大量的 I/O 操作，将虚拟内存的数据读入内存中，并按照淘汰规则将部分内存数据写入硬盘。虚拟内存的作用如下：

- 将长期未使用的内存页交换到硬盘空间，节省内存，从而可以同时运行更多进程，提高了系统的并发度。
- 可以运行比内存容量大的程序。

14.2.9 什么是死锁，死锁发生的条件是什么

在多个并发进程中，如果一组进程出现相互等待、相互阻塞的状态，即每个进程拥有某个资源，但又需要等待其他进程释放其占用的资源，导致进程之间相互等待，如果没有外部调度或改变，这一组的进程都无法向前执行，称为产生了死锁。

死锁产生的 4 个必要条件：

- 互斥：至少有一个资源必须属于非共享模式，即一次只能被一个进程使用；若其他进程申请使用该资源，那么申请进程必须等到该资源被释放为止。
- 占有并等待：一个进程必须占有至少一个资源，并等待另一个资源，而该资源为其他进程所占有。
- 非抢占：进程不能被抢占，即资源只能被进程在完成任务后自行释放。
- 循环等待：若干进程之间形成一种头尾相接的环形等待资源关系。

14.3 设计模式相关面试题

设计模式可以视为一种最佳实践，是工程师对软件设计中普遍存在的各种问题所提出的解决方案。设计模式是程序员的必修课程，讨论设计模式的书籍也有很多，因此本书重点讨论几种面试中常见的设计模式，而不会涵盖所有的内容。

14.3.1 单例模式

单例模式（Singleton）的作用是保证在应用中，只有某个对象的一个实例。常见的应用场景包括数据库连接，Redis 连接、日志 Logger 等。单例模式实现起来最简单，在工程实践中应用最多。

一般情况下，面试中可能会要求你写一个单例模式的例子。

这种题目是一个入门测试，面试者能写出来是理所当然的，加分较少；但写不出来，肯定会扣分。

这里给出一个单例模式的示例：

```
ch14/pattern_design/singleton.php
<?php
/**
 * 单例模式的示例
 */
class Singleton{
    private static $instance;

    /**
     * 对外调用时，采用此方法
     */
    public static function getInstance(){
        if (static::$instance === null) {
            static::$instance = new static();
        }

        return static::$instance;
    }

    /**
     * 构建方法被禁止访问
     */
    private function __construct(){
    }

    /**
     * 克隆方法被禁止访问
     */
    private function __clone(){
    }

    /**
     * 唤醒方法被禁止访问
     */
    private function __wakeup(){
    }
}
```

14.3.2 抽象工厂

抽象工厂（Abstract Factory）模式是一种将一组具有同一主题的单独的工厂封装起来的方式。在使用中，客户端程序需要创建抽象工厂的具体实现，然后使用抽象工厂作为接口来创建这一主题的具体对象，而不是直接使用对象。抽象工厂模式将一组对象的实现细节与它们的使用分离开来。

我们来看一个例子。首先定义一个 Animal 的接口：

```
interface Animal{
    public function eat();
}
```

然后定义一个 Dog 类：

```
class Dog implements Animal{
    public function eat(){
        echo "dog eat bone\n";
    }
}
```

再定义一个 Cat 类：

```
class Cat implements Animal{
    public function eat(){
        echo "cat eat fish\n";
    }
}
```

这时，我们其实可以直接调用 Dog 和 Cat 类，如下所示：

```
$dog = new Dog();
$dog->eat();
$cat = new Cat();
$cat->eat();
```

但如果我们要将 Dog 类更名为 Dog2，或者做其他变化，就要修改客户端的调用方式，这是一种不推荐的方式。此时可以采用以下抽象工厂的模式：

```
class AnimalFactory{
    //创建 dog 类
    public function createDog(){
        return new Dog();
    }
    //创建 cat 类
    public function createCat(){
        return new Cat();
    }
}
```

调用方式为：

```
$animailFactory = new AnimalFactory();
//创建 dog 实例
$dog = $animailFactory->createDog();
$dog->eat();
//创建 cat 实例
$cat = $animailFactory->createCat();
$cat->eat();
```

输出内容：

```
dog eat bone
cat eat fish
```

可以看到，抽象工厂隐藏了内部实现，对外实现了透明。

完整代码文件见：ch14/pattern_design/abstract_factory

14.3.3　适配器模式

适配器模式（Adapter）也是很常见的设计模式。实际开发中可能遇到这样的场景：某个功能调用了 A 供应商的接口，后来要换成 B 供应商的接口，但 A 和 B 的接口不兼容。这时就要用到适配器模式，将 B 的接口转换为与 A 接口兼容。适配器模式通过将原始接口进行转换，给用户提供一个兼容接口，使得原来因为接口不同而无法一起使用的类可以得到兼容。

为了方便阐述，我们举一个电视的例子。我国生产的电视标准电压为 220V，而国外的电视标准电压为 110V。假设小明家使用的 220V 交流电，可以正常使用我国生产的电视，后来买了一台国外的电视，也希望能够使用。方法是加装变压器将 220V 转换为 110V。

首先以接口定义一下电视的功能：

```
interface TV{
    //插上电源动作
    public function plugPower();
}
```

我国生产的电视定义如下：

```
class ChinaTV implements TV{
    //我国电视使用 220V 电源
    public function plugPower(){
        echo "China TV use 220V. Start OK.\n";
    }
}
```

国外生产的电视定义如下：

```
class JapanTV{
    //进口电视使用 110V 电源
    public function plug110VPower(){
        echo "Japan TV use 110V. Start OK.\n";
    }
}
```

国外的电视只能在 110V 电源下使用，电压过高将烧坏电视，所以需要用“电压适配器”进行电压转换：

```
class ChinaTVAdapter implements TV{

    private $tv;
    public function __construct($tv){
        $this->tv = $tv;
    }

    //经电压转换后，可以正常插电启动
    public function plugPower(){
        $this->convert220To110();
        $this->tv->plug110VPower();
```

```
    }

    //将 220V 变为 110V 电源
    private function convert220To110(){
        echo "Convert 220V to 110 V\n";
    }
}
```

这样，无论我国的电视还是国外的电视，都可以正常使用了：

```
$chinaTV = new ChinaTV();
$chinaTV->plugPower();

$japanTV = new JapanTV();
$tv = new ChinaTVAdapter($japanTV);
$tv->plugPower();
```

输出内容：

```
China TV use 220V. Start OK.
Convert 220V to 110 V
Japan TV use 110V. Start OK.
```

14.4 Nginx 相关面试题

本节注要介绍 Nginx 面试中经常会问到的一些问题，包括 Nginx 的架构结点、负载均衡、反向代理、连接处理等内容。

14.4.1 Nginx 有哪些优点

Nginx 的主要特点如下：

- 速度快。
- 可以作为 Web 服务器、反向代理和负载均衡。
- 易于配置。
- 高性能。
- 轻量级。
- 稳定。
- 灵活，支持自定义配置。
- 可扩展性强。

14.4.2 Nginx 架构如何

Nginx 的架构如图 14-8 所示。

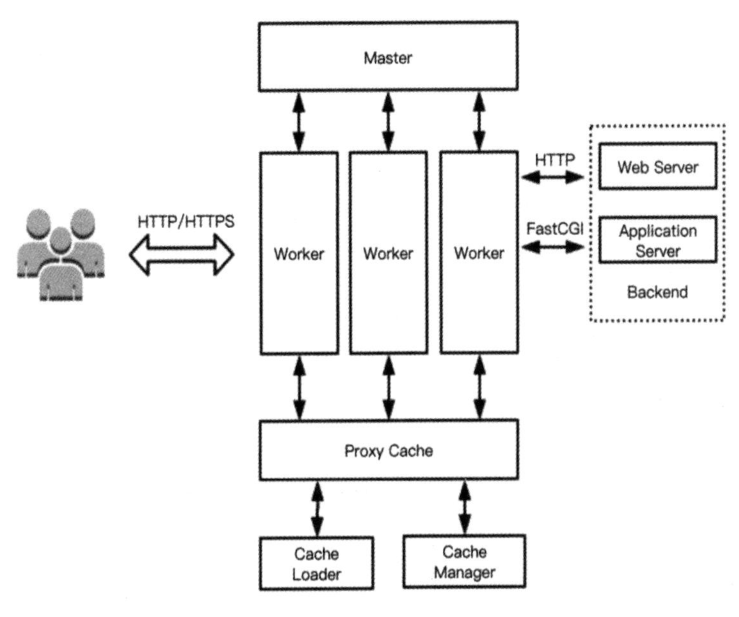

图 14-8　Nginx 的架构

1. Master

Master 进程的主要作用是读取配置、绑定端口并创建 Worker、Cache Loader、Cache Manager 等子进程。Master 的详细作用如下：

- 读取和校验配置文件。
- 创建、绑定和关闭 socket。
- 启动、终止、维护配置数目的 worker 进程。
- 不中断服务情况下更新配置。
- 不停机二进制文件更新。
- 重新打开 log 文件。
- 编译嵌入的 Perl 脚本。

2. Worker

Worker 进程接收和处理从客户端发出的请求，提供反向代理功能，和上游服务器（upstream server）通信，是 Nginx 实际起作用的进程。

3. Cache Loader

Cache Loader 进程检查磁盘里的缓存项目，并根据缓存元数据迁移到 Nginx 的内存数据库里。它为 Nginx 实例准备好保存在磁盘的特定目录结构里以后将用到的文件。它遍历目录，检查缓存内容的元数据，更新共享内存里相关的记录。当这些事情完成之后，该进程会退出。

4. Cache Manager 进程

Cache Manager 进程主要负责缓存过期和失效的逻辑。该进程周期性地运行，保证内存里的记录维持在配置的大小。该进程在 Nginx 正常操作时常驻内存。在某种情况失败后，会由 Master 进行重启。

14.4.3 Nginx 如何处理连接

Nginx 处理连接的方法有如下几种：

- select。标准方法，如果平台（操作系统、CPU）没有其他高效的方法，默认使用 select。可以使用--with-select_module 和 --without-select_module 配置参数来强制使用或禁用该模块。
- poll。标准方法，如果平台（操作系统、CPU）没有其他高效的方法，默认使用 poll。可以使用--with-poll_module 和--without-poll_module 配置参数来强制使用或禁用该模块。
- kqueue。适用于 FreeBSD 4.1+、OpenBSD 2.9+、NetBSD 2.0 和 Mac OS 等操作系统
- epoll。适用于 Linux 2.6+等操作系统。
- eventport。适用于 Solaris 10+等操作系统。

14.4.4 Nginx 与 Apache 有什么差别

Apache 最早发布于 1995 年，而 Nginx 发布于 2004 年。两者都在全球范围内有广泛的应用。根据 NETCRAFT[1]的调查，Nginx 的市场占用量已逐渐逼近 Apache。

有人这样评价 Nginx 和 Apache：

Apache 有无数的特性，但可能只用到 6 个。Nginx 只做 6 个特性，但其中 5 个能做到比 Apache 快 50 倍。

我们从以下几个方面来比较一下 Nginx 和 Apache。

处理请求的方式

Nginx 和 Apache 最大的差别在于处理请求的方式。

Apache 使用 MPM（Multi-Processing-Modules，多处理模块）来处理请求。MPM 首先绑定到网络端口上，接受请求，以及调度子进程进行请求的处理。

早期的 MPM 实现方式是 prefork。Apache 启动时会加载特定模块，例如在 PHP 环境里加载 mod_php 模块。这种处理方式是 Apache 被人诟病的一个问题，因为这种方式在处理 Javascript、CSS、图片等静态资源时，也必须经过 mod_php 模块内置的 PHP 解释器进行处理，这其实是不必要的。

近年来 Apache 开发出多线程 MPM worker 和 event 两种模式，可以切换至 PHP-FPM，这也是 Apache 非常具有竞争力的特性。

Apache 使用进程来处理请求（新版本的 worker MPM 使用线程）。当负载上升时，进程的开销迅速上升。

Nginx 使用异步非阻塞的事件驱动架构。理想情况下，Nginx 给每个 worker 分配一个 CPU 或内核，每个 worker 可以处理成千上万的网络请求，而不需要创建新的进程或线程。

基于这个架构，Nginx 在处理静态资源方面具有巨大的优势，所以广泛应用于 CDN 领域。

---

[1] 资料来源于 https://news.netcraft.com/archives/category/web-server-survey/。

在静态文件支持上，Nginx 处理静态文件的速度大约是 Apache 的 2.5 倍。

在操作系统支持上，Apache 支持大多数类 Unix 的操作系统，并且完整支持 Windows 操作系统。Nginx 支持 Linux 和某些类 Unix 的操作系统，同时支持非完整特性的 Windows 操作系统版本。

在配置文件上，Apache 使用.htaccess 来配置站点，而 Nginx 则使用 conf 文件来配置站点。相比较而言，Nginx 的配置更简单些。

14.4.5 Nginx 如何做负载均衡

Nginx 提供了完善的负载均衡策略。负载均衡是一个应对高并发问题的常用技术，它能够提高机器/资源的利用率，提高吞吐量，减少延迟和提高容错能力。

Nginx 处理负载均衡有以下几种方式：

- 轮询。来自客户端的请求，以轮询的方式分配到应用服务器上。
- 最少连接。下一个请求会被分配到连接数最小的、活跃的服务器上。
- ip-hash。使用客户端 IP 进行 hash 运算，来决定分配到哪台服务器上。

默认的负载均衡方式是轮询。另外可以设置每个应用服务器的权重，默认权重为 1。设置权重后，请求会按照比例进行分配。

使用示例如下：

```
upstream myapp1 {
    ip_hash;//如果为轮询，此行为空即可。如果为最少连接，则为 least_conn
    server srv1.example.com weight 3;
    server srv2.example.com weight 1;
    server srv3.example.com weight 1;
}
```

14.4.6 什么是反向代理

反向代理（Reverse Proxy）是相对于正向代理而言的。

正向代理，代理的是客户端。代理服务器位于客户端和原始服务器之间。当客户端需要向原始服务器获取内容时，首先将请求发送给代理服务器，然后代理服务器将请求转发给原始服务器，获得响应后，再将响应内容返回给客户端。常见的应用如下：

- 网游加速器。国内的游戏玩家玩国外游戏时，常遇到服务器响应时间过长的问题，此时可以使用各种网游加速器。
- 虚拟专用网络。程序员有时会在公司之外处理线上事故，由于公网和公司内网存在网络隔离，所以一般情况下，会通过虚拟专用网络来访问内网。

正向代理可以隐藏客户端的真实 IP、UserAgent 等信息，在一定程度上保护了客户端的隐私。

反向代理，代理的是服务端。代理服务器会接收客户端的请求，然后将请求转发给内网的服务器；当服务器响应之后，代理服务器将响应内容返回给客户端。对客户端而言，只能看到代理服务器，而看不到原始服务器。

反向代理常见的应用是静态资源（HTML、Js、CSS、图片）的代理。

反向代理可以隐藏服务端的实现细节，提高服务端的安全级别，如图 14-9 所示。

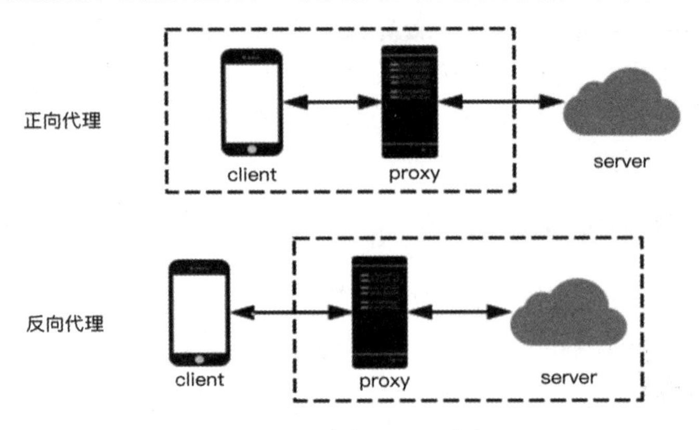

图 14-9　正向代理和反向代理

14.4.7　sites-available 和 sites-enabled 有什么区别

sites-available 目录存放所有 server 的配置文件
sites-enabled 目录存放所有已生效的配置文件
这个可以在 nginx.conf 里看到配置，如下所示：

```
##
# Virtual Host Configs
##

include /etc/nginx/conf.d/*.conf;
include /etc/nginx/sites-enabled/*;
```

14.4.8　Nginx 如何处理请求

假设客户端请求 http://www.example.com/a/index.html，则 Nginx 的处理如下：

1. 确认 server

从客户端请求的 URL 里解析出网站名，然后与站点配置里的 server_name 进行匹配，匹配到的 server 配置即是要找的 server。

本例中，网站名为 www.example.com，所以会匹配到第 2 个 server。代码示例如下：

```
server {
    listen      80;
    server_name example.net www.example.net;
    ...
}

server {
    listen      80;
    server_name example.com www.example.com;
```

```
    ...
}
```

2. 确认路径

Nginx 首先搜索最匹配的前缀匹配的项目，此时不考虑项目的次序。如果配置文件里只匹配到目录（“/”）而不具体到文件，则根据顺序进行正则匹配。如果前缀匹配，Nginx 将结束搜索，而使用该 location；反之，Nginx 将使用以前匹配到的 location。示例代码如下：

```
server {
    listen      80;
    server_name example.com www.example.com;
    root        /var/www/html;

    location / {
        index   index.html index.php;
    }

    location /a/{
        index   index.html index.php;
    }

    location ~* \.(gif|jpg|png)$ {
        expires 30d;
    }

    location ~ \.php$ {
        fastcgi_pass  localhost:9000;
        fastcgi_param SCRIPT_FILENAME
                      $document_root$fastcgi_script_name;
        include       fastcgi_params;
    }
}
```

访问 http://www.example.com/a/index.html 时，不能完整匹配到/a/index.html，而只能匹配到/a/。此时找到如下配置：

```
 location /a/{
        index   index.html index.php;
    }
```

这时再匹配到/a/index.html。

如果访问 http://www.example.com/icon.gif，则根据正则会匹配到：

```
location ~* \.(gif|jpg|png)$ {
        expires 30d;
}
```

需要注意的是，这里根据 URI 进行匹配时，只考虑 URI 的路径，而不考虑参数。

3. 处理目录

如果 URI 里没有具体文件名，例如访问 http://www.example.com/，会匹配到如下 locaton：

```
location / {
    index  index.html index.php;
}
```

此时会用 index 指令查找默认文件。

如果 index.html 文件存在，则返回此文件。

如果 index.html 文件不存在，则继续查找 index.php。

如果 index.php 文件存在，则返回此文件，同时使用 location ~ \.php$配置来解析 PHP 文件。

如果 index.php 文件不存在，由于 index 指令没有其他的设置，所以返回 404 错误。

14.4.9 Nginx 的 Worker 数量如何设置

Nginx 官方建议 Worker 的数量与 CPU 的总核数相同，即每个 Worker 分配一个 CPU 内核。设置时，除了配置具体数目外，还可以使用如下配置：

```
worker_processes auto;
```

14.5 PHP-FPM 相关面试题

本节主要介绍 PHP-FPM 相关面试题，包括 CGI、PHP-FPM 事件驱动和进程管理方式等内容。

14.5.1 CGI 与 FastCGI 的区别是什么

CGI：每次请求 Web 服务器都会根据请求的内容，fork 一个新进程来运行外部程序或解释器，这个进程会把处理完的数据返回给 Web 服务器，最后 Web 服务器把内容发送给用户，刚才 fork 的进程也随之退出。如果下次用户还请求该动态脚本，那么 Web 服务器又再次 fork 一个新进程，周而复始地进行。

FastCGI：Web 服务器启动时，就开启一个进程来等待请求。收到一个请求时，不会重新 fork 一个进程（因为这个进程在 Web 服务器启动时就开启了，而且不会退出），Web 服务器直接把内容传递给这个进程（进程间通信，但 FastCGI 使用了别的方式——TCP 方式通信），这个进程收到请求后进行处理，把结果返回给 Web 服务器，最后自己接着等待下一个请求的到来，而不是退出。

总结如下：

- 在 web 服务器方面：
  - ✧ CGI：fork 一个新的进程进行处理。
  - ✧ FastCGI：用 TCP 方式跟远程机子上的进程或本地进程建立连接。
- 在对数据进行处理的进程方面：
  - ✧ CGI：读取参数，处理数据，然后就结束生命期。
  - ✧ FastCGI：要开启 TCP 端口，进入循环，等待数据的到来，处理数据。

14.5.2 Nginx 与 PHP-FPM 通信的方式有哪些

主要有以下两种：

- TCP 方式:

```
fastcgi_pass  127.0.0.1:9000;
```

- Socket 方式:

```
fastcgi_pass unix:/run/php/php7.0-fpm.sock;
```

14.5.3 PHP-FPM 的进程管理方式有哪几种

PHP-FPM 有三种不同的进程管理方式：

- static 固定进程管理。启动时 master 按照 pm.max_children 的配置，fork 出相应数量的 worker 进程。worker 进程数目固定不变。
- dynamic 动态进程管理。fpm 启动时按照 pm.start_servers 的配置初始化一定数量的 worker。运行期间如果空闲 worker 的数目低于 pm.min_spare_servers 的配置数，则会 fork 新的进程，但总数量不能超过 pm.max_children; 如果空闲 worker 的数目高于 pm.max_spare_servers，则会 kill 掉一些 worker，避免占用过多资源。
- ondemand 按需进程管理。启动时不分配 worker 进程，等请求来了再通知 master 进程 fork worker 进程，数量同样不超过 pm.max_children。处理完请求后，worker 不会立即退出，当空闲时间超过 pm.process_idle_timeout 后再退出。这种方式很少使用，因为其类似于 CGI 的工作方式，当流量突然来袭时，往往会撑不住。

这些配置项可以在 pool.d/www.conf 里找到。

14.5.4 PHP-FPM 配置 worker 数量时，需要考虑哪些因素

首先要考虑选择合适的进程管理方式。一般情况下，可以选择 dynamic，这种方式启动时需要的资源较少，并能根据当前负载进行动态调配。但是选择何种进程管理方式要结合应用场景：对于流量在全天时段分布较均匀且变化趋势平缓的业务，如 IM、新闻等，建议采用 dynamic；对于存在流量突然增加的业务，如秒杀、体育赛事直播、火车购票等业务，在某一个时刻流量骤然而至，这时应采用 static 方式。

其次还要考虑 CPU 核数。一般而言，worker 数量应为 CPU 总核数 2 到 3 倍的范围。实际工程中，大多数项目都是 IO 集中型而非 CPU 集中型，因此 CPU 通常不是瓶颈，配置 PHP-FPM 时 CPU 核数不是主要考虑的因素。

第三要考虑的是内存分配。内存是服务器稀缺的资源，需要慎重选择，具体配置步骤如下：

第一步要确定分配给 PHP-FPM 的最大内存。例如分配 1GB 的内存给 PHP-FPM。

第二步确定单个 worker 进程占用的内存大小。一般而言，单个 worker 占用的内存大小大约为 20MB 至 40MB。实际项目中，可用以下方式在服务器上查看 worker 实际占用内存的情况。

```
    $ ps aux | grep php-fpm
    www-data  3133  0.0  2.6 437592 26692 ?    S    Aug05   1:30 php-fpm: pool www
    www-data  4980  0.0  2.9 440476 30072 ?    S    Jun25   6:59 php-fpm: pool www
    www-data 12926  0.0  4.1 452948 42236 ?    S    Jul14   4:28 php-fpm: pool www
    root     30759  0.0  1.5 353324 16204 ?    Ss   Jan17   9:27 php-fpm: master
process (/etc/php/7.0/fpm/php-fpm.conf)
```

进程占用空间的情况如表 14-9 所示。

表14-9 进程占用空间情况

进 程	占用空间（KB）	占用空间（MB）
worker	26 692	26.066 41
worker	30 072	29.367 19
worker	42 236	41.246 09
master	16 204	15.824 22

worker 进程平均占用空间为 32MB。

第三步确认 worker 的最大分配数目：

```
1024/32 = 32
```

假设我们采用表 14-10 所示的配置。

表14-10 配置项说明

配 置 项	解 释
pm.max_children = 32	PHP-FPM 最大的进程数量
pm.start_servers = 16	PHP-FPM 启动时的进程数量
pm.min_spare_servers = 2	空闲状态下的最小 PHP-FPM 进程数量
pm.max_spare_servers = 4	空闲状态下的最大 PHP-FPM 进程数量
pm.max_requests = 200	最大的连接数目

14.5.5 PHP-FPM 事件驱动机制

PHP-FPM 支持多种事件驱动机制，具体如表 14-11 所示。

表14-11 PHP-FPM支持的多种事件驱动机制

事件驱动机制	操作系统
Select	所有支持 POSIX 的操作系统
poll	所有支持 POSIX 的操作系统
epoll	Linux >= 2.5.44
kqueue	FreeBSD >= 4.1, OpenBSD >= 2.9, NetBSD >= 2.0
/dev/poll	Solaris >= 7
port	Solaris >= 10)

比较常用的事件驱动机制有三种，即 select、poll、epoll。PHP-FPM 使用的 epoll 工作在 ET 模式。

14.6　Linux

本章主要介绍与 Linux 相关的面试问题，包括文件权限设置、Linux 的事件模型等内容。

14.6.1　一个文件设置为 600，代表什么权限

Linux 的文件或目录的权限分为 3 个粒度的用户组，即拥有者、组用户、其他组。每个组的权限又细分为读、写、执行三种权限。其权限表如表 14-12 所示。

表14-12　权限表

权　限	二进制	八进制	说　明
---	000	0	无权限
--x	001	1	执行权限
-w-	010	2	写权限
-wx	011	3	写、执行权限
r--	100	4	读权限
r-x	101	5	读、执行权限
rw-	110	6	读、写入权限
rwx	111	7	所有权限

一种简单的记忆方法是 r=4, w=2, x=1, -=0。如 600，就是文件的拥有者有读写（4+2）权限，其余用户无权限。

常见的几种权限设置如下：

-rw------- (600)　只有拥有者有读写权限。
-rw-r--r-- (644)　只有拥有者有读写权限而组用户和其他用户只有读权限。
-rwx------ (700)　只有拥有者有读、写、执行权限。
-rwxr-xr-x (755)　拥有者有读、写、执行权限；而组用户和其他用户只有读、执行权限。
-rwx--x--x (711)　拥有者有读、写、执行权限；而组用户和其他用户只有执行权限。
-rw-rw-rw- (666)　所有用户都有文件读、写权限。
-rwxrwxrwx (777)　所有用户都有读、写、执行权限。

14.6.2　如何设置文件的权限

可使用 chmod 命令来设置文件的权限，具体有以下两种设置的方法：

1. 使用参数方法

需要用到三个参数：

[ugoa...]

u 表示该档案的拥有者，g 表示与该档案的拥有者属于同一个群体(group)者，o 表示其他以外的人，a 表示所有（包含上面三者）。

[+-=]

+ 表示增加权限，- 表示取消权限，= 表示唯一设定权限。

[rwxX]

r 表示可读取，w 表示可写入，x 表示可执行，X 表示只有当该档案是个子目录或者该档案已经被设定过为可执行。

如 chmod u+rw file 命令可设置只有拥有者有读写权限。

2. 使用数字方法

例如 chmod 600 file 命令来设置只有拥有者有读写权限。

14.6.3 如何查找访问次数最多的 IP

如果怀疑服务器受到大量异常流量的工具入侵，可以从 Nginx 的 access log 里，查找访问次数最多的 IP。

假设日志的格式如下所示（源码文件：ch14/access_sample.log）：

```
    27.17.71.27 - - [24/Aug/2019:13:49:43 +0800] "GET /download HTTP/1.1" 301 194 
"https://www.weixinbook.net/wxmp/" "Mozilla/5.0 (Windows NT 10.0; Win64; x64; 
rv:68.0) Gecko/20100101 Firefox/68.0"
```

各字段以空格分割，其中第 1 个字段为客户端 IP 地址。命令如下（源码文件：ch14/ip_top_5.sh）：

```
    awk -F "[ ]" '{print $1}' ./access_sample.log | uniq -c | sort -k1nr | head 
-5
      11 180.79.230.33
       5 223.98.64.182
       2 106.15.93.34
       2 27.17.71.27
       1 207.46.13.147
```

命令解析如下：

各个命令以管道进行连接。

- 找出各行的 IP 地址字段：awk -F "[ ]" '{print $1}' ./access_sample.log。使用 awk 命令，以空格为分隔符，取出第一个字段。
- 计算各行的重复次数：uniq -c。
- 按 IP 次数进行排序：sort -k1nr。n 表示按数值排序，r 表示倒序，k1 表示按照第一个域进行排序。
- 取出排名前 5 名的结果：head -5。

14.6.4 请描述 Linux 的事件模型

常见的事件模型有 select、poll 和 epoll。

1. select

可以监听多个文件描述符。例如当存在 IO 操作阻塞操作时，进程会一直处于轮询等待，直到 IO 状态为 Ready 为止。

select 的优点是跨平台，各种操作系统基本都可用；缺点是单个进程能够监控的文件描述符（File Descriptor）数量存在最大限制，在 Linux 上一般为 1024。

2. poll

poll 没有最大数量的限制，但是和 select 函数一样，poll 返回后，需要轮询 pollfd 来获取就绪的描述符。

3. epoll

epoll 是 Linux 多路复用 IO 接口，相对于 select 和 poll 来说，epoll 更加灵活，没有描述符限制。它在用户空间里维护以下两个列表：

- Interest List。管理向 epoll 注册的文件描述符集合。
- Ready List。I/O Ready 的文件描述符集合，是 Interest List 中 I/O 处于 Ready 状态的子集。

epoll 能在大量并发连接，但仅有少量活跃的情况下，提高系统的 CPU 利用率。同时 epoll 具有事件通知机制，它无须轮询整个被监听的文件描述符集合，只需遍历 I/O Ready List 里的集合即可。

epoll 有两种触发方式：Level-Triggered（简称为 LT 方式）和 Edge-Triggered（简称为 ET 方式）。

LT 为水平触发，当事件发生时，应用程序不必立刻处理该事件。该事件会在下次调用 epoll_wait 时再次通知。如图 14-10 所示。

Edge-Triggered 为边缘触发，当事件发生时，应用程序必须立即处理该事件，否则，此事件不会被再次通知。如图 14-11 所示。

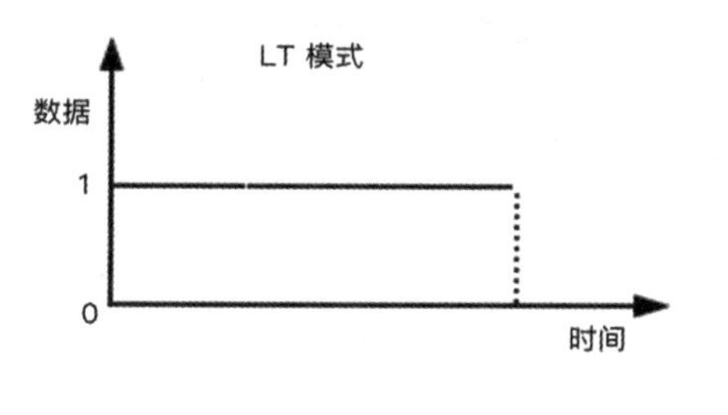

图 14-10　LT 触发方式

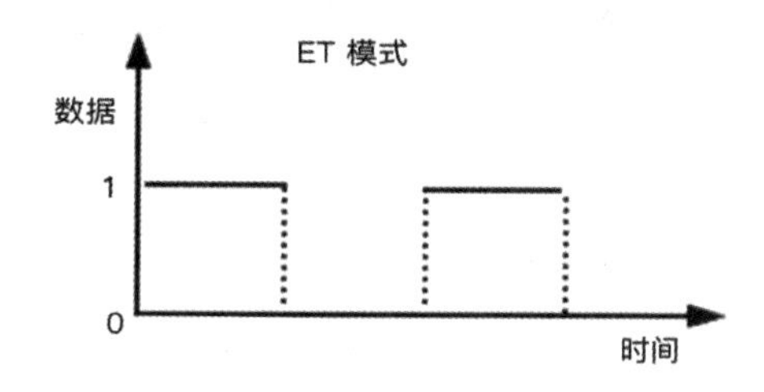

图 14-11　ET 触发方式

可以从图 14-10 和图 14-11 形象地进行解释。水平触发只要有数据可取，就会一直触发；边缘触发只有当上升或下降的时刻才会触发，其他时刻不会再触发。

ET 模式比 LT 模式能处理更多的触发事件，因此效率更高。

14.7 关于高并发

最典型的是双十一，当天零点时，大量用户在同一个时刻访问相同的服务，会对服务提供者产生巨大的压力，这是典型的高并发场景。

不是所有的工程师都会遇到高并发场景，但有掌握一些应对高并发的知识是面试的一个加分项目。本节我们假定一个“秒杀”的场景：在特定的时刻，大量用户去抢购限量的折扣商品。在这个场景下，我们来讨论如何设计一个好的高并发系统。

1. 指标

衡量一个系统常见的指标有吞吐量、响应时间、并发用户数。

- 吞吐量（Throughput）：指单位时间内处理的请求个数，等同于每秒查询率 QPS（Query Per Second）。
- 响应时间（Response Time）：指系统对请求做出响应所花费的时间。
- 并发用户数（Number of Concurrent Users）：指系统能同时支持在线、正常使用服务的用户数量。IM、聊天室、游戏等系统很注重此指标。

好的高并发系统的要求是：高吞吐量（QPS）、低响应时间、高并发用户数。

2. 架构

图 14-12 是一个典型的“秒杀“系统架构。大量用户在某个时刻同时去抢购，使用的客户端包括 Android、iOS、小程序、HTML 5、PC 端等。客户端发出的请求，经过网关到达服务器。服务器根据业务的类型，可以选择同步或异步的方式进行处理，并将处理结果返回。

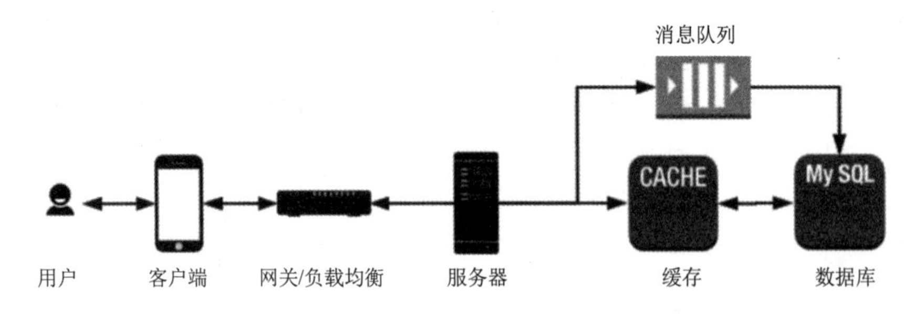

图 14-12 “秒杀“系统架构

以下我们逐层分析该“秒杀”架构，看看能做出哪些改进。

（1）用户

在某些场景下，可以引导用户分散在不同时段来使用系统，避免同时涌现。但对于稀缺性资源的场景，无法避免大量用户同时刻请求，这时可以从产品层次做一个排队系统，只有排到的用户才能进入真正的活动页面。常见的做法是在真正的活动页前列增加一个前置页面，如加载动画、活动介绍等，以使真正有需求的用户进入活动页面。

（2）客户端

客户端可以做的事情包括：

- 静态资源的缓存。
- 前端页面增加频率限制，如 1 秒钟只能点击 1 次。
- 按钮以一定概率触发请求，如红包雨等场景，并不是每次请求都会请求服务器。

（3）网关/负载均衡

网关一层，作为客户端和服务器的屏障，需要做的事情很多，例如：

- 负载均衡。将用户的请求均匀地分配到后端的服务器上。
- DDos 防护。对于恶意的流量，需要将其隔离在网关之外。DDos 防护的技术比较专业，可以求助于公司的安全部门、云服务商的安全防护服务或专门的安全公司。
- IP 屏蔽。对于恶意刷接口、大量非法请求接口的 IP，可以在网关一层屏蔽掉。

（4）服务器

服务器接收请求，会将压力传递到后面的缓存和数据库。这时服务器需要做到防止雪崩和流量控制。

防止雪崩的办法是监控请求到达网关的时间，如果超过一定限额，则可以考虑丢弃请求。例如 PHP-FPM 接收到某个请求，该请求从 Nginx 转发到 PHP-FPM 的时间为 5 秒，说明 Nginx 已经堵塞了 5 秒钟了，处理不过来了。与其继续给服务器增大压力造成雪崩，不如直接丢弃请求，让客户端稍后进行重试。

流量控制，就是防止某个用户或 IP 频繁访问服务器资源。具体可以参考第 13 章的令牌桶算法。

（5）缓存

常见的缓存有 Memcache 和 Redis，能支撑的并发数远远高于持久化数据库，而设置缓存的目的是减少对持久化数据库的读写。缓存的内容如下：

- 公用数据，如商品的介绍。
- 统计数据，如销量前 10 位的商品。
- 需要频繁更改的数据，如商品的库存，可以先改缓存，再落地到数据库里。

缓存的使用，实质是高并发与数据一致性的 Tradeoff，使用时需要进行权衡。

（6）数据库

数据库的优化，首先要做好以下工作：

- 创建合理的索引。
- 合适的分表，垂直分表和水平分表。
- 主从分离。
- 适当使用缓存技术，减少对事务的使用。

（7）消息队列

对于大量涌来的请求，如果无法丢掉，如 12306 抢火车票，则要用到消息队列，以异步的方式进行处理。

（8）其他策略

在高并发场景中，可以将业务分解，哪些是必须同步进行的，哪些是容许延迟进行的。如秒杀场景的创建订单、减少库存等必须同步地告诉用户是否成功，而对用户的 PUSH 通知则可以异步进行。

一个准则：尽量不将压力向后传递。

14.8 Restful 风格

RESTful 是设计 API 接口时常用的风格，最早由 Roy Thomas Fielding 在 2000 年的博士论文中提出。REST 代表 Representational State Transfer，翻译为“表现层状态转化”，其设计理念表述如下：

- URL 可以视为对资源（resource）的某种操作。
- URL 只能由资源组成，不能添加动词。
- 操作大致分为 4 种：GET 用来获取资源，POST 用来新建资源（也可以用于更新资源），PUT 用来更新资源，DELETE 用来删除资源。
- 使用 HTTP 状态码进行响应：1xx 代表相关信息，2xx 代表操作成功，3xx 代表重定向，4xx 代表客户端错误，5xx 代表服务器错误。

14.8.1 Rest 如何做版本控制

一般有两种方式：

第一种方式是在 URL 里加入版本号，例如：

http://www.example.com/api/1.0/orders

另一种方式是将版本号加入 HEADER，例如：

```
curl -X GET \
  'http://www.example.com/api/orders' \
  -H 'version: 1.0'
```

一般认为第 2 种方式符合 RESTful 风格。

14.8.2 如何评价 RESTful 风格

RESTful 是一种设计 API 的风格，并不是唯一标准。事实上，大部分开放平台提供的接口都不是严格的 RESTful 风格。RESTful 风格的局限如下：

- 只有有限的几种动词，如 GET、POST、PUT、DELETE 等，而复杂业务往往不会限于这几个动词。以订单为例，存在的操作就很多；如创建订单、修改订单、支付订单、删除订单、商家关闭订单、用户关闭订单、客服协助关闭订单等。这些远不是几种动词就可以描述清楚的。

- HTTP 状态码未能表示所有的业务状态。仍以订单为例，创建订单失败的原因可能有多种，如库存不足、地域限制、时间限制、商品下架、命中反作弊策略等，这些业务状态不是 HTTP 状态码能穷举的。所以一般以 HTTP 状态码加上业务返回码一起作为接口的响应。

14.9 日 志

工程师经常会和各种日志打交道。开发系统写代码时，会打各种日志；系统上线后，用户访问系统时会生产各种类型的日志；采集系统将日志进行采集和整理，将日志数据格式化后做成日志应用。利用这些应用，排查问题时可以快速定位问题；可以对某些错误或异常日志进行监控，发现异常时进行告警；另外可对有用信息进行收集和入口，例如用户支付日志，可用来和数据库里的支付记录进行对账。一般日志应用的流程图如图 14-13 所示。

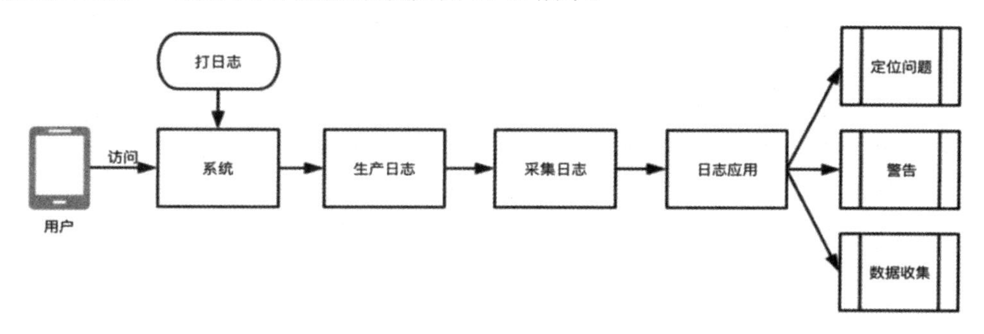

图 14-13 一般日志应用的流程图

14.9.1 日志级别

RFC-5424 详细规定了日志级别，详见表 14-13 所示。

表14-13 日志级及说明

级别代号	英文解释	中文解释
0	Emergency: system is unusable	紧急：系统异常
1	Alert: action must be taken immediately	警报：必须采取措施
2	Critical: critical conditions	严重：严重情况
3	Error: error conditions	错误：错误情况
4	Warning: warning conditions	警告：警告情况
5	Notice: normal but significant condition	注意：正常但需要关注的情况
6	Informational: informational messages	信息：一般信息
7	Debug: debug-level messages	调试：调试级别的信息

实际应用中，可能用不到所有的级别，可以依据需要进行选择。

RFC-5424 的详细信息见：https://tools.ietf.org/html/rfc5424

14.9.2 日志最佳实践

如果某个操作失败的情况需要记录日志，那么该操作成功的情况也需要记录日志。

日志需要记录动作及其结果。

日志需要结构化。

日志需要记录上下文信息。

日志需要记录调用链条和路径，即某条日志要能和某个用户的客户端请求对应起来。

异步（非阻塞）方式进行日志落盘。

日志不是越多越好。日志越多，造成的噪声信息越多，适可而止。判断的标准是：了解哪些信息之后能判断出问题所在，就记录这些信息的日志。

不要在日志中加入敏感信息，如用户明文密码等。

线上环境不要用 Javascript 的 console.log 打印调试信息。

14.10 本章小结

本章讨论的内容范围很广，但限于篇幅，本章以常见的面试题为例对每个专题进行讲解。但是这些主题都可以很深入地进行研究。读者学习完本章之后，可以找相关领域的专门书籍进行学习。

14.11 练 习

1. 熟悉 Linux 下的命令或工具：top、ps、cat、wc、chmod、chown、netstat、crontab、head、tail、awk、sed、grep 等。

（1）MVC 模型是什么？

答：M 代表 Model，为数据层，处理数据库、缓存等数据相关的功能；V 代表 View，为视图层，处理前端展示的功能；C 代表 Controller，为控制层，处理流程调整、业务逻辑的功能。三个模块的交互关系如图 14-14 所示。

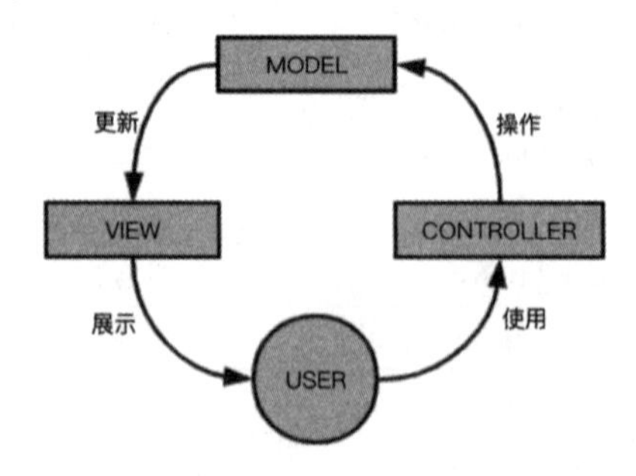

图 14-14 MVC 三个模块的交互关系

（2）Composer 是什么？

答：Composer 是 PHP 的一个依赖管理工具。它允许你声明项目所依赖的代码库，并在项目中进行安装，类似于 Node 的 npm。

（3）PEAR 是什么？

答：PEAR 是 PHP Extension and Application Repository 的简写，用来管理 PHP 的扩展，类似于 Ruby 的 Gem 或 Python 的 easy_install。

（4）REST 与 SOAP 有什么区别？

答：SOAP 是 Simple Object Access Protocol 的简写，是由微软最早发起的协议。SOAP 与 REST 的区别如下：

- 定位。SOAP 是一种协议，而 REST 是一种设计风格。
- 格式。SOAP 采用 XML 文件格式，REST 可以采用多种格式，以 JSON 格式最常见。
- 理念。SOAP 侧重利用远端的业务处理能力，以提供函数为重点；REST 以资源为中心，侧重对资源的各种的操作。

2. 了解自己公司的日志系统，能够解说明白，最好能画出架构图或流程图。了解可视化日志分析工具 Kibanao 了解 Logrotate 日志切割工具。

第 15 章

面试攻略

前面我们花了大量的篇幅来讲解各种知识和技能，因为读者所掌握知识的广度和深度会直接影响面试的结果。但面试作为临门一脚，也需要引起大家的重视，本章重点讨论一下面试攻略。由于非技术类的话题总是仁者见仁、智者见智，因此本章及下一章讨论的内容和提供的论点仅供参考。

面试，确切地说是求职的流程，大概分为规划阶段、准备阶段、面试阶段和入职阶段，如图 15-1 所示。我们分别讲解一下这 4 个阶段的注意事项。

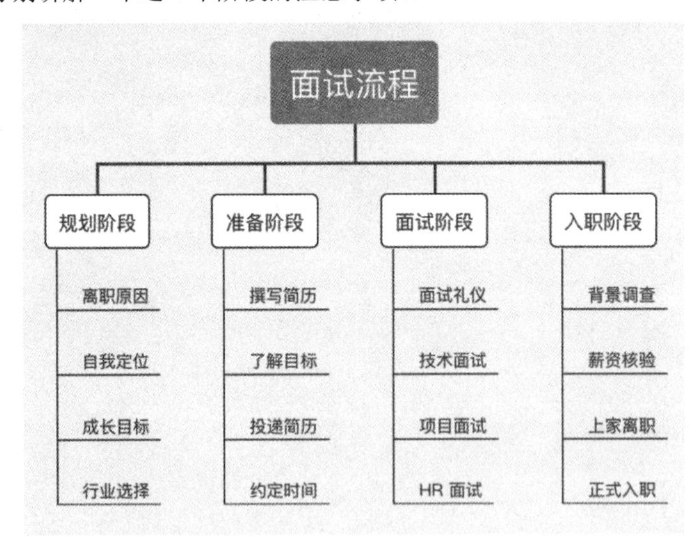

图 15-1　面试的流程

为了叙述方便，这里定义几个角色的名称：

- 面试官：企业里负责面试的人员，会考察求职者的技能、经验、价值观等方面。
- 候选人：求职者。
- HR：企业里的人力资源员工。

15.1　规划阶段

“凡事预则立，不预则废”。求职关系到未来若干年的收入水平和职业发展，一定要有自己的规划。

15.1.1　离职原因

对于应届生来说，第一次参加工作，不存在反思离职原因的问题。但是对于换工作的候选人，离职原因是首先要考虑清楚的事情，也是面试过程中必问的题目。

离职的原因主要有以下几种：

- 平台：公司或业务停滞不前甚至慢慢衰落，近期没有复苏的迹象。
- 团队：团队氛围不佳，或对领导不认可。
- 薪资：收入未达到自己的预期，或者被新来的同事“倒挂（倒挂指资历浅的员工反而比老员工收入高）”。
- 成长：业务渐渐稳定，系统难点问题已解决，个人的日常工作再没有挑战，感觉自己遇到了发展的瓶颈。
- 其他原因：包括裁员、转岗、个人原因、家庭原因，等等。

对离职原因的思考，主要集中在“离开是否为最好的选择”这个问题上。如果自己经过慎重考虑，答案是选择离开，则接下来要为之后的面试做准备。

这里分享两个想法，仅供参考：

- 不要频繁跳槽，也不要随意“裸辞”。
- 提完离职之后被挽留，不要轻易答应。

15.1.2　自我定位

规划阶段要考虑自我定位。如图 15-2 所示，能力决定了自己选择职位的范围，兴趣很大程度上决定自己愿意选择的职位，能力所及、兴趣所至、职能匹配的职位通常是个人的首选，要花时间去准备。

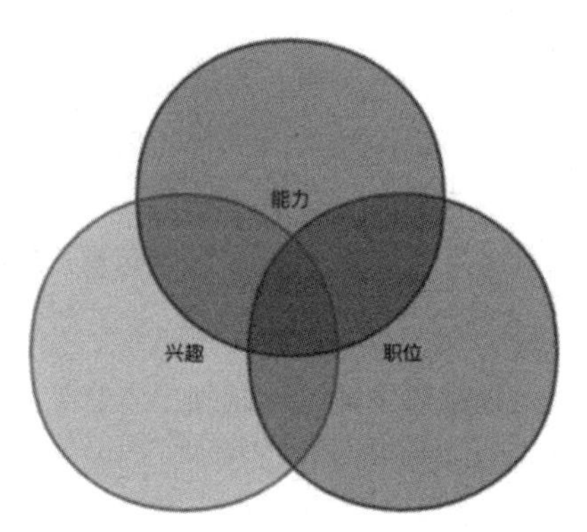

图 15-2　自我定位的三个方面

对自己能力的定位，分为两种情况：

（1）如果就职的公司有完善的职级标准，则需要清楚地知道本职级的能力要求。

（2）如果就职的公司尚无完善的职级标准，可以找到某些大厂的职级标准，自己做一个对比。例如工程师的一般标准如下：

- 在专业领域中，对公司职位的标准要求、政策、流程等从业所必须了解的知识基本了解，对于本岗位的任务和产出很了解，能独立完成复杂任务，能够发现并解决问题。
- 在项目当中可以作为独立的项目组成员。
- 能在跨部门协作中沟通清楚。

对于自己的兴趣，一方面对感兴趣的知识和业务要深入了解，这样有利于找到有兴趣的去做、有能力做好的事情；另一方面要多了解一些其他的业务，例如多观察其他同事的工作，拓宽自己的兴趣。

还有以后自己是走技术路线还是管理路线，增加知识广度还是深度，也要考虑清楚。

15.1.3 成长目标

程序员这种职业，不断有新人进入。新人一开始学到的就是现在流行的技术，更有精力和兴趣学习新知识新技能，更有拼搏精神。对程序员而言，不进则退，所以大家要有忧患意识，确立自己的成长目标并不断努力。

在自我定位中，大家不仅要找到自己本阶段的能力要求，同时还要看到更高阶段的能力要求。例如要从初级工程师成长为中级工程师，需要增强自己哪方面的能力，补充哪些知识，要做到心中有数。

15.1.4 行业选择

最后也要关注行业选择。相对而言，程序员掌握一种语言之后，可选择的空间非常大。例如各大公司都招 PHP 程序员，只要能力达标，就有机会进入。但这也不意味着没有行业选择的风险。设想一下未来 5 年之后的情形：

- 现在的职位是否还有竞争力？如果没有，这个职位积累的技能和知识能否迁移到新的岗位？
- 自己所学的知识是否还有用？如果没有，则需要密切关注新的知识。
- 现在出现的新技术是否有潜力成为新的主流或新的标准？例如小程序的兴起，Go 语言的应用等。这时要做一定的技术储备。
- 业界相似岗位的技术达到了哪种程度？例如做社交或 UGC，推荐给用户的内容采用哪种技术？

在规划阶段，候选人把以上问题都想清楚，就做到了先立于不败之地，再求制胜。

15.2　准备阶段

准备阶段需要自己做好准备，并和面试公司初步建立联系，此阶段最大的任务，就是简历的撰写和投递。

15.2.1　撰写简历

简历一般分为基本信息、教育经历、技能描述、工作经历、自我评价、作品链接等部分。基本信息和教育经历比较简单，按照真实情况书写即可。

1. 技能描述

好多人对技能描述中了解、掌握等词的含义不甚清楚，这里我把对某个技能的熟悉程度，分为以下 4 个级别：

- 了解：知道某个工具，没实际用过。
- 熟悉：实践中用过，知道其基本用法。
- 掌握：实践中经常使用，知道其全面知识，并熟知相关技术的优劣之处。
- 精通：在其相关领域有一定的研究，熟知原理。

以 Redis 为例说明：

- 了解：听说过 Redis，知道是一种非关系型数据库，可用于缓存系统。
- 熟悉：用过 Redis，会查文档使用各种命令。
- 掌握：知道 Redis 的全面知识，包括安装、配置、数据结构、适用场景，适用技巧等；能够解答别人使用中遇到的场景问题；知道 Redis 和相关技术如 memcache 的区别。
- 精通：对 Redis 有一定的研究，如 Redis 启动流程、cluster 的工作原理、内存如何分配等；能够就 Redis 或某个知识点发表较深入的研究成果，如博客、分享；具有一定的技术影响力。

2. 工作经历

工作以项目为粒度，分为开创型和优化型。开创型指从零开始参与开发的项目，此类项目会在开发中遇到很多困难和挑战，因此简历中要明确以下几点：

- 技术选型，为什么采用 A 方案而不是 B 方案。
- 遇到的技术难点以及采用的技术。

优化型指对已有系统的优化或改造，此类项目应写明已有系统的缺陷以及采取什么技术手段来进行优化。

无论开创型还是优化型的项目，都要写明取得的成果。这里有两个 Tips，一是数据说话，二是前后对比。

这里提供一个模板，仅供参考：

- 负责哪些业务。

- 业务简单介绍。
- 做了哪些工作。
- 取得了什么成果。
- 自己获得了什么收获。
- 或采用模板。

我在此项目负责了哪些工作，分别在哪些地方做得出色/和别人不一样/成长快，这个项目中，我最困难的问题是什么，我采取了什么措施，最后结果如何。这个项目中，我最自豪的技术细节是什么，为什么，实施前和实施后的数据对比如何，同事和领导对此的反应如何。

例如小明负责电商网站的支付部分，可以这么写：

负责电商网站的支付部分。打通下单、支付、退款、对账的全流程，做到了 5 分钟内定位问题，双 11 活动中，采用限流措施和队列服务，支持每秒 2 万笔的订单；对账系统我采用了数据库和日志双重对照的方法，上线 2 年内财务审计零差额。统一了收银、付款、退款、回调接口，以及针对这些接口的单元测试，使新渠道的接入时间由 5 天减少为 2 天。

向面试官讲述时，需要对简历部分补充一些细节：

我负责电商网站的支付部分。公司为了发展 To C 业务，要做一个电商网站，我主导项目中的支付部分。我主要做了以下几方面的工作：

- 打通下单、支付、退款、对账的全流程。做了详细的日志记录，并将日志采集到 kibina，5 分钟内定位问题；采用队列服务，处理秒杀场景的支付，在双 11 活动中，支持每秒 2 万笔的订单；对账系统我采用了数据库和日志双重对照的方法，上线 2 年内财务审计零差额。
- 为了提高转化率以及覆盖更多用户，我们接入了 3 家支付渠道。我开发了统一的收银、付款、退款、回调接口，以及针对这些接口的单元测试，使新渠道的接入时间由 5 天减少为 2 天。未来接入新的支付渠道，只要实现了这些接口，就能无缝接入，而且单元测试减少了 bug 数目。
- 这个项目中，我也了解了其他同事开发的商品、订单、售后部分的代码，学到了很多电商网站的开发经验，也学到很多高并发场景下的优化方法。

在讲述中，重点突出关键技术，并将话题引向自己最引以为豪的技术。

撰写简历推荐“冷熊简历”，可以用 markdown 书写，支持下载 PDF 格式的简历文件。

3. 注意事项

简历的格式最好为 PDF 格式。因为 word 文档在各种操作系统下，并不能保证一致的显示效果，而 PDF 格式能够保证。

简历的命名为“姓名_职位名称”，好的示例如“小明_PHP 开发工程师”，坏的示例如“简历.doc”、“新建文档.doc”。因为对候选人来说，“简历.doc”指的就是自己的简历。但 HR、面试官会收到很多简历，并不能确认“简历.doc”指的是小明的简历。

简历中的联系邮箱。有人说联系邮箱不要 QQ 邮箱，显得不正式，其实不然。QQ 作为一种国民级应用，和短信、微信一样，是日常交流的通信工具，因此不必介意。如果担心企业主会有歧视，可以申请英文别名邮箱，并妥善设置好邮箱的默认账户昵称。

15.2.2　了解目标

对于自己心仪的企业，要想办法了解目标，了解的项目主要有以下几种：

1. 行业地位

了解目标职位所属的是哪个行业，它在行业中所处的地位。例如需要应聘短视频职位，则要了解该企业的业务是不是行业内靠前的排名，和同行相比有哪些优势。

2. 主营业务

了解目标职位在公司内是否为主营业务。公司通常有很多业务，其中有些是边缘业务，有些是主营业务，有些是新增业务。如果有选择的余地，应该优先考虑主营业务和新增业务，因为前者是公司的核心业务，有丰富的资源；后者是公司大力投入的业务，业务的发展也会带来很多上升机会。

3. 职位职责

了解目标职位的职位描述、职位职责和能力要求，评测自己的能力与职位的匹配程度。

4. 团队氛围

如果有了解目标团队的人脉，则可以提前了解一下团队氛围、组织架构、领导风格等情况。如果不具备条件，可以通过面试阶段的观察和询问来了解。

15.2.3　投递简历

投递简历有以下几种方式：

（1）在各大招聘网站/App 上投递，俗称“海投”。这是一种最常见的投简历方式，也很有效。此种方式的优点是通过“广撒网”的方式，快速获得面试机会，迅速进入找工作的状态。另外海投能突破自己的视野，发现自己以前没有注意到的企业。

（2）熟人内推。对于面试官来说，内推的候选人往往更可靠。因为熟人作为中间人，同时了解职位要求和面试者的才能品行，必要时可以加强企业主和面试者的沟通，消除误会。熟人的范围很广，同学、同事、前同事、朋友都可归为熟人范畴。此种方式的优点是可以了解到职位的详细要求、团队情况、直属上级等信息。为有效地利用熟人内推，面试者需要在平时工作中积累人脉，扩展弱关系型朋友。

（3）猎头。猎头通常会掌握和维护一些高级人才库。对于管理和关键岗位的职位，企业主有时会依赖猎头来推荐一些高级人才作为候选人。此种方式的优点是猎头对目标岗位有一定的了解，可以解答面试者的一些疑问。需要注意的是，猎头行业良莠不齐，存在简历泄漏的情况，读者需要仔细鉴别，给简历需慎重。

（4）简历拍卖。某些招聘网站/App 也提供简历拍卖的方式。面试者隐藏联系方式，只介绍自己的特长、技术、优点并公开部分简历，设置期望的工作地点、薪资，之后进行发布。感兴趣的企业主会主动联系面试者，并发出面试邀请。面试者觉得职位合适，可以接受邀请，企业主可以获得面试者的联系方式。如果觉得不合适，可以拒绝邀请。此种方式的优点是多了一次相互确认的过程，面试者和职位的匹配度更高一些；同时优秀的面试者能同时获得多个面试邀请，便于比较。

15.2.4 约定时间

如果投递的简历通过筛选，企业会通知候选人进行面试，双方约定面试时间。这里给几个建议，仅供参考：

（1）约定的时间应该是企业的正常工作时间，在此范围内选择本人状态最好的时间。例如不要选择晚上的加班时间，因为一方面来说，面试官和候选人经过一天的工作都很疲劳，另一方面有些面试官已经下班，如果一面通过，就无法进行二面。

（2）约定的时间应该是本人能够正点到达面试地点的时间。

（3）如果当天安排多场面试，则需要错开一定的时间，以免前一场面试时间太长耽误第二场。

（4）在多轮面试中，如果已通过前面的面试，在约定后面的面试时，应找最近的时间点。因为企业的岗位是有数量限制的，一旦找到合适的候选人，再招人的意愿就降低了。

15.3 面试阶段

面试阶段是整个求职流程的重头戏。首先要调整好心态，这里分享几个建议，仅供参考：

- 不要玻璃心。
- 面试就像相亲，没有失败，只有不合适。
- 面试不要着急，要以平常心对待。

另外求职是一个系统工程，要经过好几轮的面试才能有结果。这要求候选人有一定的策略，这里分享一下面试策略，仅供参考：

- 以战养战：一场面试下来，无论成败，面试者都有收获，但企业不一定有收获。如果面试失败，企业花费的时间就是沉没成本，什么都没得到，而面试者获得一次面试实战机会，可以积累经验以利再战。
- 认真复盘：可以记下面试官的问题，回来后复盘。几次面试下来，会发现面试题都在自己的掌握之中。
- 先易后难：先去面试难度低的企业。如果拿到 offer，会增加自己的信心。
- 珍惜机会：要珍惜自己心仪的企业提供的面试机会，做好准备工作，放在最后去挑战。

15.3.1 面试礼仪

程序员对着装要求不高，除了不要穿拖鞋背心之外，衣着干净整洁即可。

注意礼节，多说“谢谢”、“请”，礼多人不怪。

约好时间之后，尽量不要爽约和迟到。如果不能在约定时间到达面试地点，要提前告知。

面试过程中要保持良好的心态和平静的态度，即使遇到苛责的面试官或刁难的问题，也不要起争执。

15.3.2 技术面试

技术面试主要考察候选人对基础知识和工作上要求的技能的掌握程度，对 PHP 程序员的技术面试来说，一般可分为以下几类：

（1）PHP 的知识。
（2）MySQL 的知识。
（3）Redis 的知识。
（4）计算机专业的基础知识，如计算机网络、操作系统。
（5）数据结构与算法。

最后的数据结构与算法部分，通常会要求候选人写一些算法实现。

15.3.3 项目面试

项目面试主要考察候选人发现问题、解决问题的能力。面试官通常会要求候选人选一个最有挑战或最有收获的项目进行讲解。这就要求候选人对项目有充分的了解，包括但不限于项目定位及目的、面临的挑战、解决方案和取得收益等。可以结合"撰写简历"部分来计划此轮面试的应对策略。

15.3.4 HR 面试

HR 面试主要了解候选人的基本情况，考察候选人的价值观是否和公司相符，评估候选人的薪资期望与面试情况是否匹配等。通常当面试进行到 HR 面试时，候选人已经基本没有压力了，这时要做的事情是实话实说。因为候选人说的每句话，后续都有可能需要提供证据，例如：

- 学历。入职时会要求提供学位证书、毕业证书的原件及复印件。
- 薪资。入职前会要求提供上家公司的工资及年终奖的发放证明。
- 经历。入职前部分企业会进行背景调查。

诚实是本轮面试最有效的办法，不要弄虚作假，以免前功尽弃。

15.4 Offer 选择

面试阶段和入职阶段，其实还有一个 Offer 选择的问题，大多数候选人都会纠结这个问题。与离职原因"离开是否为最好的选择"相对应，Offer 选择遵守"未来是否更好"的原则，而不应该基于"现在很差"去选择。

候选人可能会收到多个 Offer，这时需要从中选择一个。常见的方法是列表法，用薪资、职级、上级、公司人数等因素，以及这些因素所占的权重来计算出几个公司的得分，取得分最高的 Offer，如表 15-1 所示。

表15-1 公司得分计算表

公 司	薪资（权重 30%）	职级（权重 30%）	上级（权重 20%）	公司人数（权重 20%）	总 分
A	9	8	7	5	7.5
B	7	8	6	7	7.1
C	8	7	9	8	7.9

列表法在实际应用中，各因素的权重和得分很难做到客观。就像谈恋爱，通常不会用数据去决定，而是遵从内心。

这里提供另一个方案：主要优势法。可以为企业评定一个主要优势，例如：

- 平台优势：大公司大平台，可以积累势能。
- 机会优势：常见的是创业公司，有不错的前景。
- 职级优势：提供的职级高于其他各家。
- 头衔优势：提供管理级别的职位。
- 薪资优势：薪资超过其他各家。

候选人心中有一个最在乎的因素，最在乎哪个，就选择哪个。

如果候选人仍无法选择，那多半是因为都不太满意。此时还有第三种选择：再去面试，获得心仪公司的 Offer。

15.5 入职阶段

企业给候选人发放 Offer，而候选人接受 Offer 之后，就会约定入职时间。此阶段可以称为入职阶段，会有一些小事情需要去完成。我们分述如下。

15.5.1 背景调查

有些企业会对候选人做背景调查。背景调查所做的调查项目如表 15-2 所示。当然根据招聘的职位，不是所有的项目都会做。一般涉及机密信息、管理职位的岗位，背景调查的项目较多。

表15-2 背景调查项目

类 别	项 目	说 明
证件类信息	身份基础信息核验	公安机关
	学历验证	毕业院校档案馆或学信网
	资格证书验证	发证机构
个人守法信息	负面社会安全信息	公安机关或公开数据搜集
	失信被执行人信息	最高人民法院
	违法记录	公安机关

（续表）

类　别	项　目	说　明
职场表现	工作履历	通过前雇主的直接上级、同事、HR 等人员的访谈，了解候选人的任职时间、职位职责、离职原因、竞业禁止、劳动纠纷等情况
	工作表现	通过前雇主的直接上级、同事、HR 等人员的访谈，了解候选人的技术能力、职业精神、沟通协调、人际关系等情况
金融利益信息	金融风险信息核验	各大金融管理机构
	商业利益冲突核验	工商部门查询公司法人、股东信息

15.5.2　薪资核验

HR 会询问候选人在上家公司的薪资，来作为新的薪资的参考。一些候选人为了提高薪资，虚报薪资，这是有风险的事情。有些 HR 会要求提供上家公司的工资、年终奖的发放证明，来进行薪资核验。

15.5.3　办理离职手续

拿到新 Offer 之后，需要从上家公司办理离职手续。这里要注意以下几件事情：

（1）社保和公积金。要了解上家公司减员的日期，和下家公司增员的日期，特别是社保，不要间断，否则可能会影响购车和购房资格。如果不能续上，自己需要及时通过社保代缴公司进行缴纳。

（2）工作交接。因为互联网圈子很小，通过朋友的朋友可能就相互认识了，要做好工作交接，站好最后一岗，给大家留下好印象。交接完成后，最好发一封工作交接邮件，发送给负责交接的接手者，抄送直属领导及其他需要知道此信息的同事。接手者确认后，需要回复“已交接完成”为主题的邮件。此时候选人需要截图保存，作为以后可能发生的工作交接问题的证据。

（3）离职证明。离开公司的最后几天，当工作交接完毕后，应该敦促公司及时开离职证明。

（4）竞业协议。开离职证明时，注意是否需要遵守竞业协议。如果需要，则入职新公司时应避开有竞业协议的公司。

15.5.4　正式入职新公司

入职时间将近，宣告着候选人的求职过程取得了圆满成功。入职当天，候选人需要注意以下几件事情：

（1）携带必要证件。例如离职证明、身份证、学历证书、其他要求携带的证件。

（2）再次确认社保公积金信息。一般公司有特定的增员日期，在增员操作之后的第二天，及时登录当地的社保网站，查看自己的社保状态是否正常。这样做是防止工作人员操作失误，造成社保断缴的情况。

（3）入职培训。在公司的入职培训上，除了关注公司提供的福利外，也要关注公司的“高压线（公司不能容忍的行为）”。

（4）融入团队。入职手续办完后，及时联系团队的接口人或直属领导，到达工位，融入团队，开始新的职业生涯。

15.6 面试的其他问题

15.6.1 关于“面试造大炮，工作打蚊子”

不可否认，面试也是一种应试教育。几轮面试，面试官和面试者相互接触和了解的时间，总共也就几个小时而已，这时要做出面试者是否符合岗位要求的判断，可能会有所偏颇。从面试者的角度看，面试官问得很多问题，在实际工作中根本用不到，所以不需要问。但从面试官的角度看，如果一个候选人只会数据库的 CURD，另一个候选人不止会 CURD，还懂得网络和操作系统，懂得动态规划和贪心算法，那肯定会选择后者。

为什么面试要求造大炮呢？

因为虽然有一些常规的工作不需要特别的技术，但是仍有大量创新的工作需要高级的人才。如果面试时不考核造大炮，那么关键时刻还真造不出大炮。

因此面试者要调整好心态，在面试中充分展示自己造大炮的能力，入职之后有打蚊子的时候，但也会有造大炮的机会。

15.6.2 感觉面试官刁难自己

有时面试者会觉得面试官在刁难自己，通常表现在面试官追问某个问题，一直问到面试者答不上来为止。这时面试者不要太玻璃心，要思考几种可能的原因：

- 前面一直回答的很顺利，突然“刁难”。这种可能是压力面试，旨在考察面试者面对压力时的反应。
- 经过几轮面试，突然“刁难”。这种可能是找到面试者的能力上限，为发放 Offer 时评定职级做参考。
- 一开始就“刁难”。可能面试官就是这种面试风格。也有可能是面试官对面试者缺少信心，想快点结束面试。

15.7 本章小结

本章从求职的 4 个阶段，规划、准备、面试和入职，描述了面试流程和各阶段所要注意的事项。面试是一种形式，在这种形式之下，候选人需要通过几轮面试，让面试官了解自己的才能，相信自己能够胜任空缺岗位，愿意接纳自己为团队成员。候选人需要多了解、多观察、多总结、多反思，来赢得求职的胜利。

15.8 练　习

1. 撰写自己的简历，或重新审视并优化简历。
2. 模拟面试，自己讲述简历中列举的项目，用录音、录像等方式进行复盘。

第 16 章

职业漫谈

本书的主题是面试，但面试求职不是常态，而只是两段职业生涯之间的过渡期。工程师的大量时间都花费在职业生涯里。在职业生涯里，工程师讨论需求，寻找解决方案，编码实现，测试改 bug，上线代码，维护系统。在做事的过程中，工程师的个人能力获得了提高，成长为更高级别的工程师，或走上领导岗位。职业生涯关系到每个工程师的生计和发展，是非常重要的主题，因此本章也讨论一下程序员的职业问题。本章讨论的是非技术问题，所提出的论点仅供参考。

16.1　职业发展

程序员目前是一个竞争很激烈的职业。一个应届毕业生从学校步入社会，就要考虑职业发展。如果不考虑创业，程序员的职业发展大概如图 16-1 所示。

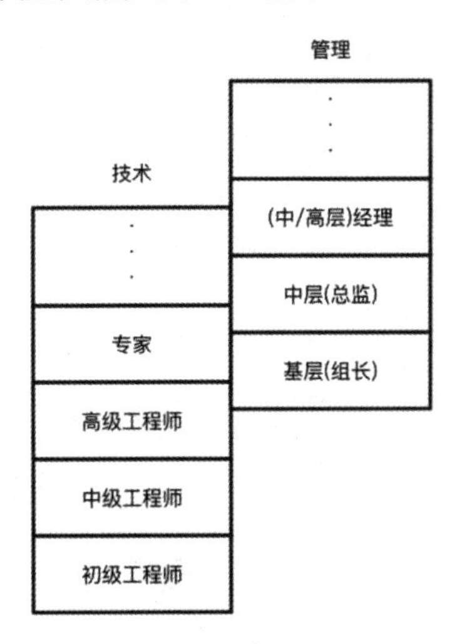

图 16-1　程序员的职业发展

应届毕业生，或称校招生，以初级工程师起步，学习计算机、网络等专业技术知识，学习编程语言、数据库等技能。在必要的辅导或标准流程支持下，独立负责一个子模块或者一个项目的具体任务。经过 1 至 2 年的努力，能够升级为中级工程师。

中级工程师是团队的中流砥柱，通常有独当一面的能力，能够担当某一模块/专业领域的职责。

在推进项目的过程中能提炼新的方法或方案，或对现有方案进行改进并被证明有效。这个阶段一般要经历 3 至 5 年。

高级工程师能够策划、组织和推动子系统/领域工作目标达成，具有技术/专业方向影响力。对于一个较为复杂涉及多个功能点的业务系统，或者技术难度较高的底层系统，能做良好的架构拆解并实现。高级工程师面临着一个选择：技术路线或管理路线。前者要求工程师继续追求技术的深度、规划和架构能力、复杂业务的抽象能力，后者要求工程师能够带领团队解决技术难题，激发团队中每个人的潜能，由个人贡献转化为团队贡献。

但对高级工程师而言，这个选择并不那么泾渭分明。我国有句古话叫“学而优则仕”。高级工程师通常会有指导初中级工程师的责任。在这个过程中，高级工程师需要培养自己带领团队的能力，同时也不应放松技术上的追求。这样双管齐下，领导才能和技术能力都会有所提升，无论选择哪个路线都游刃有余。

16.2 能力框架

工程师属于知识工作者，其个人能力并非仅限于编码能力。这里给出一份能力框架，仅供参考，如表 16-1 所示。

表16-1 工程师能力框架

能力框架	能力项目	能力定义
通用能力	解决问题	通过逻辑思维，借鉴相关经验，运用工具及方法，及时并有效确定、分析问题，并达成最佳的解决方案
	项目管理	通过流程规划、时程安排、任务和人员的管理以及资源的整合运用，顺利达成项目目标
	学习能力	了解专业领域的发展情况，关注行业内新技术新方法的应用，并尝试在工作中运用
	创新能力	跳出传统思维的限制，尝试新的思路、方法、途径/手段，以提高完成任务的效率与效果
专业知识	IT 服务管理；规范和流程	熟知运营规范和流程并实际使用，能在工作中利用 IT 服务管理来保障服务和进行系统优化
	安全（防止入侵、对抗恶意的用户侧行为等）	不断加深对安全漏洞产生的原因原理和相应规范的理解，逐步掌握安全系统的设计和实现方法并加以应用
	运营/运维（比如机型类型等）	掌握后台服务的具体部署工具和方法，逐步深刻理解如设备机型、IDC、专线公网等实际生产环境的现状和对服务部署的制约
	前后台开发知识：操作系统、网络、开发语言、程序开发、第三方软件/系统	精通后台开发语言、工具、方法和系统环境
	业务知识	了解公司各类主要产品的业务特点、核心体验和对应的后台系统架构

（续表）

能力框架	能力项目	能力定义
专业技能	高性能低成本后台系统设计与实现	积极关注服务的性能问题，逐步能够洞察性能瓶颈产生的根本原因并以经济的方法加以解决
	高可用性系统设计与实现	有服务可用性的意识，具备灵活运用防雪崩、防过载、柔性、容灾等各类切实方法来提升服务可用性的能力
	软件架构能力	对软件开发中的语言、设计、建模、归纳等能力都有所掌握
	复杂业务系统的设计与开发能力	在研发过程中有能力快速优美的解决复杂的业务逻辑的能力
组织影响力	方法论建设	从工作积累中不断总结提炼，形成普遍性解决方案，起到指导及示范性作用，并加以推广应用
	知识传播	主动将自己所掌握的知识信息、资源信息，能通过交流、培训等形式分享，以期共同提高
	人才培养	在工作中主动帮助他人提升专业能力或者提供发展机会，帮助他人的学习与进步

16.3 工作与总结

程序员的日常工作是一些细粒度的工作：完成一个又一个需求，修改一个又一个 BUG。但绩效评估或晋升答辩时，却要从更大的粒度看待程序员完成的绩效及完成绩效过程中体现的技术水平。由细粒度向高维度的抽象，需要总结能力。

亚马逊有个 4 页备忘录（4-page Memos）的故事。据说在 2004 年，亚马逊 CEO 贝索斯发了封邮件解释为什么禁用 PPT 的原因：

- 我们要的不仅仅是一段文字，而是一段结构清晰，叙述清楚的文字。如果有人只是在 Word 中用项目符号罗列了一些短句，这和 PPT 一样糟糕。
- 为什么写 4 页的备忘录比“写”20 页的 PPT 要更难？因为结构化的叙述清晰的备忘录强迫你更深地思考，更好地理解某些事情比其他事情更重要，以及事物之间是如何关联的。
- PPT 风格的演示文档会让你轻易地掩盖相关 idea 的优先级和相关性。

当然现在的企业仍然大量使用 PPT。但作为总结工作，将一个项目的背景、挑战、解决方案、收益、后续规划等内容，写在 1 至 2 页的 PPT 之中，和写 4 页的备忘录一样难。读者可以尝试将自己负责的一个模块或项目缩减在 1 至 2 页的 PPT 之中，并尝试讲给别人听。这也是晋升答辩的一个预演。

16.4 技术晋升

一些中大型企业拥有完善的技术级别上升通道，例如腾讯的 14 级（4~17 级）专业职级体系，阿里的 P 系列、滴滴的 D 系列。通常 PHP 工程师的上升通道是“工程序列职级标准-研发序列”。

技术人员在完成项目的同时，获得了技术能力的提高，也有机会提升到更高的技术级别。

低阶的技术人员晋升通常由直接上级或跨级上级决定，部分企业只要提名即可晋升，部分企业则需要进行晋升答辩。高阶的技术人员晋升通常由公司相关权威专家组成的评审小组——技术委员会（Technical Committee，简称 TC）来进行评估。

高阶的技术人员晋升，首先需要部门的提名，提名通过后才能参加答辩。提名者需要事先准备 PPT，然后在 TC 组织的答辩会上进行讲述。之后接受 TC 评委的提问。答辩结束后，评委将进行简短的反馈。这里的反馈不是最终答辩结果，但其意见可供答辩者进行参考。

职级的晋升会带来薪资的提高，以及公司对其专业能力的认可，和个人技术影响力的提升。晋升的形式是答辩会，功夫却在平时。在日常工作中，要多总结、多思考；在实现业务时，设想一下一个高级别的工程师应该怎么来做这件事，以更高的职级要求来提高自己的能力。

16.5 技术储备

PHP 工程师应该具备哪些技术储备呢？

我们在前面花了 14 个章节 300 多页的篇幅来学习各种知识，如 PHP、MySQL、Redis、Memcache、数据结构与算法、安全开发、计算机网络、操作系统、设计模式、Nginx、PHP-FPM、Restful 接口设计、日志处理、稳定性建设等。但这些并未完全覆盖 PHP 工程师接触到和应该掌握的知识，限于篇幅限制，我们也无法一一讲解。

这里给出一个知识图谱的简图，读者可以自学感兴趣的内容。图 16-2 的高清图可以在随书代码里找到。

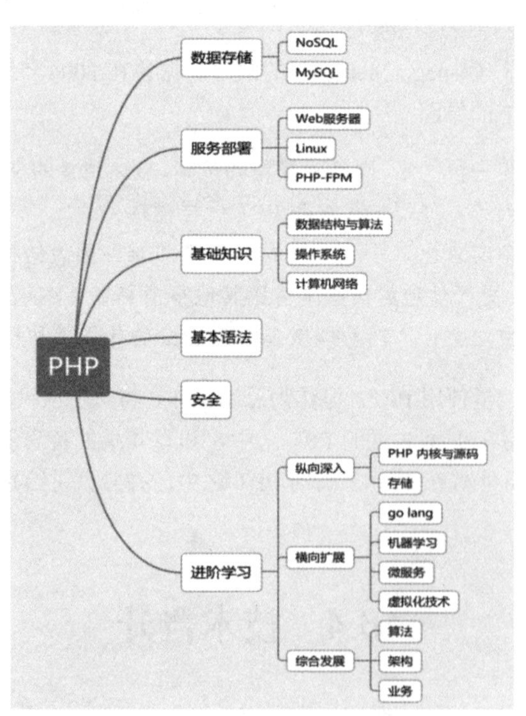

图 16-2 PHP 程序员技能树

16.6　PHP 工程师的 Plan B

在第 15 章我们曾抛出一个问题：设想未来 5 年之后的情形。我们计划当前的事物，可以称为 Plan A；但如果 Plan A 出问题怎么办？我们应该提前准备 Plan B，作为应急方案，在幸运条件下，Plan B 甚至能给我们带来一个不错的起点。

PHP 以其上手简单、开发快速的特点催生了很多职位。随着容器技术和微服务的兴起，Go 语言异军突起，越来越多的企业开始尝试使用 Go 语言代替 PHP 作为后端开发语言。读者可以学习 Go 语言，尝试在项目中引入 Go 语言，这样在趋势来临时，就可做到有备无患。

16.7　本章小结

本章讨论了一些关于 PHP 工程师职业生涯相关的话题，包括职业发展、能力框架、工作与总结、技术晋升、技术储备和 B 计划。当然这是笔者的一家之言，目的是促使读者去思考自己的职业生涯。鲁迅在《阿 Q 正传》里写道，阿 Q“没有固定的职业，只给人家做短工，割麦便割麦，舂米便舂米，撑船便撑船。”这是一种很差的职业态度，也会带来很差的生活水准。PHP 工程师不应该只局限于一个需求的完成，或一个 Bug 的修改；而应该着眼于自己的技术把控能力，从负责一个需求到负责一个模块，再到负责一个系统，再到负责多个系统，再到负责一个方向，一个团队。

至此，本书的内容已基本结束。在此以唐朝诗人王之涣的诗作为结语。

欲穷千里目，更上一层楼！

参考书目及资料

[1] 陈雷等．PHP 7 底层设计与源码实现[M]．北京：机械工业出版社，2018

[2] 陈雷等．Redis 5 设计与源码分析[M]．北京：机械工业出版社，2019

[3] 姜承尧．MySQL 技术内幕：InnoDB 存储引擎（第 2 版）[M]．北京：机械工业出版社，2013

[4] 谢希仁．计算机网络[M]．北京：电子工业出版社，2017

[5] 严蔚敏，吴伟民著．数据结构[M]．北京：清华大学出版社，2018

[6] 程杰．大话数据结构[M]．北京：清华大学出版社，2011

[7] Thomas H.Cormen，Charles E.Leiserson，Ronald L.Rivest，Clifford Stein. 算法导论[M]．殷建平，徐云，王刚等，译，北京：机械工业出版社，2012

[8] 汤小丹．计算机操作系统[M]．西安：西安电子科技大学出版社，2018

[9] Erich Gamma. 设计模式：可复用面向对象软件的基础[M]．李英军，马晓星，蔡敏，刘建中等，译，北京：机械工业出版社，2019

[10] 黄健宏．Redis 设计与实现[M]．北京：机械工业出版社，2014

[11] 程杰．大话设计模式[M]．北京：清华大学出版社，2007

[12] PHP 手册．https://www.php.net/manual/zh/index.php

[13] 维基百科．https://en.wikipedia.org/

[14] MySQL 文档．https://dev.mysql.com/doc/

[15] Redis 文档．https://redis.io/documentation